Heinrich Eder

Saalflug mit Leichtmodellen

Antriebe, Bauweisen, Flugpraxis

Saalflug mit Leichtmodellen

Antriebe, Bauweisen, Flugpraxis

Heinrich Eder

Verlag für Technik und Handwerk neue Medien GmbH
Baden-Baden

vth - Fachbuch
Best.-Nr.: 3102280

Redaktion: Eric Scharfenort
Layout: Uschi Klee

Bibliografische Information der Deutschen Nationalbibliothek:
Die Deutsche Nationalbibliothek verzeichnet diese Publikation
in der Deutschen Nationalbibliografie; detaillierte bibliografische
Daten sind im Internet über http://dnb.d-nb.de abrufbar.

ISBN 978-3-88180-494-3
1. Auflage 2019 by Verlag für Technik und Handwerk neue Medien GmbH
Postfach 22 74, 76492 Baden-Baden

Printed in Germany
Druck: Colordruck Solutions GmbH Leimen

Inhaltsverzeichnis

Vorwort

Saalflug hat viele Aspekte! Als Antriebe lassen sich neben TAN Super Sport-Hochleistungsgummis auch kleine Coreless-Motoren einsetzen. Energiespeicher neuerer Technologie sind winzige LiPo-Zellen sowie Superkondensatoren mit hohem Speichervermögen. Die kleinsten RC-Empfänger in DSM-Technologie sind heute so groß wie ein Fingernagel und wiegen weniger als ein halbes Gramm. All dies kann zur Miniaturisierung und Gewichtsminimierung der Modelle genutzt werden. RC-Saalflugmodelle mit 4 Gramm Gewicht, die im Schritttempo fliegen, sind damit ohne Weiteres realisierbar. Ob klassische Gummimodelle oder Elektro-Leichtgewichte - Saalflug macht einfach Spaß!

An diesem Buch haben zahlreiche Co-Autoren mitgearbeitet, die schriftliche und mündliche Beiträge oder Fotos geliefert haben. Ihnen gilt mein besonderer Dank. Insofern ist der Autor hauptsächlich Vermittler von Informationen. Allerdings wurde vieles, von dem was hier dargestellt ist, selbst erprobt. Das betrifft in erster Linie die grundlegenden Arbeitstechniken und die Anfängermodelle, die bei zahlreichen Saalflug-Workshops in der Flugwerft des Deutschen Museums und in Schulen gebaut wurden. Insbesondere wäre zu wünschen, dass künftig wieder zahlreiche Schulprojekte, Arbeitsgemeinschaften (AGs) sowie Beiträge zu „Jugend forscht“ zu diesem anspruchsvollen Themenbereich entstehen.

Dr. Heinrich Eder

Saalflug
- ein pädagogisches Experiment

Abb. 1.1: Der Jugendsieger beim Experimental-Wettbewerb 2017 mit seiner Konstruktion eines futuristischen Nurflügel-Modells.

Saalflug fördert das technische Geschick

Der heutigen Wissensgesellschaft mangelt es häufig an Praxisbezug! Das spielerische Erlernen unter Benutzung der Hände und des Geistes ist oft in den Hintergrund getreten. Ingenieure kommen kaum mit reinem Theoriewissen aus, sondern benötigen den praktischen Bezug zum Innenleben der Technik. Grunderfahrungen werden erworben, indem man sich mit dem Aufbau und dem Zusammenwirken von Komponenten auseinandersetzt. Handwerkliche Geschicklichkeit, Erfahrung und theoretisches Wissen ergänzen sich beim Bauen und Fliegen von Saalflugmodellen in optimaler Weise. Dieses Buch hilft, die „Anfangsschwelle“ schnell zu überspringen und vermittelt Schritt für Schritt die Grundlagen zum erfolgreichen Bau von Modellen. Die darin beschriebenen Basismodelle können von jedem einigermaßen geschickten Schüler bzw. Modellbauer hergestellt werden. Bei Saalflug-Wettbewerben gilt noch die Erbauerregel: Jeder Teilnehmer muss seine Modelle selbst hergestellt haben! Besonderer Wert wird im Buch deshalb auf Arbeitsmethoden, Materialien und Einstiegs-Modelle gelegt.

Saalflug und Schule

Im Rahmen der Wissenschaftserziehung (MINT-Fächer) könnte Saalflug künftig eine größere Rolle spielen. Experimente mit Saalflugmodellen bieten sich auch für den Bundeswettbewerb „Jugend forscht“ an. So hat bereits ein 16-jähriger Saalflieger mit seiner computergesteuerten Gummi-Testmaschine den 1. Preis im Fachbereich „Technik“ gewonnen. Allerdings muss auch hier jeder durch das „Tal der Tränen“. Wer schnell aufgibt hat leider keine Chance! Lehrer berichten, dass „Zappelphilippe“ (ADHS-Jugendliche) beim Bauen von Saalflugmodellen besonders ruhig und beharrlich werden - Saalflug als neuer Therapie-Ansatz?

Saalflug - nicht nur für Spezialisten

Saalflug sollte nicht nur Wettbewerbssport für einige Spezialisten sein. Infolge der Unabhängigkeit vom Wetter kann man das ganze Jahr Saalflug betreiben. Hierzu eignen sich auch ganz besonders Modellklassen wie Peanut Scale und Profile Scale. Speziell die Profile-Scale-Modelle sind wegen des Flachrumpfes einfach zu bauen und geben in der Luft ein relativ echt wirkendes Flugbild ab. Profile-Scale-Modelle mit RC-Ausrüstung (Fluggewichte um 10 g) bieten ein beschauliches Genussfliegen mit einer gewissen Vorbildähnlichkeit. Was gibt es Schöneres, als bei schlechtem Wetter oder im Winter sich in der Halle zu treffen und Modellflug zu betreiben?

Geeignete Hallen

Turnhallen oder größere Räume sind für Saalflug geeignet, wenn die Decke einigermaßen hindernisfrei ist. Es kommt nicht so sehr auf die Deckenhöhe an. Insbesondere sollten keine Hindernisse, an denen sich Modelle verheddern können, wie abgehängte Lampen, Lautsprecher usw., vorhanden sein. Die meisten älteren Turnhallen besitzen im Gegensatz zu den neueren Hallen glatte Decken und sind deshalb meist besser geeignet. Fortgeschrittene Saalflieger dirigieren (steuern) ihre frei fliegenden Modelle mit Teleskopstangen oder bei größeren Hallenhöhen mit Ballonen. So kann man ein Modell davor bewahren, dass es ein Hindernis oder eine Wand anfliegt. Eine Beschädigungsgefahr für das Modell bei Kollisionen mit Decken, Wänden usw. ist nur selten gegeben – ein Vorteil der extremen Leichtbauweise!

Etwas Historie

Das erste Saalflugmodell war wohl der „Planophore“ aus dem Jahr 1871 von Alphonse Pénaud (1850 bis 1880). Das Modell wog bei 45 cm Spannweite 16 Gramm und konnte im Freien wie auch in großen Räumen vorgeführt werden. Die Luftschraube wurde von einem verdrillten Gummistrang angetrieben. Noch heute erfolgt der Antrieb von klassischen Saalflugmodellen auf gleiche Weise.

Saalflug hat in den USA eine wesentlich längere Tradition als bei uns, da bereits Anfang der 30er Jahre Balsaholz verfügbar war. Das Zaic-Jahrbuch 1935 zeigt Saalflug-Modelle aus Balsaholz, die Flugzeiten von bis zu 24 Minuten erreichten. In den 1930er Jahren wurde von einem amerikanischen Saalflieger der Mikrofilm entdeckt – ein ca. 0,2 µm dicker Film, hergestellt auf einem Wasserbad durch gleichmäßiges Aufbringen von Zelluloselack mit verschiedenen Zutaten. Eine bewährte Rezeptur zur Herstellung von Mikrofilm-Lösung lautet:

- 100 g Zaponlack
- 5-10 g Amylacetat
- 8 g Rizinusöl
- 1-2 g Kampfer
- 10-20 Tropfen Anisöl

Die Mikrofilmlösung wird auf eine ruhende Wasseroberfläche möglichst gleichmäßig aufgegossen und nach 10 Minuten mit einem Heberahmen vorsichtig abgehoben. Anschließend erfolgt der Trockenvorgang. Der Film wird nach Trocknung mit dem Rahmen auf das leicht befeuchtete Gerippe aufgebracht.

Saalflug in Deutschland

In Deutschland erschien 1936 beim Verlag Johannes Graupner (Kirchheim/Teck) der Bauplan des Saalflugmodells „Graubele 0“ von Curt Möbius. Die Baustoffe waren Kiefernholz, halbierte Strohhalme für die Rippen und Stahldraht sowie (damals schon!) UHU hart. Das kostbare Balsaholz blieb ausschließlich der Luftschraube vorbehalten. Die Bespannung bestand aus Japanpapier. Im Dritten Reich durften dann nur noch „heimische Werkstoffe“ verwendet werden. Balsaholz war ab 1939 bis Kriegsende verboten.
Die deutschen Saalflieger waren bereits in den 1960er Jahren erfolgreich. Bei der Weltmeisterschaft 1962 in Cardington erreichten Karl Heinz Rieke den 1. und Max Hacklinger den 2. Platz. 1966 wurde Hans Beck (der spätere Erfinder der Playmobil-Figuren) in Debrecin Weltmeister. Der derzeit erfolgreichste deutsche Saalflieger ist Lutz Schramm. Er wurde u. a. 2003 und 2007 Europameister, 2012 Weltmeister und 2019 Vize-Europameister in der Klasse F1D.

▸ Abb. 1.2: „Graubele 0“ - Erstes Bauplan-Saalflugmodell von Graupner (Konstr. Curt Möbius, 1936), Quelle: Archiv Paul Hucke.

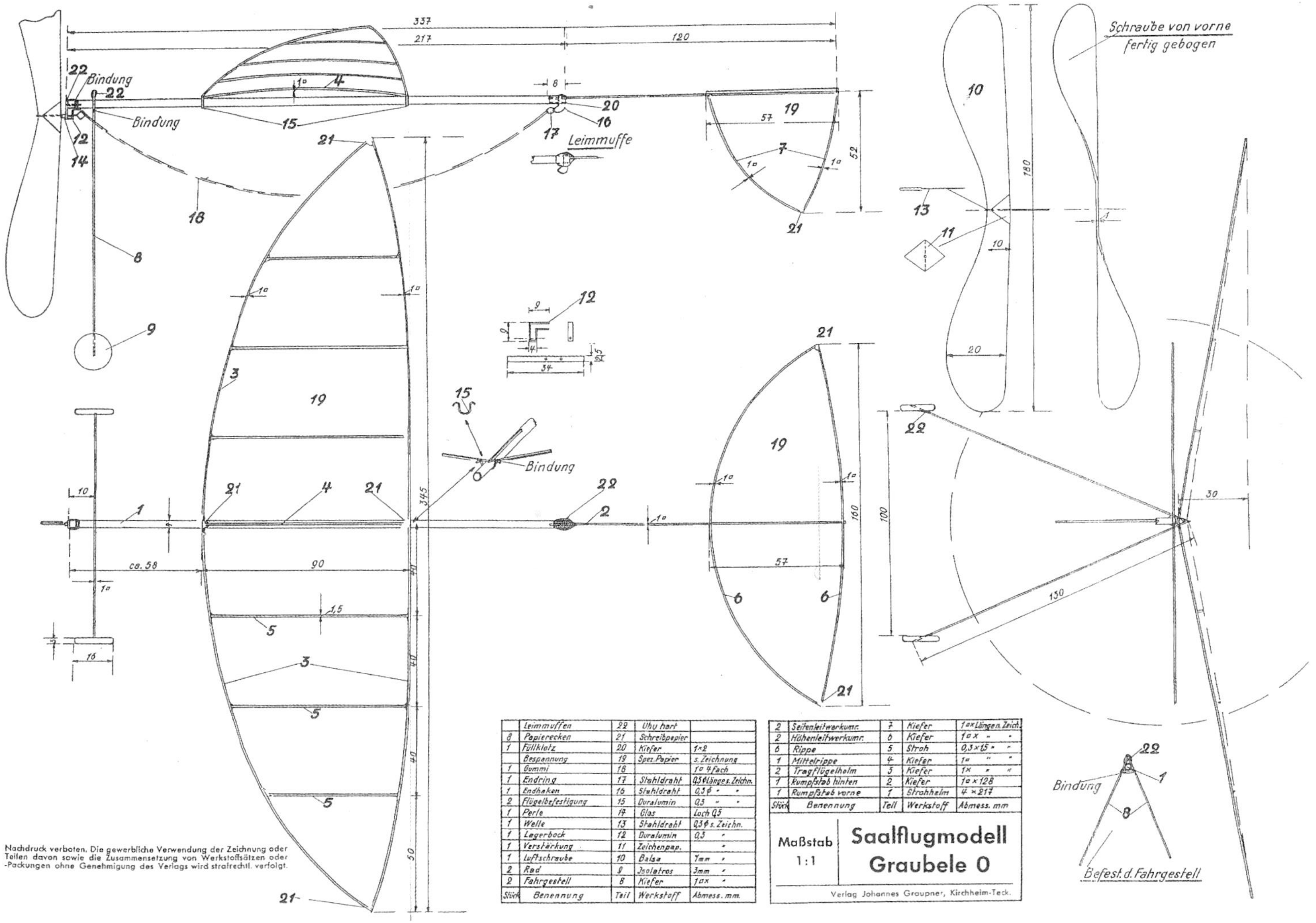

Stück	Benennung	Teil	Werkstoff	Abmess. mm.
	Leimmuffen	22	Uhu hart	
8	Papierecken	21	Schreibpapier	
1	Füllklotz	20	Kiefer	1×2
	Bespannung	19	Spez. Papier	s. Zeichnung
1	Gummi	18		1▫ 4fach
1	Endring	17	Stahldraht	0,5 ϕ Länge s. Zeichn.
1	Endhaken	16	Stahldraht	0,5 ϕ " "
2	Flügelbefestigung	15	Duralumin	0,5 " "
1	Perle	14	Glas	Loch 0,5
1	Welle	13	Stahldraht	0,5 ϕ s. Zeichn.
1	Lagerbock	12	Duralumin	0,5 "
1	Verstärkung	11	Zeichenpap.	"
1	Luftschraube	10	Balsa	7mm "
2	Rad	9	Isolatros	3mm "
2	Fahrgestell	8	Kiefer	1▫× "

Stück	Benennung	Teil	Werkstoff	Abmess. mm
2	Seitenleitwerkumr.	7	Kiefer	1▫× Längen. Zeich.
2	Höhenleitwerkumr.	6	Kiefer	1▫× " "
6	Rippe	5	Stroh	0,3×1,5 " "
1	Mittelrippe	4	Kiefer	1▫ " "
2	Tragflügelholm	3	Kiefer	1× " "
1	Rumpfstab hinten	2	Kiefer	1▫×128
1	Rumpfstab vorne	1	Strohhalm	4×217

Maßstab 1:1

Saalflugmodell Graubele 0

Verlag Johannes Graupner, Kirchheim-Teck.

Abb. 1.3: Max Hacklinger, Weltrekordhalter 1961 mit seinem Mikrofilm-bespannten 90-cm-Modell.

Die Wettbewerbsklassen

In der internationalen Wettbewerbsklasse F1D werden regelmäßig Welt- und Europameisterschaften ausgetragen. Bis 1966 galt eine maximale Spannweite von 900 mm. Das Zellengewicht war frei. Mit Mikrofilm und dünnen Nickel-Chrom-Drähten zur Verspannung wurde versucht, extrem niedrige Modellgewichte unter einem Gramm zu erreichen (Abb. 1.4). Seit 2010 ist die Spannweite auf maximal 550 mm und das Zellengewicht auf mindestens 1,4 Gramm festgelegt. Das Gummigewicht wurde auf 0,4 Gramm gesenkt um die Flugzeiten zu begrenzen. Die neuen Modelle sind in der Regel ohne Verspanndrähte aufgebaut, benutzen jedoch häufig Borfasern zur Verstärkung von Holmen und Rippen. Die in Spannweite und Gummigewicht reduzierten Modelle erreichen infolge Verbesserungen (Verstellpropeller usw.) heute schon wieder fast 30 Minuten Flugzeit.

- F1D: Flügel bis 550 mm Spannweite und 200 mm Tiefe, Leitwerk bis 450 mm Spannweite. Mindestgewicht der Zelle 1,4 g. Gummigewicht max. 0,4 g.
- F1L („EZB“): Flügel bis 457 mm Spannweite und 76 mm Tiefe. Leitwerk max. 50 % der Flügelfläche, keine Verspannungen, Vollbalsarumpf, Propeller aus Vollbalsa, keine Verstellpropeller, keine Hi-Tech-Materialien, Mindestgewicht der Zelle 1,2 g, Gummigewicht frei.
- F1M: Spannweite bis 460 mm, Mindestgewicht Zelle 3 g, Gummigewicht max. 1,5 g, Eindecker, kein Mikrofilm.
- F1M-L: Regeln wie F1M, jedoch Flügel max. 150 mm tief, keine Verspannungen, Höhenleitwerk bis 50 % der Flügelfläche, kein Hi-Tech-Material, Vollbalsarumpf max. 650 mm lang, Hakenabstand max. 270 mm, Propeller aus Vollbalsa max. 350 mm Durchmesser, kein Verstellpropeller.
- F1R („Mikro 35“): Maximale Spannweite 350 mm, nur Eindecker, alles andere frei.
- F1D-Ministick: Flügel bis 178 mm Spannweite und 63,5 mm Tiefe, Motorträger von der Lager-Vorderseite bis zum hinteren Haken max. 127 mm, Rumpf ohne Propeller 254 mm lang, Propellerdurchmesser bis 178 mm Durchmesser, kein Verstellpropeller, kein Mikrofilm, Mindestgewicht Zelle 0,43 g.
- Pennyplane: Mindestgewicht Zelle 3,10 g, Rumpflänge von der Propellereintrittskante bis zum Rumpfende max. 508 mm, projizierte Spannweite max. 457 mm, Motorträger von der Lagervorderseite bis zum hinteren Haken max. 254 mm.
- Profile Scale: Modell eines manntragenden Flugzeugs, Spannweite bis 406 mm, Mindestgewicht Zelle 6,2 g, Flachrumpf, Gummigewicht frei, Ruder sollen - dem Vorbild entsprechend - markiert sein (sonst Abzug von 10 Sekunden).
- Peanut Scale: Vorbildähnliche Modelle mit Gummiantrieb und einer Spannweite von max. 330 mm oder einer Rumpflänge von max. 228,6 mm.

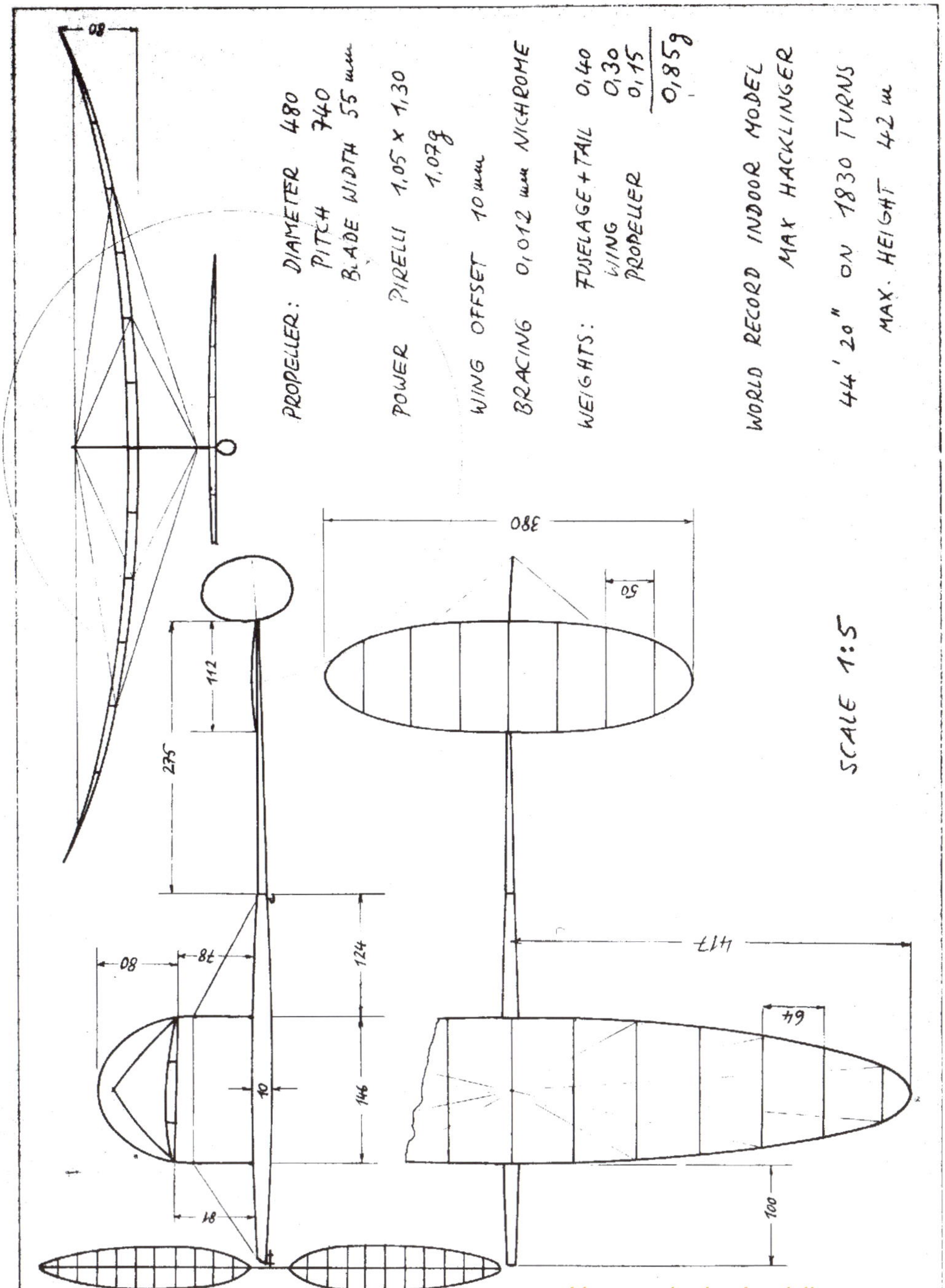

Abb. 1.4 Weltrekordmodell von M. Hacklinger (Flugzeit 44 min. 20 s, Hallenhöhe 42 m.)

- A6: Max. Flügelfläche 1,935 dm^2, alle Konstruktionselemente außer den Rippen müssen mindestens 1,6×1,6 mm^2 Querschnitt haben, Rippenquerschnitt min. 0,8×1,6 mm^2, Propellerdurchmesser max. 152 mm, ebene Balsablätter mind. 0,8 mm dick, max. Abstand Frontseite Lager bis hinterer Haken 152 mm, Mindestgewicht Zelle 1,2 g, Gummigewicht frei, Bespannung Papier (neuerdings auch Folie), keine Hi-Tech-Materialien.
- TH 30: Die Klasse TH30 wurde als nationale Klasse für Anfänger und Jugendliche eingeführt. Spannweite max. 30 cm, Propeller max. 160 mm, einfaches Paddel Vollbalsa ohne Blattverwindung, Mindestgewicht Zelle 1,6 g, Gummigewicht frei.

(Quellen: Internationale Klassen FAI Sporting Code Section 4 „Free Flight", Nationale Klassen: DAeC BeMod, Sonstige Klassen: AMA Regulations (USA))

Die wichtigsten Wettbewerbsregeln

- **Anzahl der Flüge**
  F1D, F1L, F1M, F1M-L, F1D-Ministick:
  6 offizielle Flüge. In die Wertung gehen die 2 besten Flugzeiten ein. Profile Scale: 5 Flüge pro Modell. Der beste Flug wird gewertet.
- **Offizieller Flug, Fehlstart**
  F1D, F1L, F1M, F1M-L, F1D-Ministick: Flüge von weniger als 60 s dürfen einmal wiederholt werden. Profile Scale: Flüge unter 20 s dürfen einmal wiederholt werden.
- **Zusammenstoß**
  Der Teilnehmer hat 2 Minuten Zeit, zu entscheiden, ob er den Flug wiederholen will oder die gestoppte Zeit gelten soll.
- **Lenken**
  Das Modell darf beliebig oft gelenkt werden (Stange, Ballonleine), aber nur von vorne und ohne Höhengewinn. Steht die Schraube, dann muss die Stillstandszeit von der Flugzeit abgezogen werden. Wird ein anderer Teilnehmer behindert, gilt die Zusammenstoßregel.
- **Ende des Fluges**
  Die Zeitmessung endet:
  - wenn das Modell den Hallenboden berührt
  - ein Teil abfällt
  - die Vorwärtsbewegung aufhört
- **Verhaken an Hindernissen:**
  Die Uhr bis zu maximal 10 s weiterlaufen lassen. Kommt das Modell innerhalb dieser Zeit nicht frei, die 10 s von der gestoppten Zeit abziehen. Kommt das Modell während dieser Zeit frei, läuft die Zeit weiter. Die Stillstandszeit (ggf. 2. Stoppuhr) wird von der Gesamtflugzeit abgezogen. Die Stillstandszeit kann auch durch lautes Zählen festgestellt werden.
- **Start, Verfolgen des Modells**
  Der Wettbewerbsteilnehmer muss den Gummimotor selbst aufziehen und das Modell selbst starten. Der Zeitnehmer darf mit dem Modell mitgehen.
- **Erbauerregel**
  Der Pilot muss sein Modell selbst gebaut haben.

Quelle: FAI-Sporting Code, BeMod des DAeC

Abb. 1.5: Typische Wettbewerbsszene (WM 2012 in Belgrad). Weltmeister Lutz Schramm (rechts) bei der Beobachtung seines F1D-Modells. Im Hintergrund: Heliumballon zum Steuern (Foto: G. Wöbbeking).

Werkstoffe und Bauteile

Bevor wir mit dem Bau von Saalflugmodellen beginnen, sollten wir den grundsätzlichen Aufbau eines Saalflugmodells und die speziellen Materialien kennenlernen.

Aufbau eines Saalflugmodells

Ein Saalflugmodell besitzt im Grunde die gleichen Komponenten wie ein ganz normales Flugzeug. Als Beispiel ist der Aufbau eines Modells der internationalen Klasse F1D in Abb. 2.1 dargestellt (mit englischen Begriffen). Aus welchen Materialien besteht ein Saalflugmodell?

- Gerippe aus Balsaholz der Dichte 0,06 bis 0,12 Gramm/cm^3 - je nach Bauteil unterschiedliche Dichte und Schnittrichtung A,B oder C-grain
- Vollholzpropeller aus Balsabrettchen mit 0,3 bis 0,8 mm Dicke (Struktur meist C-grain - Erläuterung siehe unten)
- Verstärkungen, Verspannungen: Borfäden 75 oder 100 µm Durchmesser
- Bespannung: Mylarfolien (Polyesterfolien) der Dicke 0,5 bis 1,2 µm, Kondensatorpapier 5 bis 7 g/m^2, leichte Tüten- oder Malerfolie ca. 6 g/m^2, Mikrofilm wird kaum mehr verwendet
- Luftschraubenlager: hartes Aluminiumblech mit 0,4 bis 0,5 mm Dicke oder Stahldraht mit Durchmesser 0,3 bis 0,4 mm Typ „Schweineschwanz", Teflon-Lagerscheiben oder Mikroperlen zur Druckaufnahme
- Kleber: Zellulosekleber (Uhu-hart verdünnt - ca. 60 % Kleber ca. 40 % Aceton), in Sonderfällen (Schule) auch Weißleim
- Sekundenkleber (Cyanacrylatkleber) wird - da nicht wieder lösbar - eher selten und in der Regel nur für Schnellreparaturen verwendet
- Sprühkleber für Bespannung: nur sehr fein sprühenden Kleber (z.B. 3M Spraymount repositionable)

Balsaholz

Das Grundmaterial für den Saalflug ist Balsaholz. Der Balsabaum (*Ochroma pyramidale*) wächst in den Tropen (Zentralamerika, Südamerika, Indonesien, Papua Neuguinea). Da Balsaholz aus großen luftgefüllten Zellen besteht, ist es das leichteste Holz überhaupt. Die Dichte liegt zwischen 0,06 und 0,25 g/cm^3. Für den Saalflug kommt nur das leichteste Holz von 0,07 bis 0,12 g/cm^3 (bzw. 70 bis 120 kg/m^3) in Betracht. Da es hauptsächlich aus Lufteinschlüssen besteht und die Zellwände nur ca. 1 µm dick sind, ist das leichteste Balsa nur 50-mal schwerer als Luft (Abb. 2.2)! Zum Vergleich: Kiefernholz hat mit 0,6 g/cm^3 eine 6-mal höhere Dichte! Am häufigsten wird im Saalflug Holz mit einer Dichte von ca. 0,08 bis 0,09 g/cm^3 (entsprechend 80 bis 90 kg/m^3) benötigt.

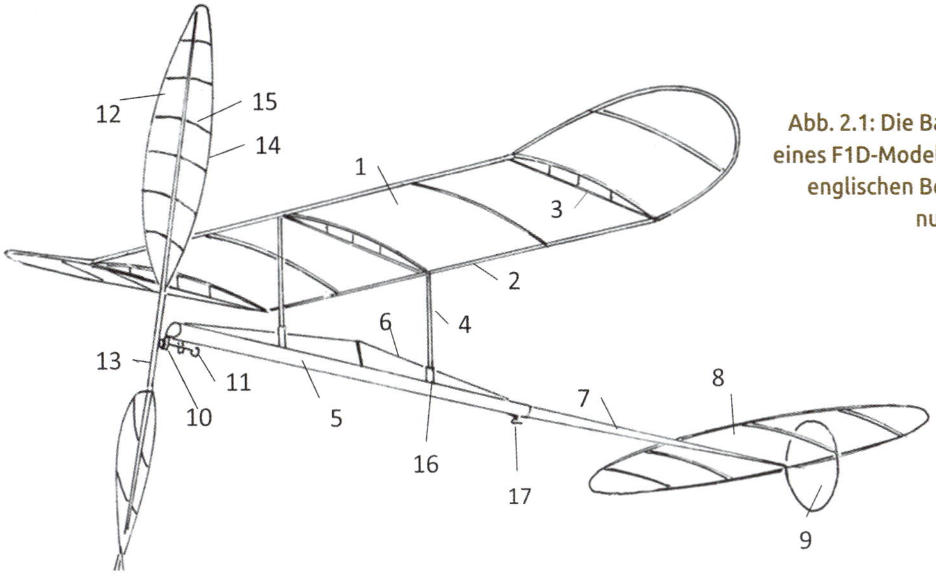

Abb. 2.1: Die Bauteile eines F1D-Modells (mit englischen Bezeichnungen).

1	Flügel	wing	9	Seitenleitwerk	rudder
2	Flügelholm	wing spar	10	Propellerlager	prop. Bearing
3	Kompressions-rippe	compression rib	11	Propellerwelle	prop. Shaft
4	Flügelpfosten	wing post	12	Propellerblatt	prop. Blade
5	Motorträger	stick	13	Propellerholm	prop. Spar
6	Verspannung	bracing	14	Propellerrahmen	prop. Outline
7	Leitwerksträger	boom	15	Propellerrippe	prop. Rib
8	Höhenleitwerk	stabilizer	16	Röhrchen	tube
			17	hinterer Haken	rear hook

Abb. 2.2: Zellstruktur von Balsaholz. Die Zellwände sind nur ca. 1 µm dick, der Rest ist Luft (ESM-Aufnahme: Dr. A. Wisser, Uni des Saarlandes).

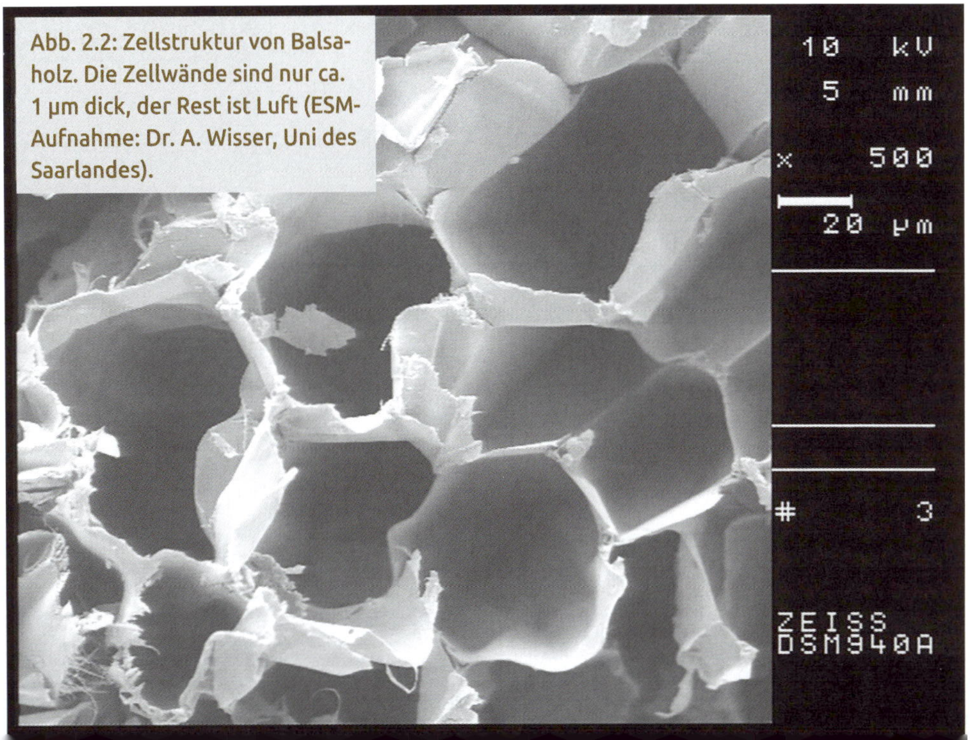

So kann man es sich leicht merken: Ein Balsabrett von 10 cm Breite und 100 cm Länge soll bei 1 mm Dicke 8 - 9 Gramm wiegen, entsprechend ein 1,5 mm dickes Brett 12-13 Gramm, ein 2 mm dickes 16-18 Gramm und so weiter. Dieses Holz bekommt man nur selten in Modellbauläden. Manchmal findet sich leichtes Balsa in Baumärkten. Am besten bestellt man es unter dem Namen „Saalflugbalsa" (siehe Bezugsquellen im Anhang). Für Wettbewerbsholz, das genau gewichtsselektiert und in bestimmten Richtungen geschnitten ist, gibt es wiederum ganz spezielle Bezugsquellen. Je nach Schnittrichtung am Balsastamm unterscheiden wir (Abb. 2.3):

- A-grain: Schnitt in tangentialer Richtung zu den Jahresringen
- B-grain: Schrägschnitt
- C-grain (auch Quartergrain): Schnitt in radialer Richtung, d. h. senkrecht zu den Jahresringen auf den Kern zu

Der Radialschnitt erfolgt genau entlang der so genannten „Markstrahlen" oder besser „Markebenen", die senkrecht zu den Jahresringen stehen. Die Jahresringe sind beim Balsabaum nur schwach ausgeprägt und werden häufig mit den Markstrahlen verwechselt. Die Markstrahlen bestehen aus Röhren, die geradlinig vom Kern aus nach außen laufen. Die Jahresringe haben einen Abstand von ca. 1 cm, während die Markstrahlen mit nur ca. 0,4 mm Abstand sehr viel dichter liegen (Abb. 2.3). Sie bilden mit den üblicherweise in Längsrichtung des Baumes verlaufenden Zellen einen Sperrverbund - ähnlich wie bei Sperrholz. Die reine Quartergrain oder C-grain Struktur bekommt man, wenn die Zellwände dieser Markstrahlen parallel zur Oberfläche liegen und deshalb nicht durchtrennt werden. Dieses Holz ist sehr biegesteif, ähnlich Sperrholz.

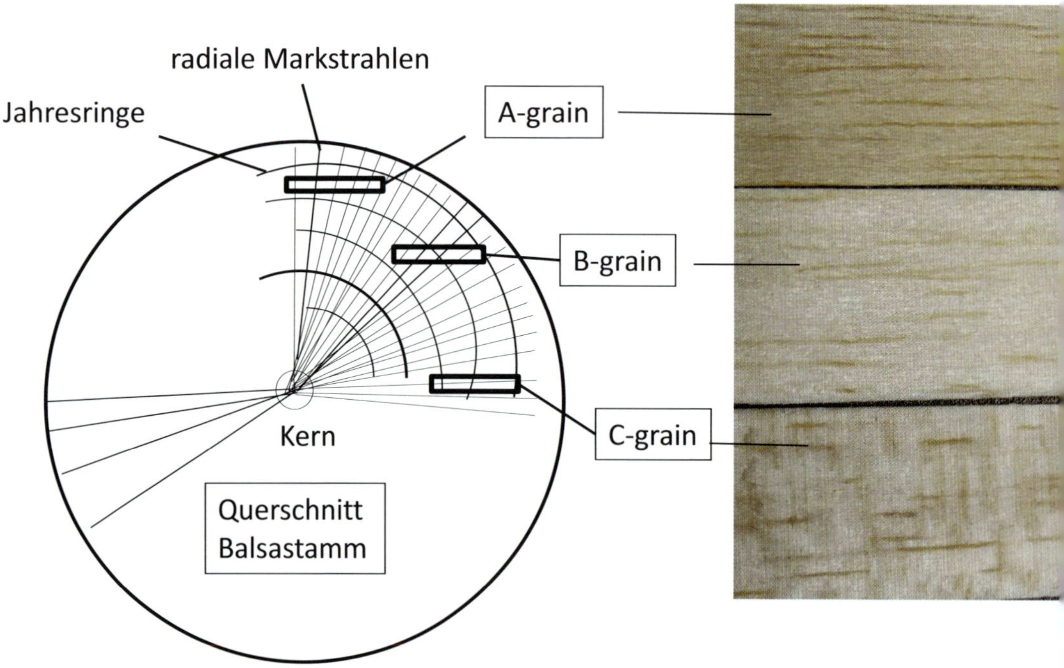

Abb. 2.3: Holzstruktur bei verschiedenen Schnittrichtungen durch den Balsastamm.

Was bewirken die unterschiedlichen Schnittrichtungen?

- A-grain Holz ist besonders biegsam
- C-grain Holz ist besonders steif
- B-grain Holz besitzt mittlere Steifigkeit

Soll z.B. ein Propellerblatt besonders steif sein, um sich wenig zu verbiegen, wird es aus C-grain gefertigt. Falls es sich durch die Luftströmung verbiegen soll (aeroelastisches Blatt), wird A-grain verwendet. Holme werden wegen der geforderten Elastizität meist aus A-grain gefertigt.

Welches Balsa für welches Bauteil?

Die folgende Tabelle gibt Auskunft über die Holzqualität für verschiedene Bauteile.

Bauteil	Dichte g/cm³	Schnittrichtung
Holme	0,08 bis 0,09	A/B
Rippen	0,08 bis 0,09	A/B
Propellerblatt	0,08	C (steif) A (elastisch)
Rumpfstab (voll)	0,08	A/B/C je nach Anforderung
Leitwerksträger (voll)	0,07	A/B
Flügelpfosten	0,10 bis 0,12	A/B
Propellerholm	0,12	A/B
Rohrrümpfe	0,075 - 0,85	C

Kleber

Als Kleber kommen vorwiegend schnell trocknende Zellulosekleber in Frage, z.B. UHU hart. Diese werden stark mit Aceton verdünnt (etwa 60:40 Kleber/Aceton). Der Kleber soll sich in die Oberfläche des Holzes etwas hineinsaugen und damit eine bessere Haftung ergeben. Für bestimmte „heavy duty“-Verklebungen und glatte Oberflächen oder wenn die Gefahr besteht, dass der dünnflüssige Kleber an unerwünschte Stellen gelangt (z.B. Eindringen in Röhrchen), verwendet man auch unverdünnten Kleber - z.B. zum Ankleben des Lagers an den Rumpfstab. Zellulosekleber kann man mit Aceton wieder lösen. Auf diese Weise kann man z.B. Verbindungcn ncu justieren.

Cyanatkleber (Sekundenkleber) sind für Klebungen bei Saalflugmodellen nicht sehr ratsam. Sie haben zwar eine sehr kurze Aushärtezeit, man kann die Klebung aber nicht mehr lösen. Außerdem besteht das Risiko von unbeabsichtigten Verklebungen an Fingern usw. - gelegentlich werden sie z.B. für den Bau von Peanut-Scale-Modellen eingesetzt. Für Verklebungen bestimmter Kunststoffe mit Holz sind Cyanatkleber dagegen gut geeignet. Auch Gummi lässt sich hervorragend verkleben. Sie sollten unbedingt mit einer Nadel oder Zahnstocher in kleinen Tröpfchen aufgetragen werden. Extrem sauberes Arbeiten ist angesagt!

Weißleim kann man bei Schulprojekten einsetzen, wenn man Lösemittel vermeiden will. Der Weißleim wird ggf. nur etwas mit Wasser verdünnt und tröpfchenweise mit einem Zahnstocher auf die Klebstelle aufgetragen. Bei kleinen Klebestellen ist Weißleim bereits nach ca. 10 Minuten trocken und beschränkt belastbar. Die Endfestigkeit wird allerdings erst nach Stunden erreicht.

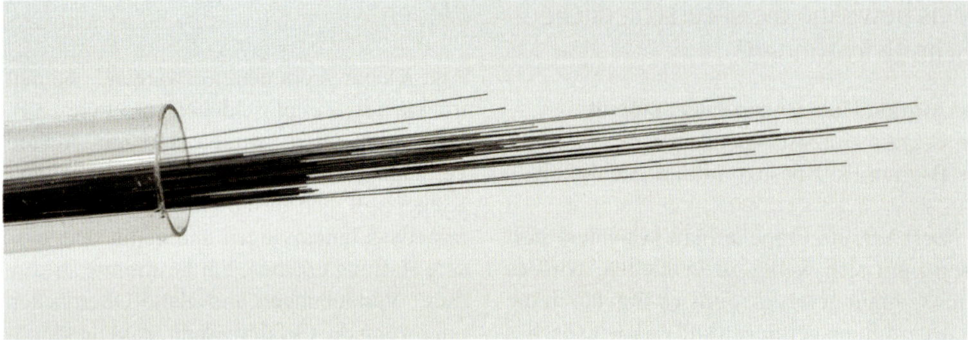

Abb. 2.4: Borfäden mit 75 Mikrometer Durchmesser.

Borfäden

Borfäden werden durch Aufdampfen von Bor auf einen sehr dünnen Wolframfaden gewonnen. Die spezifische Festigkeit ist extrem hoch. Borfäden gibt es in verschiedenen Dicken. Für Saalflugmodelle finden meist 75- oder 100-µm–Fäden Anwendung (Abb. 2.4)

Aufkleben der Borfäden

Der Faden wird auf das Balsateil gerade aufgelegt und an beiden Enden mit einem kleinen Tröpfchen Cyanokleber fixiert. Anschließend streicht man mit einem sehr feinen Pinsel Zaponlack über den Faden. Der Lack läuft infolge Kapillarwirkung in den Haarspalt unter dem Faden und härtet aus. Die Klebung ist perfekt - bei geringstem Klebergewicht.

Vorsicht beim Umgang! Das Verarbeiten von Borfäden muss unter strengen Vorkehrungen für Sauberkeit und Sorgfalt erfolgen. Absplitterungen von einigen Millimetern Länge können in die Haut eindringen und sind meist äußerst schmerzhaft.

Bespannmaterial

Folien

War es früher einmal Mikrofilm aus einer Mischung von Nitrospannlack, Amylacetat und ätherischen Ölen, die auf ein Wasserbad gegossen wurde und einen 0,2 µm dicken Film ergab, so sind es heute vorwiegend Kunststofffolien, die in der Technik z.B. als Dielektrikum für Kondensatoren eingesetzt werden. Biaxial orientierte Polyesterfolien (Markenname z. B. Mylar™) zeichnen sich durch hohe Reißfestigkeit aus. Je geringer das Foliengewicht, desto mehr Gewicht kann für die Struktur verbaut werden. Das bringt im Wettbewerb Vorteile. Allerdings sind dünnere Folien wegen der elektrostatischen Aufladung wesentlich schwieriger zu handhaben als dickere. Der dünnste käufliche Film war Y2K2 mit 0,3 µm Dicke. Dieser Film ist nicht mehr erhältlich.

Die Dichte der Polyesterfolien beträgt etwa 1,4 g/cm^3, d.h. eine 1 µm dicke Folie wiegt 1,4 Gramm/Quadratmeter. Für Anfängermodelle bieten sich auch hauchdünne Folientüten an, die in Supermärkten usw. verwendet werden oder entsprechend dünne Maler-Abdeckfolien aus dem Baumarkt. Das Flächengewicht liegt bei 5 g/m^2.

Papier

Kondensatorpapier wiegt ebenfalls 5 bis 7 Gramm/m². Da es feuchtigkeitsempfindlich ist, wird es im Saalflug nur noch in Sonderfällen verwendet. Man kann es vorschrumpfen, indem man es mit Wasser fein besprüht, eben ausbreitet und nach dem Trocknen bügelt. Dünnes Japanpapier wird meist für Buchrestaurationen verwendet. Das dünnste mit 1,6 g/m² ist nach dem Aufkleben praktisch unsichtbar. Ein sehr schmiegsames Japanpapier, das sich auch schwierigen Flächen anpasst (z.B. Randbögen), ist Kashmirpapier (Bezugsquelle: Japico.de). Rechts die Dicken/Flächengewichte von Bespannmaterialien für Saalflugmodelle.

OS-Film (USA)	0,5 µm ca. 0,9g/m²
Polyesterfilm (Steiner)	0,9 µm ca. 1,3g/m²
Polyesterfilm (Steiner)	1,2 µm ca. 1,6g/m²
Dünnstes Japanpapier	ab 1,6 g/m²
Kondensatorpapier	5-7 g/m²
Dünnste Tüten/ Malerfolie	5-6 g/m²
Esaki Japanpapier	12 g/m²
Kashmir-Japanpapier	14 g/m²

Lager

Alu-Lager

Ein zentrales und sehr wichtiges Bauteil ist das Luftschraubenlager. Wie alles im Saalflug soll es leicht sein und eine ausreichende Festigkeit besitzen, um den hohen Gummizug auszuhalten. Als Material ist hartes Aluminium mit 0,4 bis 0,5 mm Stärke geeignet. Gute Lager aus sehr hartem Aluminium kommen aus USA (Ray Harlan). Sie sind in verschiedenen Größen erhältlich. Die Alu-Lager ha-

Abb. 2.5: Verschiedene Lager aus Hart-Aluminium und Stahldraht. Bei allen Lagern lässt sich die Propeller-Welle in geeigneter Position in das Lager eindrehen bzw. einschieben.

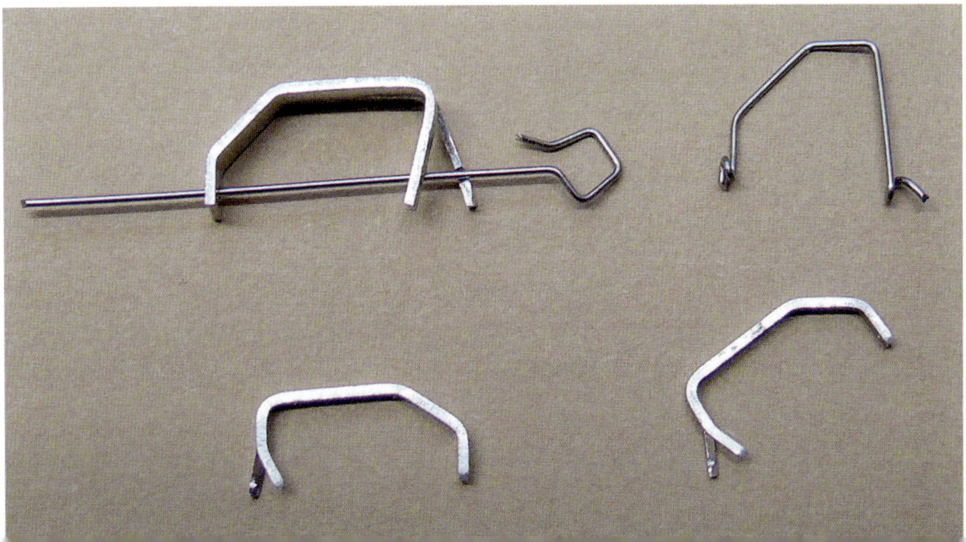

Abb. 2.6: Einschieben der Welle zwischen den gespaltenen Schenkeln: Die Welle lässt sich leicht einschieben, wenn der Wellenhaken den hinteren Schenkel umfasst.

ben vorne eine Bohrung von 0,4 bis 0,6 mm und sind hinten gespalten, damit man die Luftschraubenwelle einschieben kann (Abb. 2.5, 2.6). Dazu umfasst man mit dem Haken den *hinteren* Schenkel und schiebt die Welle zwischen den beiden Schenkeln hindurch. Somit kann die Luftschraube zum Transport abgenommen werden. Die Selbstherstellung von Alulagern ist im Anhang beschrieben.

Drahtlager

Aus verschiedenen Gründen werden auch so genannte „Schweineschwanz-Lager“ aus Stahldraht verwendet. Sie sind besonders leicht und reibungsarm. Man verwendet Draht der gleichen Stärke oder etwas stärker als derjenige der Luftschraubenwelle. Nach einigen Vorübungen mit geeigneten Feinmechaniker-Zangen sind die Lager relativ leicht herzustellen. Die Herstellung von Lagern aus Stahldraht ist im Anhang beschrieben. Die Luftschraubenwelle wird mit dem Haken in den „Schweineschwanz“ eingedreht und kann so auch wieder entnommen werden.

Lagerscheiben

Um die Druckkraft am Propeller aufzunehmen, befinden sich zwischen Luftschraube und Lager eine oder mehrere reibungsarme Scheiben. Die hohe Zugkraft des aufgedrehten Gummis würde sonst starke Reibung hervorrufen. Es gilt: je kleiner der Durchmesser

▾ Abb. 2.7: Wichtige Kleinteile: Teflonschläuche für Lagerscheiben, Mikro-Glasperlen, Ringe zum Einhängen des Gummistranges aus PKW-Unterdruckschlauch (schwarz) oder Sprühdosen-Ansaugschläuchen.

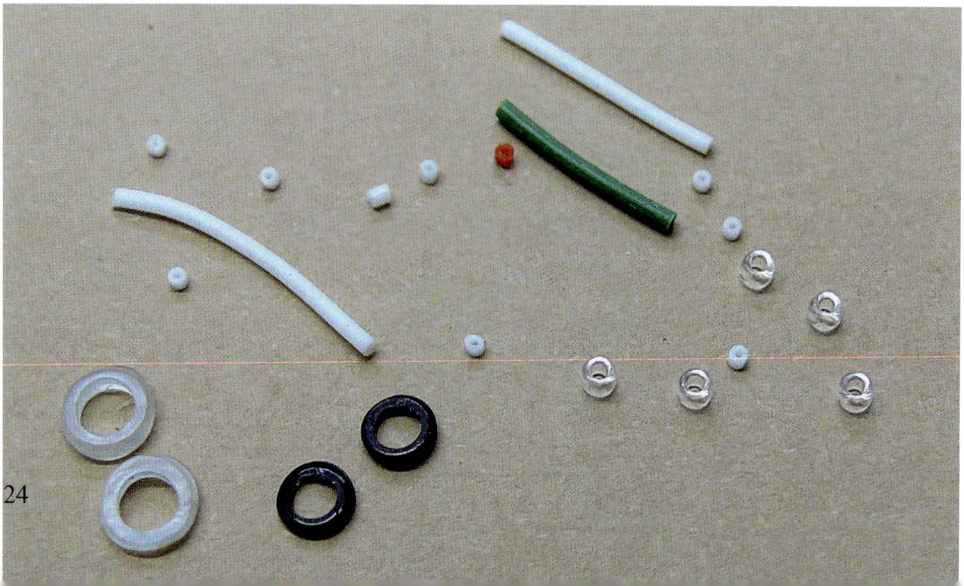

der Lagerscheibe desto geringer die Reibung (Abb. 2.7). Teflonscheiben kann man von dünnen Teflonschläuchen abtrennen, wie sie zum Beispiel in der Gas- bzw. Flüssig-Chromatographie verwendet werden. Mikro-Glasperlen sind ebenfalls sehr gut geeignet. Aus Japan gibt es Mikro-Glasperlen für die Perlenstickerei (Rocaillen) mit 1,5-mm-Außendurchmesser und einem Loch von ca. 0,55 mm Durchmesser (s. Bezugsquellen).

Ringe

Zum Einhängen des Gummistranges am Haken der Luftschraubenwelle und am hinteren Haken benötigt man kleine Ringe. Häufig werden hierfür O-Ringe (Dichtungsringe) empfohlen. Diese sind aber sehr weich, so dass sie sich nicht wirklich eigenen. Am besten besorgt man sich einen Unterdruckschlauch aus der Automobil- oder Vakuumtechnik mit einigen mm Innendurchmesser, von dem dann ca. 1 mm breite Ringe geschnitten werden. Die Ringe werden auf ein Blech gelegt und beidseitig und mit dem Feuerzeug kurz erhitzt. Dadurch schmelzen die Ränder an und verlieren ihre scharfen Kanten, die den Gummistrang beschädigen könnten. Alternativ kann man Ringe von einem Sprayflaschen-Ansaugschlauch schneiden und mit einem Bohrer innen entgraten. Man kann den Gummistrang auch ohne Ringe verwenden, indem man den aufgewundenen Strang ca. 1 cm vor dem Ende fasst, sodass sich eine Schlaufe bildet. Dadurch verliert man jedoch einige Umdrehungen.

Stahldraht

Der Modellbauhandel bietet lediglich die Dicken 0,30, 0,50 und 0,60 mm an. Es werden aber häufig Zwischengrößen benötigt. In Musikfachgeschäften bekommt man Stahlsaiten als Gitarrensaiten gerollt in verschiedenen Zollgrößen, z. B. 0,008“ (0,20 mm), 0,010“ (0,25 mm), 0,012“ (0,30 mm), 0,013“ (0,33 mm) und 0,015“ (0,38 mm).

Der gerollte Draht kann wie folgt gerade gebogen werden: Der Draht wird an einem Ende eingespannt. Unter Zug lässt man ihn unter festem Zupressen zwischen Daumen und Zeigefinger gleiten, wobei man den Draht entgegengesetzt der Krümmung mit einem kleinen Knick durch die Finger laufen lässt. Den Knick kann man stärker oder weniger stark ausprägen, je nachdem wie stark die Vorkrümmung des Drahtes ist. Man wird sehr schnell ein Gefühl entwickeln, welche „Knickstärke“ benötigt wird. Statt Daumen und Zeigefinger kann man auch eine Flachzange verwenden.

Werkzeuge und Arbeitstechniken

Basiswerkzeuge und -techniken zum Bau von Saalflugmodellen

Stahldraht biegen

Zum Biegen von Stahldrahtösen usw. sollte eine kleine Rundzange (Spitze ca. 1 mm Durchmesser), eine kleine Spitzzange und ein kleiner Seitenschneider vorhanden sein.

▾ **Abb. 3.1: Pinzette, Rasierklinge, Skalpell oder Mini-Cutter-Klinge, Stahllineal, Goldwaage, Leistenschneider, Rundzange, Sandpapierfeile.**

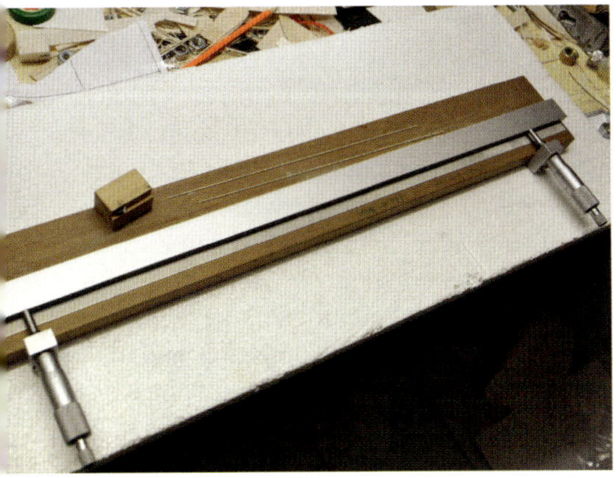

Abb. 3.2 links: Mikrometer-Leistenschneider mit Rasierklingenhalter für senkrechte Schnitte. Rechts: Balsa-Leistenschneider von Kavan.

Leisten schneiden

Mit einer Rasierklinge (eine Seite abkleben!) oder Mini-Cutter-Klinge und Stahllineal kann man aus einem geeigneten Balsabrett mit 1,5 mm Dicke die häufig verwendeten Leisten von z.B. 1,5×1,5 mm Querschnitt schneiden. Mit einem Leistenschneider (z.B. von Kavan) ist das Leistenschneiden bequemer und präziser. Profis verwenden Leistenschneider, die ein genaues Einstellen der Leistenbreite mit Mikrometerschrauben zulassen (Abb. 3.2). Eine Eigenbaulösung eines Leistenschneiders ist im Anhang dargestellt. Sie benutzt M6-Gewinde, das eine Steigung von genau 1 mm besitzt. Mit einem Handrad, auf dessen Umfang ein Maßband mit mm-Teilung geklebt wird, kann man die Schnittbreite auf 1/100 mm genau einstellen.

Rippen herstellen

Zum Schneiden der Rippen dient eine Aluminium- oder Sperrholzschablone, deren Rand man mit feinem Schleifpapier geglättet hat (Abb. 3.3). Die Klinge wird beim Schnitt senkrecht gehalten und genau an der Schablone entlanggeführt. Nach jedem Schnitt wird die Schablone um die Rippenhöhe (0,5 bis 2 mm) versetzt und wieder ein Schnitt gemacht. Wichtig ist, dass das Balsa-Brettchen bereits vorher auf die genaue Rippenlänge zugeschnitten wurde. Damit ist gewährleistet, dass alle Rippen die gleiche Länge besitzen. Verwendet man den Mikrometer-Leistenschneider, ist die Rippenhöhe von Schnitt zu Schnitt exakt einstellbar.

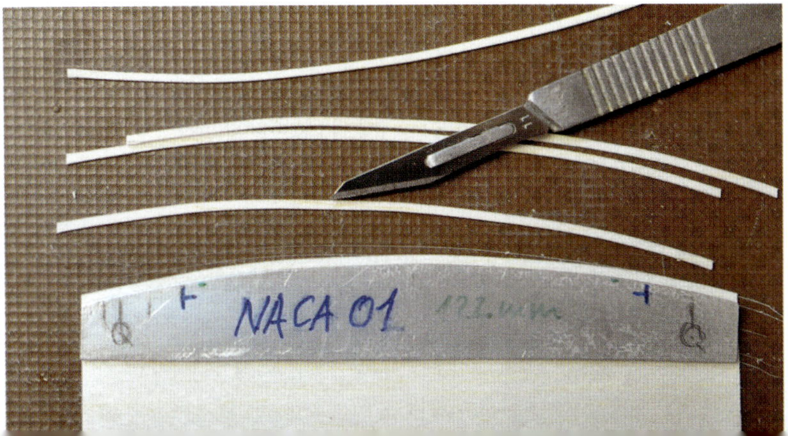

Abb. 3.3: Schneiden von Rippen mit Hilfe einer Aluminium-Schablone.

Leisten genau ablängen

Wie schneidet man eine Leiste quer zur Faserrichtung ab? In erster Linie eine sehr scharfe Klinge verwenden! Wird die Balsaleiste beim Schneiden erst mal eingedrückt bevor die Klinge schneidet, ist diese mit Sicherheit unscharf! Der Schnitt muss senkrecht und ohne Rückstand erfolgen, damit die Leiste formschlüssig an eine andere angefügt werden kann. Zur Führung der Klinge kann man auch entlang einer senkrechen Kante (kleiner rechter Winkel) schneiden oder ein kleines U-Profil aus Messing verwenden. Spalte, die zum Ausgleich mit Leim gefüllt werden müssen, sind im Saalflug absolut tabu! Leim ist nämlich 10-mal schwerer als Balsa! Wenn man keinen sauberen senkrechten Schnitt hinbekommt, dann eben so oft wiederholen, bis es klappt! Auf keinen Fall die „passt schon"-Mentalität zulassen!

Genaues Ablängen in situ

Muss man ein Bauteil in eine fertige Struktur einpassen, ist das frei Hand oft nicht möglich. Dazu kann man das einzusetzende Bauteil (Rippe, Leiste) mit einer Haarklammer aufnehmen (Abb. 3.4). Mit der Rasierklinge oder einem feinen Stift wird dann die Länge in situ genau markiert. Wieder zurück auf dem Baubrett, wird der Schnitt dann vollständig ausgeführt. Statt der Haarklammer ist natürlich auch eine kleine abgewinkelte Pinzette verwendbar.

Abb. 3.4: Aufnehmen einer Leiste mit der Haarklammer als selbsthaltende Pinzette.

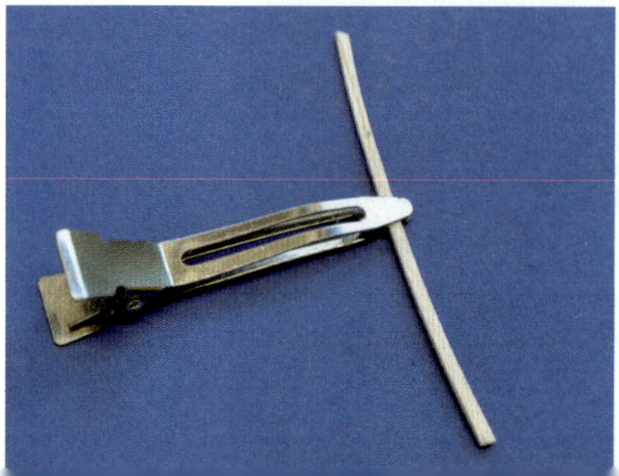

Kleben

Wie schon erwähnt, ist Leim ca. 10-mal schwerer als Saalflug-Balsa! Es sollte daher nicht mehr Leim an die Leimstelle, als unbedingt erforderlich. Normalerweise richtet man die zu leimenden Teile im trockenen Zustand genau aus und bringt an die Verbindungsstellen einen kleinen Leimtropfen, der sich dann auf Grund der stark ausgeprägten Kapillarität in das Holz hineinsaugt. Dazu muss die Konsistenz stimmen. Zu dünner Leim wird vollständig weggesaugt. Zu dicker Leim dringt nicht ein. Es sind also immer Versuche mit Probeklebungen erforderlich. Ein Mischungsverhältnis von etwa 60 % Zellulosekleber (Uhu hart) und 40 % Aceton ist ein guter Anhaltspunkt. Nach einigen Minuten sollte man dann nochmal einen kleinen Tropfen auf die Klebestelle aufbringen. Dieser füllt dann den winzigen Klebespalt.

Die zu leimenden Teile müssen formschlüssig sein (Abb. 3.5). Mit Hilfe von M10-Muttern sollten sie im ausgerichteten Zustand fixiert und leicht unter Druck gehalten werden - dazu beidseitig eine Mutter platzieren und die Teile vorsichtig zusammenschieben, bis sich die Leimspalten schließen. Entsprechendes gilt für Magnete auf einer magnetischen Bauunterlage. Um ein Ankleben auf der Unterlage zu verhindern, kann man den Plan mit Geschenkfolie abkleben. Auch ein Klebefilm entlang der Holme über den Plan geklebt, erfasst alle Klebstellen auf einmal.

Das Dosieren von Leim macht man am besten mit den kleinen Dosierfläschchen (z.B. aus dem Internet oder von SAMS-Models, Abb. 3.6). Meist sind die Röhrchen dieser Fläschchen zu weit, so dass ein feines Dosieren nicht möglich ist. Man kann eine Spritzennnadel mit 0,5-mm-Innendurchmesser (Größe 9) mit Cyano- oder Zweikomponentenkleber in die zu große Öffnung einsetzen. Alternativ kann man auch einen dünnen Stahldraht in den Kleber eintauchen und damit kleine Tropfen auf die Klebestelle bringen.

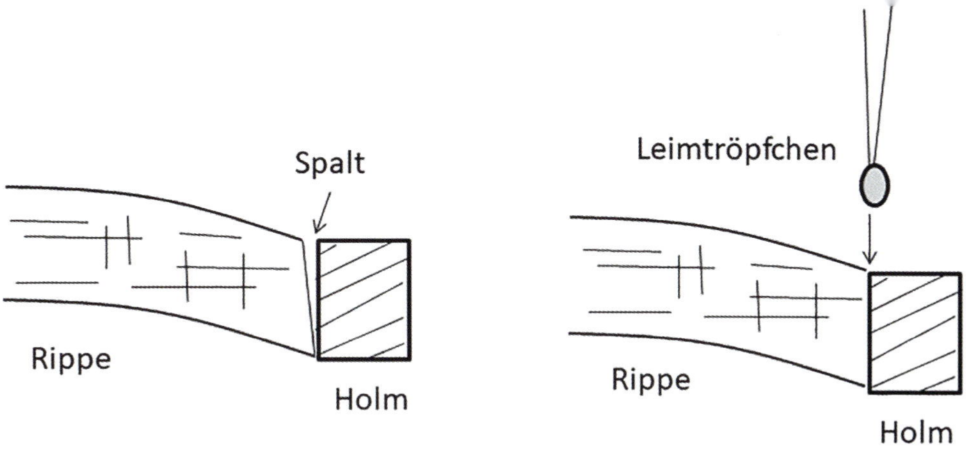

Abb. 3.5: Die Klebestellen müssen formschlüssig sein, sonst ist eine haltbare Verklebung nicht möglich.

Bei Baukursen und in Schulen wird man auf lösemittelhaltigen Kleber verzichten. Dann sind die Leimstellen jedoch nicht mehr lösbar. Gute Erfahrung habe ich in Baukursen mit Weißleim (unverdünnt bzw. nur wenig verdünnt) gemacht, der mit Zahnstocher-Spitzen dosiert aufgebracht wird. Weißleim braucht auch nicht wesentlich länger zum Trocknen als verdünnter UHU hart. Nach ca. 10 bis 15 Minuten sind sie Bauteile einigermaßen belastbar. Durch geschickten Arbeitsablauf kann man die Trockenzeit für andere Arbeiten nutzen.

Abb. 3.6: Dosierfläschchen für Leim.

Herstellung von Papierhülsen

Zum Einstecken der Flügelpfosten entweder am Rumpf oder am Holm benötigt man Papierhülsen. Dazu nimmt man einen 1 bis 2 cm breiten Streifen aus dünnem Japan- oder Seidenpapier und einen Bohrerschaft mit dem passenden Durchmesser. Der Papiersteifen wird an einem Ende mit Zellulosekleber (z.B. UHU hart verdünnt) befeuchtet und am Schaft angelegt (Abb. 3.7). Man wartet bis der Leim dort vollständig antrocknet (!) und der Papierstreifen auf Zug belastbar ist - keine Sorge, der Leim wird später innen wieder flüssig und das Röhrchen ist leicht abziehbar! Man befeuchtet nun den ganzen Papierstreifen mit verdünntem Leim. Nun wickelt man unter stetigem leichtem

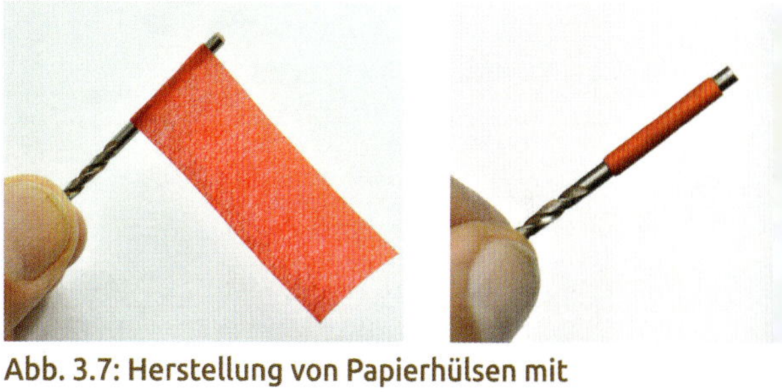

Abb. 3.7: Herstellung von Papierhülsen mit Bohrerschaft. Nach den Aufrollen des Papierstreifens das Papier außen leicht antrocknen lassen, dann die Hülse vom Kern abziehen.

Zug den ganzen Streifen auf. Insgesamt sind 3-4 Windungen ausreichend, d.h. die Streifenlänge entspricht ca. dem 10- bis 12-fachen des Kern-Durchmessers. Zum Schluss muss alles gut von Kleber durchtränkt sein. Man wartet nun, bis der Kleber außen leicht angetrocknet ist und zieht das Röhrchen unter Drehung vom Kern ab. Die Hülse muss nun mindestens eine Stunde trocknen, bis sie hart ist. Dann können mit einer scharfen Rasier- oder Cutterklinge Stücke von passender Länge abgeschnitten werden.

Herstellung von Flügelpfosten

Die Pfosten werden entsprechend der Belastung aus etwas härterem Balsa mit einer Dichte von 0,10 bis 0,12 g/cm³ hergestellt. Wichtig ist, dass der Pfosten genau in die entsprechende Papierhülse passt. Zur Herstellung muss eine Lochlehre (Bohrung) mit 1/10 mm weniger Weite als der Innendurchmesser der Papierhülse verwendet werden. Herstellung: Zunächst wird eine quadratische Leiste geschnitten und anschließend die Kanten mit dem Schleifklotz gebrochen, so dass ein Achteck entsteht. Nun legt man den Pfosten auf einen Schleifpapierbogen (Körnung etwa 180) und rollt ihn mit einem mit Schleifpapier beklebten Brettchen unter geringem Druck hin und her, so dass ein Rundling zwischen den Schleifpapierflächen entsteht. Auf keinen Fall zu hohen Druck ausüben, sondern lange genug reiben! Wenn ein Durchmesser erreicht ist, der ca. 1 bis 2 Zehntel Millimeter über dem Solldurchmesser liegt, folgt das Kalibrieren: Der noch etwas übermaßige Pfosten wird nacheinander durch abgestufte Lochdurchmesser in einem Blech gezogen, bis der Solldurchmesser erreicht ist (Abb. 3.8). Man beginnt bei dem größten Loch und zieht den Pfosten zum Schluss durch das Loch mit dem gewünschten Solldurchmesser. Das Röhrchen wurde mit einem Bohrerschaft gefertigt, der 1/10 mm größeren Durchmesser hat als der Pfosten. Auf diese Weise erreicht man eine genaue, jedoch noch leichtgängige Schiebepassung.

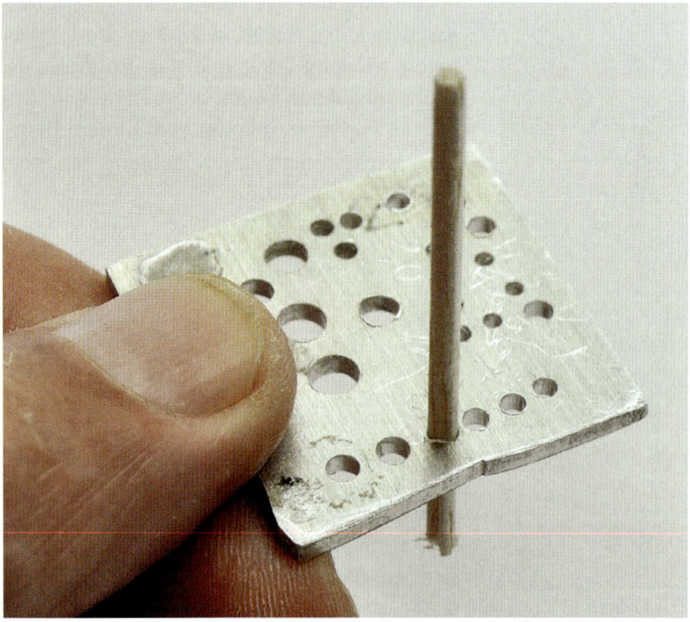

Abb. 3.8 Kalibrieren des Pfostens mit Hilfe von Lochlehren mit abnehmendem Durchmesser.

Bespannen

Das Bespannen mit Folie ist der schwierigste Part und erfordert besondere Aufmerksamkeit. Man kann die Struktur dabei leicht zerstören oder unbrauchbar machen. Jeder Arbeitsschritt muss deshalb durchdacht sein! Größte Sorgfalt und vor allem Sauberkeit sind erforderlich. Klebrige Finger oder klebrige Stellen im Arbeitsfeld sind hier absolut kontraindiziert! Geringste Kleberreste auf der Arbeitsunterlage oder an den Fingern machen das Ergebnis mit ziemlicher Sicherheit zunichte.

Für das Bespannen benötigt man die geeignete Folie. Im Wesentlichen wird die 0,9 µm dicke Polyesterfolie oder - in speziellen Fällen - der 0,5 µm dicke OS-Film verwendet. Je dünner die Folie, desto mehr machen sich die elektrostatischen Anziehungskräfte bemerkbar. Schon beim Abrollen kann sich die Folie zusammenziehen. Ich empfehle dringend, die Anleitungen in YouTube anzuschauen, z.B. „covering with OS-Film".

Zum Ablängen der Folie und zum Austrennen des Flügels sollte man wegen der Einreißgefahr ausschließlich einen heißen Lötkolben verwenden.

Die Folie kann nur mit Hilfe eines Rahmens auf die Rippenstruktur aufgebracht werden. Alle anderen z.B. freihändigen Versuche führen zum sicheren Misserfolg! Für Flügel mit gebogenen Rippen gibt es zwei Methoden:

Methode 1

Der zu bespannende Flügel wird an anderer Stelle im Raum mit fein sprühendem Sprühkleber benetzt (Empfehlung: 3M Spraymount) und auf eine saubere, ebene Unterlage gelegt. Der Rahmen mit der Bespannfolie wird von oben auf die Flügelstruktur aufgelegt. Die einzelnen Schritte (Abb. 3.9 bis 3.15):

Abb. 3.9, Schritt 1: Folie auf Größe einer Haselnuss zerknüllen. Gefühlvoll drücken, sonst können eingeschlossene Luftblasen platzen!

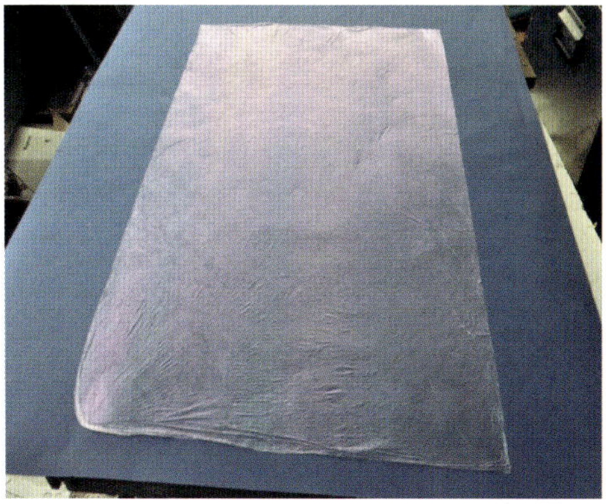

Abb. 3.10, Schritt 2: Folie vorsichtig auf glatter, staubfreier Unterlage ausbreiten. Sie muss faltenfrei liegen - ohne Lufteinschlüsse. Hier kann ggf. ein weicher Kosmetikpinsel gute Dienste leisten.

Abb. 3.11, Schritt 3: Rahmen mit verdünntem Tapetenkleister benetzen und gleichmäßig auf die Folie auflegen.

Abb. 3.12, Schritt 4: Rahmen mit anhaftender Folie abheben. Folie darf nicht spannen, sondern muss beim Auf- und Abbewegen noch leicht „wabern", damit sie sich an die Flügel-Struktur anlegen kann.

Abb. 3.13, Schritt 5: Flügelstruktur aus ca. 40 cm Entfernung mit Kleber besprühen. Während max. ca. 3 Sekunden einige Male mit der Sprühdüse über dem Flügel hin- und herwandern.

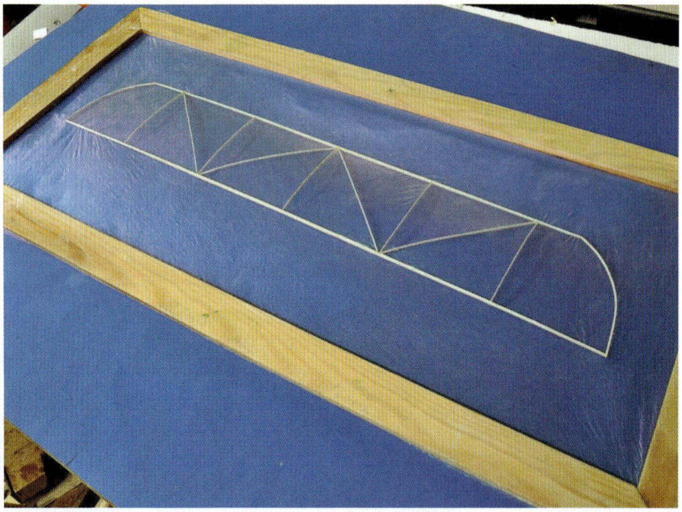

◂ Abb. 3.14, Schritt 6: Rahmen gleichmäßig absenken bis die Folie auf der Flügelstruktur aufliegt. Folie ringsum mit dem Finger unter sanftem Druck anstreifen.

▾ Abb. 3.15, Schritt 7: Mit einem nicht zu heißen Lötkolben die Folie ringsum abtrennen.

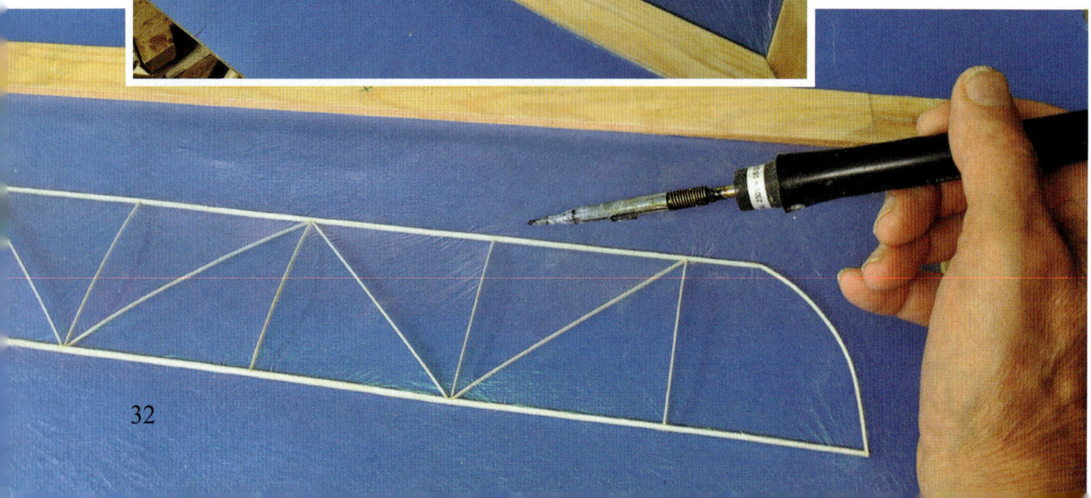

Methode 2

Auf einer Vorrichtung wird die Folie unter leichtem Durchhang aufgelegt. Der mit Sprühkleber benetzte Flügel wird verkehrt herum - Oberseite nach unten - auf die durchhängende Folie aufgelegt, so dass sich die Rippen an die Folie anlegen. Die einzelnen Schritte (Abb. 3.16, 3.17):

Abb. 3.16, Schritt 1: Beide Längsträger mit verdünntem Tapetenkleister bestreichen und Folie auflegen. Längsträger verschieben, bis die Folie leicht durchhängt.

Abb. 3.17, Schritt 2: Flügel mit Oberseite auf die Folie auflegen und erst prüfen, ob sich die Rippen formschlüssig anlegen. Danach Flügel mit Sprühkleber besprühen und auflegen. Heraustrennen mit Lötkolben, siehe Methode 1.

Flügelknicke anbringen, Falten beseitigen

Es ist vorteilhaft, wenn man schon vor dem Bespannen an den Stellen, an den später Knicke entstehen sollen, einen schmalen Papierstreifen auf der Holmoberseite (die dann bespannt wird) aufklebt (Abb. 3.18, 3.19).

▾ Abb. 3.18, Schritt 1: Die Holme wurden unten eingeritzt und nach oben gebrochen. Nach Leimzugabe V-Form mit Unterlagen exakt einstellen. Vorder- und Hinterholm müssen parallel verlaufen! In der Regel wird der Vorderholm des kuveninneren Flügels am Ende etwas stärker angehoben, um den Einstellwinkel zu erhöhen („Wash-in").

▾ Abb. 3.19, Schritt 2: Die Falten an der Knickstelle können durch Überstreichen der Knickrippe mit verdünntem Tapetenkleister beseitigt werden.

Wiegen-wiegen-wiegen!

Das Gewicht steht für den Saalflieger über allem! Elektronische Waagen, die 1 Milligramm auflösen, sind bereits für 25 Euro zu haben. Der Wägebereich umfasst meist nur 20 oder 50 Gramm, was aber für unsere Zwecke voll ausreicht. Wichtig ist ein Kalibriergewicht, das meist als Zubehör dabei ist.

Oft spielt es eine Rolle, wo das zu wiegende Teil auf der Wägefläche aufliegt. Je nach Auflageort bekommt man u.U. unterschiedliche Anzeigen. Also die Teile immer möglichst zentrisch auflegen!

Nur die Kontrolle der Gewichte aller Bauteile führt schließlich zu dem gewünschten Gesamtergebnis. Das gilt natürlich in erster Linie für Wettbewerbsmodelle, bei denen das Zellengewicht und das Gummigewicht limitiert ist, z.B. F1D mit einem Zellengewicht von min. 1,4 g und einem Gummigewicht von max. 0,4 Gramm.

Ein F1D-Modell, das 1,45 g wiegt, wäre gerade noch wettbewerbsfähig. Mit 1,6 g - also >10 % Übergewicht wird man schlechte Karten haben.

Alle Bauteile sollten vom Gewicht her bekannt sein. Insbesondere sollte man das Holz selektieren und mit dem Dichtewert beschriften, z.B. 65/70/80/90 kg/m³. Oft wechselt das Holz innerhalb eines Brettchens die Dichte, deshalb muss man auch das einzelne Bauteil wiegen. Vor allem Luftschraubenblätter sollten gleich schwer sein, sonst läuft der Propeller unrund.

Interessant ist auch das Leimgewicht: Die Bauteile zusammen vorher wiegen und dann nach dem Verleimen - man wird sich wundern! Auch der Feuchtegehalt der Luft spielt eine Rolle. Ein F1D, das im feuchten Keller 1,40 g wiegt, kann nach einigen Stunden in warmer, trockener Atmosphäre unter 1,4 g liegen und damit den Wettbewerbsbedingungen nicht mehr entsprechen. Falls das Gummigewicht limitiert ist: es wird immer der geschmierte Gummi gewogen! Das Gewicht der Ringe darf abgezogen werden.

Kopflupe und Beleuchtung

Wer keine Adleraugen mehr hat, für den ist eine Kopflupe mit 2-facher Vergrößerung anzuraten. Höhere Vergrößerungen sind nicht günstig, da die Schärfentiefe abnimmt und man mit den Augen zu nah an das Bauteil heran gehen muss. Mit einer 2-fach-Lupe ist das überblickbare Arbeitsfeld noch groß genug. Auch die Beleuchtung des Arbeitsplatzes sollte optimal sein. Licht von LED-Lampen in Neutralweiß (nicht Warmweiß) sind anzuraten, da die Sehschärfe mit dem Blauanteil zunimmt. Die Beleuchtungsstärke sollte 500 bis 1000 Lux betragen. Die besten Arbeitsbedingungen hat man immer in der Nähe eines großen Fensters bei Tageslicht. Beim Fliegen in Turnhallen hat man in der Regel eine viel geringere Beleuchtungsstärke. Hier sind LED-Kopfbandlupen vorteilhaft, wenn man Reparaturen ausführen muss.

Die Bauunterlage

Variante 1: Kunststoffbeschichtetes Brett

Am einfachsten ist eine ebene, kunststoffbeschichtete Unterlage, auf der die Bauteile mit M10- Muttern beschwert werden (Abb. 3.20). Die Muttern dienen im Übrigen auch als Winkellehren. Klemmt man eine Rippe zwischen zwei Muttern, steht sie absolut senkrecht. Falls die Struktur nicht direkt auf die Baufläche gezeichnet wird, wird der Plan (Bauteilumrisse) direkt aufgeklebt. Dabei sind die späteren Leimstellen abzudecken, indem z.B. Vorder-und Hinterholm in der ganzen Länge mit Klebefilm überdeckt werden.

Variante 2: Magnetunterlage

Am besten ist das Arbeiten mit einem Magnetboard: Eine 0,5 mm dicke Stahlblechplatte mit ca. 30×60 cm, wie in jedem Baumarkt für einige Euro erhältlich, ist eine hervorragende Unterlage zum Bau. Von 3M gibt es flexible Magnetbänder, von denen man ca. 1,5 bis 2 cm breite Stücke abschneiden kann. Auch Büromagnete sind geeignet, um die Bauteile während des Klebens in Position zu halten, jedoch keine Neodym-Magnete, die so stark sind, dass sie Leisten eindrücken und schwächen können (Abb. 3.21).

▾ **Abb. 3.20: Baubrett mit Flügelstruktur, die mittels M10-Muttern fixiert wurde.**

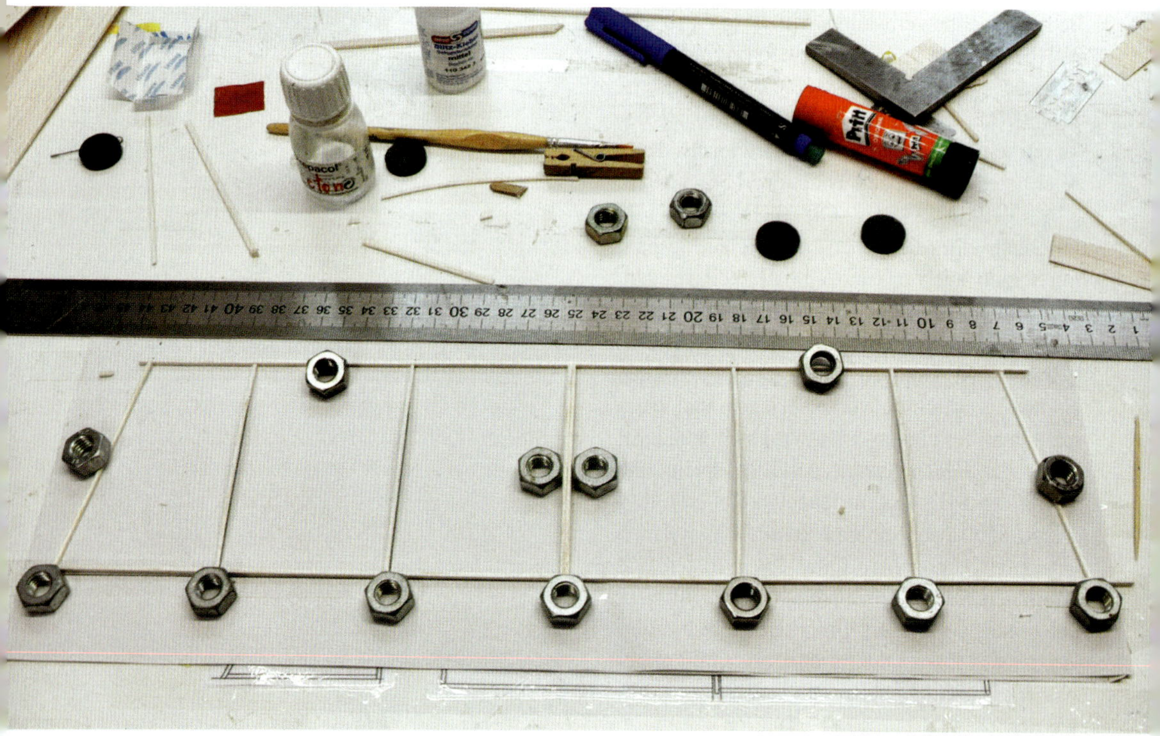

Abb. 3.21: 0,5-mm-Stahlblechplatte mit Magenten zum Justieren der Bauteile des Flügels. Die Bogenrippen werden mit Hilfe von seitlich beigestellten Muttern senkrecht gestellt.

Balsarohre wickeln

Für das Wickeln von Balsarohren benötigt man dünnes C-grain (Quartergrain) mit einer Dichte von ca. 0,085 g/cm³ (Motorträger) bzw. 0,075 g/cm³ für Leitwerksträger. F1D-Motorträger werden mit ca. 0,35 mm, Leitwerksträger mit ca. 0,28 mm dicken Brettchen gewickelt. Für F1M verwendet man 0,45- bzw. 0,35-mm-Brettchen. Das Vorgehen ist wie folgt (Abb. 3.22, 3.23, 3.24):

Abb. 3.22, Schritt 1: Ca. 13 cm breiten Bespannpapierstreifen (dünnes, weiches Papier mit 12 g/m²) wässern und glatt ausbreiten. Papier ca. 1,5 Umdrehungen auf Kern aufrollen.

▲ Abb. 3.23, Schritt 2: Unter leichtem Zug den vorher gewässerten Balsastreifen zusammen mit dem Papier aufrollen. Auf Heizung trocknen.

▼ Abb. 3.24, Schritt 3: Nach dem Trocknen Papier entfernen. Die Balsakanten wurden vorher schräg angeschliffen. Diese mit leicht verdünntem Weißleim bepinseln. Nach dem Trocknen des Leims das Balsarohr auf den Kern schieben und die Naht heiß überbügeln.

Leisten biegen

Zum Biegen von Balsaleisten sollte weiches Holz (Dichte unter 0,1 g/cm^3) verwendet werden. Leichter biegen lassen sich flachere als hochkantige Querschnitte. Das Holz wird einige Minuten in kochendem Wasser erhitzt und dann auf einen Zylinder oder sonstiger Form mit entsprechendem Radius aufgelegt. Ein Ende mit Tape fixieren. Nun streift man unter Druck mit dem Finger die Leiste entlang des Zylinders, so dass stetiger Zug auf das Holz ausgeübt wird. Das Ende fixiert man wiederum mit einem Stück Tape (Abb. 3.25). Ausheizen im Backofen bei 100 Grad. Ringe in der Größe eines 2-Euro-Stückes sind auf diese Weise herstellbar.

Abb. 3.25: Biegen einer in kochendem Wasser gewässerten Leiste. Der Finger gleitet unter Druck an der Leiste entlang, um Knicke zu vermeiden.

Saalgleiter

Vor dem Bau von Motormodellen ist es aus didaktischen Gründen vorteilhaft, sich mit einem motorlosen Gleiter zu beschäftigen. Grundlegende Versuche zum Flugverhalten können mit dem Gleiter besser durchgeführt werden als mit einem Motormodell, bei dem ja noch das Drehmoment des Motors mitwirkt und vieles komplizierter macht. Reizvoll sind Ballonstarts, die längere Flüge in der Halle zulassen.

Bau des Saalgleiters „G-Quirl" (Bauplan im Anhang)

- Materialbedarf:
  1× Balsabrett 1,5×100×1000 mm mit max. 15 g Gewicht (daraus können mindestens fünf Modelle gebaut werden)
- Flügelholme: 2×1,5 mm Balsa (hochkant gestellt)
- Leitwerksholme und -leisten 1,5×1,5 mm Balsa
- Rippen: 1,5 mm Balsabrettchen
- Rumpf: Balsaleiste 3×5 mm (z.B. aus zwei 1,5-mm-Leisten verleimt)
- Kleber: Weißleim, der z.B. mit einer Zahnstocherspitze aufgetragen wird

Baubeschreibung:

Die Grundlagen für den Bau und für das Bespannen sind bei den „Einstiegsmodellen" bzw. im Kapitel „Arbeitstechniken" beschrieben.

Die Rippen sind beim Gleiter gebogen und müssen mittels einer Sperrholz- oder Alu- Schablone aus einem Balsabrettchen ausgeschnitten werden, siehe Kap. 3. Die Rippenhöhe ist ca. 2 mm. Das 1,5 mm dicke Brettchen für die Herstellung der Rippen wird schon vorher auf die richtige Länge (92 mm) gebracht, damit alle Rippen gleiche Länge besitzen. Die Herstellung des Flügels wurde bereits früher in Kap. 3 beschrieben. Die Mittelrippe besteht hier aus zwei Vollrippen mit 1,5 mm Dicke. Diese werden beim Einsetzen in den Flügel nur vorn und hinten mit Leim versehen und die inneren Seitenflächen nicht verleimt. Später wird dazwischen das 0,4-mm-Alublech (wahlweise 0,4 mm Sperrholz) eingeleimt, das in einem Schlitz im Rumpf geführt wird und die EWD-Verstellung ermöglicht. Die Mittelrippen müssen absolut senkrecht stehen, was durch Beistellen von M10-Muttern erreicht werden kann.

Bespannen (siehe auch Kap. 3): Der Flügel des Gleiters wird mittels Rahmen bespannt, auf den nach die dünne Malerfolie (5 g/m^2) aufgelegt wurde. Zum „Kleben" ist eine Benetzung des Rahmens mit verdünntem Tapetenkleister erforderlich. Der Rahmen ist ringsum deutlich größer als die Flügel-Außenkontur, so dass auch die Leitwerke gleich mitbespannt werden können. Die Folie wird auf der Unterlage faltenfrei ausgelegt, ohne jedoch stark zu spannen, denn sie soll sich ja an die Rippen anlegen. Sie sollte beim Auf- und Abbewegen des Rahmens etwas „wabern".

Einfliegen des Gleiters

Zunächst muss der Schwerpunkt festgelegt werden. Dieser liegt 50 mm hinter der Eintrittskante des Flügels. Man kann mit Büroklammern o. ä. an der Rumpfspitze den Schwerpunkt einstellen. Wenn man das Modell am Schwerpunkt unterstützt, muss es frei um die Horizontale pendeln.

Der Einstellwinkel des Flügels ist veränderlich, wobei man das Führungsplättchen mehr oder weniger in den Rumpfschlitz einführt. Das Plättchen sollte nach unten genügend herausstehen, damit lässt es sich leichter auf- und abschieben.

Die Einstellwinkeldifferenz (EWD) des Flügels zum Leitwerk liegt bei etwa 2 Grad, das entspricht 3 bis 4 mm Abstand der Flügelvorderkante zur Rumpfoberseite. Hinten ist der Flügel in den keilförmigen Spalt lediglich eingeklemmt und kann somit zum Transport abgenommen werden. Der Gleiter sollte bei sanftem Anschieben mit der Hand (Rumpfspitze weist leicht nach unten entsprechend der Gleitbahn) ca. 7-8 m weit gleiten. Nach Festlegung des Schwerpunktes wird nur noch der Einstellwinkel des Flügels korrigiert um eine möglichst weite Flugstrecke zu erreichen.

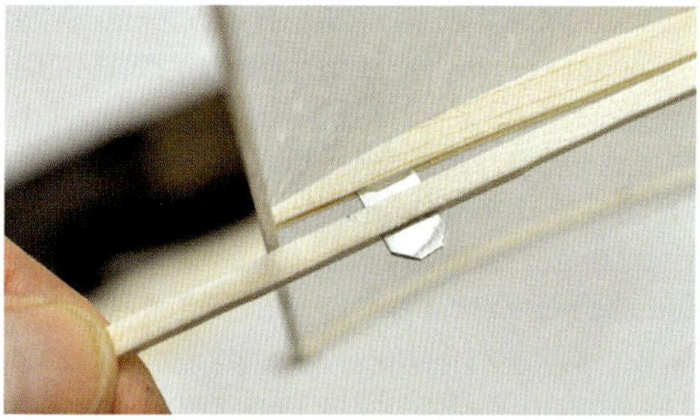

Abb. 4.1: EWD-Verstellung mittels Führungsplättchen aus Aluminium.

Abb. 4.2: Hintere Flügelklemmung mit seitlichen Führungen.

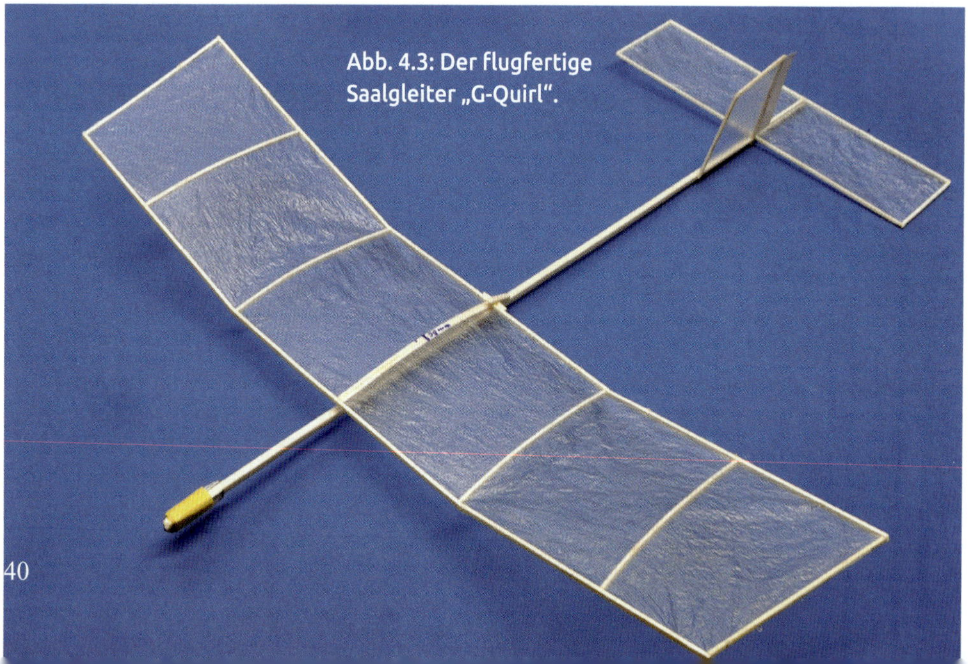

Abb. 4.3: Der flugfertige Saalgleiter „G-Quirl".

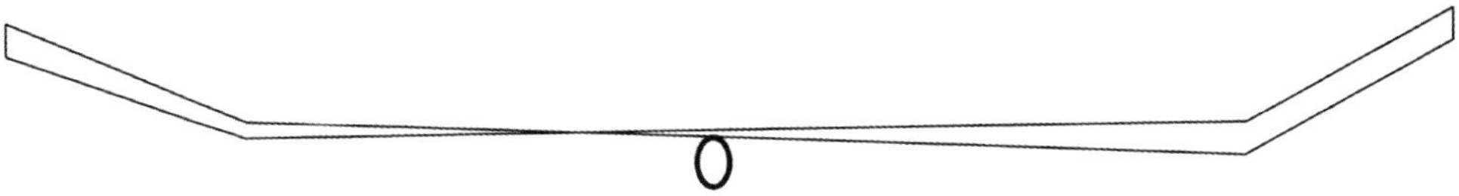

Abb. 4.4: So präsentiert sich ein Verzug beim Durchvisieren in Rumpfrichtung. Nasen- und Endleiste verlaufen nicht parallel.

Die häufigsten Fehlerquellen: Flügelverzüge!

Wenn Nasen- und Endleiste des Flügels nicht parallel verlaufen, spricht man von einem Verzug (Abb. 4.4). Der Verzug führt dazu, dass das Modell nicht geradeaus gleitet, sondern nach einer Seite tendiert. Im Extremfall ist das Modell flugunfähig und schmiert nach einer Seite ab. Einen Verzug kann man dadurch erkennen, dass man das Modell genau in Flugrichtung anvisiert. Den Mittelflügel prüft man in dem man das Modell genau in der verlängerten Linie des Rumpfes anvisiert. Nasen- und Endleiste müssen parallel laufen. Die Außenflügel überprüft man, indem man genau in der Linie des Flügelknickes durchvisiert. Auch hier müssen Nasen und Endleiste parallel verlaufen.

Es gibt auch gewollte Verzüge beim Betrieb mit Gummimotor: So stellt man zum Beispiel den kurven-inneren Außenflügel stärker an, um das Motordrehmoment zu kompensieren. Verzüge im Flügel sind die häufigste Ursache für ein schlecht fliegendes oder gar flugunfähiges Modell!

Experimente mit dem Saal-Gleiter

Gleitzahl

In der Turnhalle startet man den Gleiter von einer erhöhten Stelle (Staffelei, Stuhl, Tribüne) und trimmt ihn mit dem Seitenruder auf Geradeausflug. Man misst mit der Stoppuhr die Flugzeit und ermittelt die Flugstrecke. Daraus errechnen sich folgende Werte:

- Gleitzahl e = Flugstrecke / Ausgangshöhe
- Fluggeschwindigkeit V = Flugstrecke / Flugzeit
- Sinkgeschwindigkeit Vz = Ausgangshöhe / Flugzeit

Man kann die Messungen mit einem leicht vergrößerten oder leicht verkleinerten Flügel-Einstellwinkel wiederholen. Wie verändern sich Flugstrecke und Flugzeit?

Mit welcher Einstellung erhält man die größte Flugstrecke? Mit welcher Einstellung ist die Flugzeit am längsten?

Aufwindwelle

Drei Schüler etwa gleicher Größe stellen sich nebeneinander. Der mittlere Schüler startet das Modell über Kopf. Die drei Schüler laufen dicht nebeneinander Schulter an Schulter unter dem Modell her (etwa auf Höhe zwischen Flügel und Leitwerk). Das Modell verzögert sein Sinken oder sogar kommt leicht ins Steigen. Erklärung: Die dicht nebeneinander laufenden Schüler verdrängen die vor ihnen liegende Luft, die nach oben und zur Seite ausweicht und erzeugen so eine Aufwindwelle. Das Modell surft auf dieser Welle wie ein Wellensurfer (Abb. 4.5).

Beim Laufen lässt sich die Trimmung verändern, indem man z.B. mit der Hand eine Miniwelle unter dem Leitwerk erzeugt (etwas für Könner!). Alternativ kann ein Schüler mit einer Styroporplatte (ca. 60×100 cm²) unter dem Modell herlaufen. Die günstigste Positionierung der Platte muss man experimentell ermitteln. Sie liegt zwischen Flügel und Leitwerk. Nimmt das Modell keine richtige Gleitfluglage ein, muss es ggf. vorher kopf- oder schwanzlastiger getrimmt werden. Findet man die richtige Plattenposition, kann das Modell eine Startüberhöhung bis zu 2 m erhalten. Einen Rekordversuch mit einem ähnlichen Modell machten wir im Dezember 2012 im Effner Gymnasium Dachau (s. YouTube-Video unter Stichwort „Hallengleiter Effnergymnasium"). Der Gleiter wurde über ca. 60 m Strecke in der Luft gehalten (Abb. 4.6). Bei wechselnder Position der Läufer zum Gleiter könnte man auch große Kreise fliegen und so die Flugdauer erheblich verlängern.

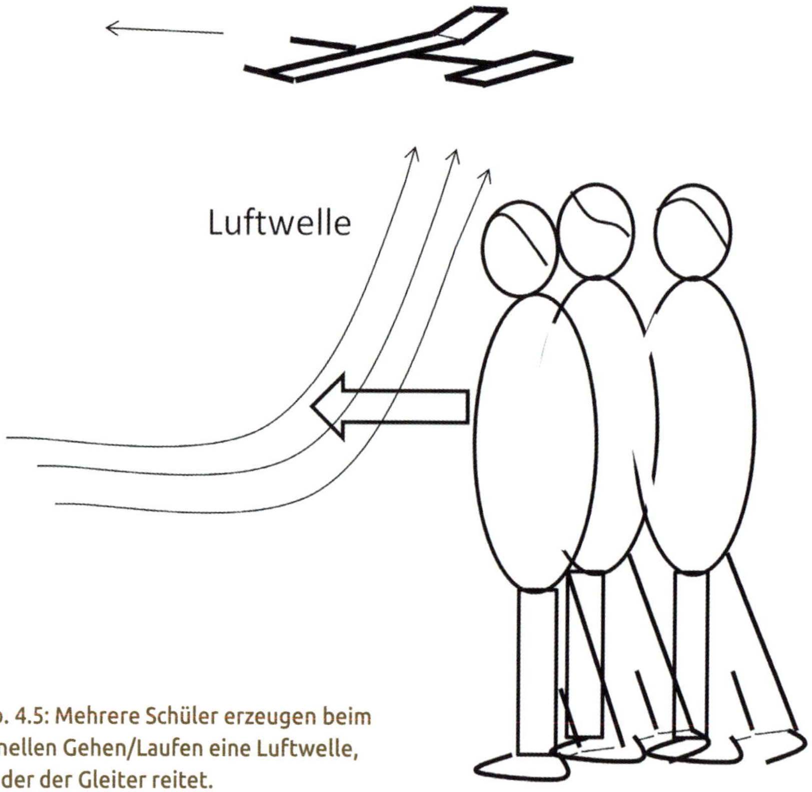

Abb. 4.5: Mehrere Schüler erzeugen beim schnellen Gehen/Laufen eine Luftwelle, auf der der Gleiter reitet.

Abb. 4.6: Rekordversuch: Streckenflug auf Luftwelle (Standbild aus dem YouTube-Film).

Ballonstart

Dazu werden zwei Heliumballone und die abgebildete Startvorrichtung benötigt. Die Startvorrichtung darf höchstens ca. 1 Gramm wiegen. Ein 1-mm-Balsabrettchen, festgeklebt mit Klebefilmstreifen, verbindet die Polkappen der beiden Ballone und bildet die Startbasis (Abb. 4.7). Ein Klötzchen aus leichtem Styropor wird in die Mitte dieser Brücke geklebt. Es erhält einen V-förmigen Ausschnitt. In diesen wird der Rumpf im Schwerpunktbereich eingeklemmt. Als Leine dient ein dünner Faden (Gewicht beachten!). Man lässt die Ballone mit dem Gleiter langsam hochsteigen. Unter der Decke angekom-

Abb. 4.7: Startvorrichtung für den Ballonstart: Die Ballone sind mit einer Brücke aus 1-mm-Balsa verbunden. Ein kleiner Styroporklotz besitzt einen V-förmigen Ausschnitt, in die der Rumpf des Gleiters eingeklemmt wird.

Abb. 4.8: Der Gleiter hat sich nach einem Ruck an der Schnur von der Startbasis gelöst und beginnt seinen Flug in großen Kreisen. Flüge bis 60 s Dauer sind möglich.

men, zieht man kurz und kräftig am Faden, so dass sich der Gleiter löst und anschließend die Hallenhöhe in weiten Kurven abgleitet (Abb. 4.8). Die Ballone müssen eine Tragfähigkeit von ca. 3 Gramm besitzen. Das Seitenruder sollte leicht auf Kurvenflug gestellt werden, damit das Modell in der Halle Kreise fliegt. Siehe YouTube-Video „Heliumballone mit Hallengleiter" (Link: http://www.youtube.com/results?search_query=Helium ballone+Hallengleiter).

Gleiter aus Styropor

Großer Styroporgleiter

Einen Saalgleiter mit authentischem Aussehen lässt sich aus Styropor herstellen (Abb. 4.9, 4.10, Plan im Anhang). Der Gleiter besteht aus 1,5-mm-Styropor mit diversen Verstärkungen. Er wurde bereits im Schlepp

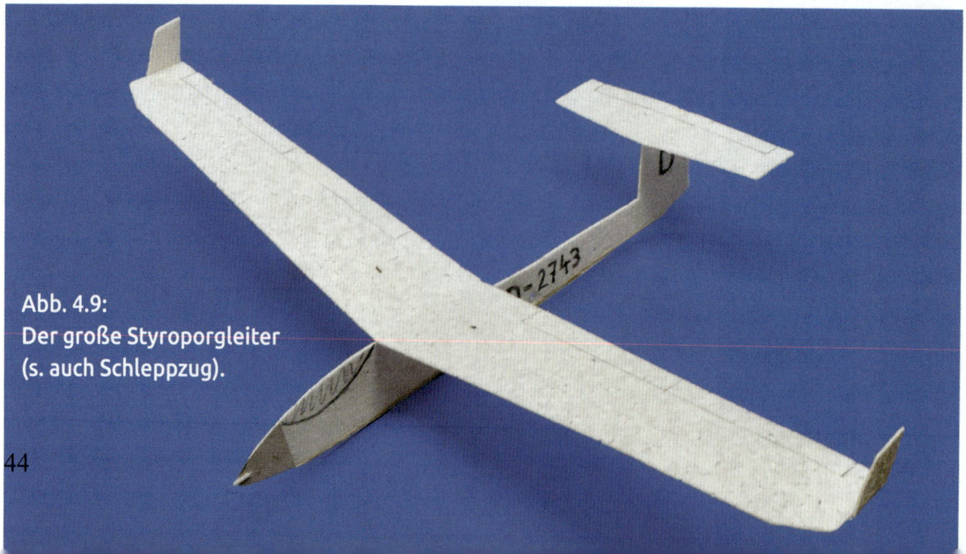

Abb. 4.9:
Der große Styroporgleiter (s. auch Schleppzug).

mit dem Saalflugmodell RC Quirl eingesetzt (siehe FMT 2/2019). Das Einprägen des Flügelprofils durch Biegen über ein Rohr wird im Kapitel „Saalflugmodelle aus Styropor“ beschrieben. Der Flügel ist mit einem 0,5-mm-CFK-Stab als Holm auf der Unterseite verstärkt und seitlich zum Rumpf mit einem 0,5-mm-CFK Stab abgestützt (Abb. 4.10). Der Rumpf erhält auf der Unterseite eine Verstärkungsleiste aus 1,5×1,5-mm-Balsa hart. An der Rumpfspitze befindet sich ein Schlepphaken zum Einhängen des Schleppfadens. Mit einem Gewicht von ca. 2 Gramm eignet sich der Gleiter auch zum Ballonstart.

Abb. 4.10: Flügelverstärkungen mit dünnen CF-Stäben.

Kleiner Styroporgleiter

Der kleine Styroporgleiter (Abb.4.11), erbaut von M. Meyr, besitzt eine extrem niedrige Sinkgeschwindigkeit von ca. 15 cm/s und eignet sich für Demozwecke oder auch zum Flugzeugschlepp mit einem leichten RC-Modell. Auch der Ballonstart, wie beim G-Quirl beschrieben, ist eine Option. Wenn ein großer Kurvendurchmesser von ca. 6 m eingestellt wird, sind Flugzeiten von über einer Minute in der Halle möglich. Die Spannweite des Gleiters beträgt 31 cm bei einem Fluggewicht von 0,8 g. Flügel und Leitwerke bestehen aus 0,5-mm-Styropor. Der Flügel ist infolge Wölbung und Knick eigenstabil und benötigt keinen Zusatzholm. Der Rumpf besteht aus einem getrockneten Pfeifengras-Halm, wie man es im Herbst überall am Wegrand findet. Die Langsamkeit des Fluges und das geringe Sinken bringen Zuschauer oft zum Staunen.

Abb. 4.11: Der kleine Styroporgleiter von M. Meyr. Fluggewicht 0,8 Gramm.

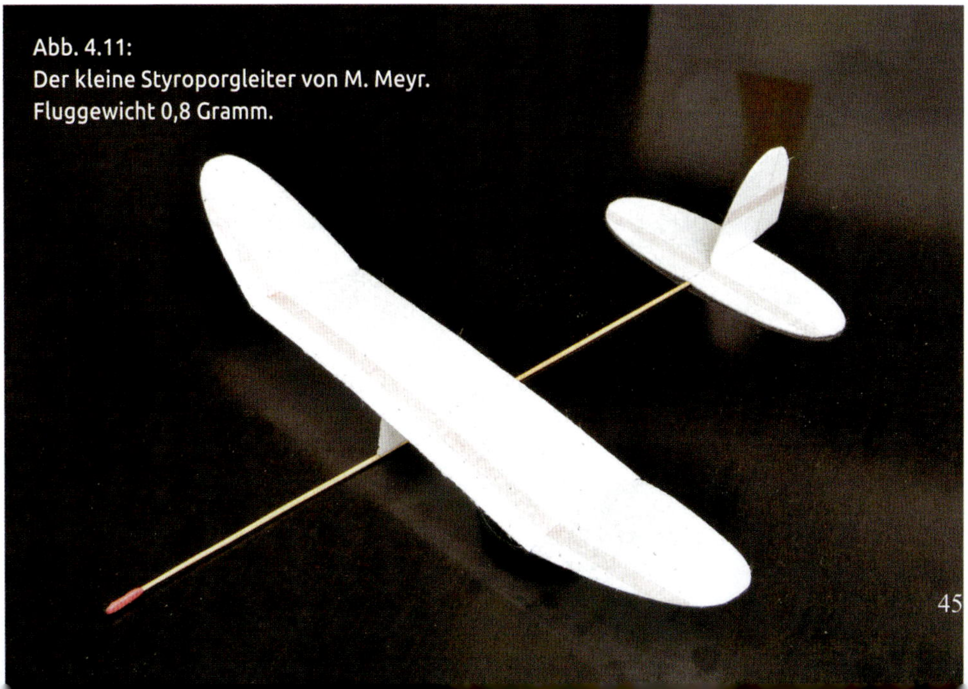

Der Gummiantrieb

FAI-Gummi

Für Saalflugmodelle benötigt man Hochleistungsgummi mit einem hohen Dehnverhältnis. Die geforderten Eigenschaften besitzt nur Naturlatex mit speziellen Zutaten, die weitgehend geheim sind. Der einzige Hersteller für den so genannten „FAI"-Gummi sitzt derzeit in USA. Die geschnittenen Gummibäder sind ca. 1 mm dick und besitzen eine Breite von 1/4", 1/8" und 1/16". Sie werden unter der Bezeichnung TAN Sport, TAN-Super Sport bzw. FAI-Gummi vertrieben (siehe Bezugsquellen). Leider unterliegt die Gummiproduktion Schwankungen. Das hängt u.a. mit der Qualität des Rohstoffs zusammen. Immer, wenn besonders guter Gummi produziert wird, wird dieser von bestimmten Kreisen aufgekauft (so z.B. der TAN II Produktion im März 2002). Allerdings sind die Qualitätsschwankungen in den letzten Jahren wesentlich geringer geworden, was der Vergleichbarkeit der Leistungen bei Wettbewerben zugutekommt und für alle gleiche Chancen eröffnet.

Physikalische Daten

Die Dichte des FAI Gummis (Tan Super Sport) liegt bei 0,98 g/cm³. Das Gummiband schwimmt also auf dem Wasser! Ein Gummistrang von 1×1 mm Querschnitt wiegt demnach rund 1 Gramm/Meter. Das Dehnverhältnis liegt je nach Charge zwischen 1:9 und 1:10. Für den Praxisbetrieb ist jedoch nur eine Dehnung von ca. 7-8 nutzbar, da sonst die Zugkräfte zu groß werden. Weitere Kenngrößen sind: Energiespeicher-Vermögen und Drehmoment bezogen auf den Querschnitt (d.h. weicher oder harter Gummi), Reißfestigkeit usw. Der Gummistrang soll beim Ablaufen nicht viel kleinere Drehmomente liefern als beim Aufdrehen, d.h. einen guten Wirkungsgrad haben. Früher wurden für die Gummistränge Querschnitte angegeben, heute wird meist das Metergewicht als Kenngröße für den Strang verwendet. F1D-Wettbewerbspiloten schneiden ihre Gummis beispielsweise mit einem Metergewicht von 1,23 g.

Gummi hat ein ziemlich ausgeprägtes Zeitverhalten: Die Dehnkraft eines gedehnten Gummistranges nimmt zeitlich ab. Das Gleiche gilt für einen aufgewundenen Strang: Man kann am Drehmomentmesser beobachten, wie das Drehmoment langsam mit fortschreitender Zeit abnimmt. Es ist unklar, ob auch die gespeicherte Energie insgesamt abnimmt. Bisherige Versuche ergaben, dass die Abnahme der Gesamtenergie innerhalb der ersten Minuten bei nur 1 bis 2 % liegt. Es ist daher durchaus möglich, den Strang aufzuwinden und ihn bis zum Start an einer externen Haltevorrichtung zu deponieren.

Schmierung

Gummi muss bei höheren Aufdrehzahlen geschmiert werden, damit die Reibung bei der Knotenbildung gering bleibt und es zu keinen lokalen Überlastungen kommt. Außerdem wird der Gummi durch Schmierung etwas weicher und dehnfähiger. Hierfür gibt es allerlei Mittelchen. Fürs Erste reicht auch Spülmittel. Manche schwören auf eine Mischung aus Glyzerin und Schmierseife. Geeignet sind auch dünnes Siliconöl, Siliconspray oder Teflon-Gleitspray. Öfters wird auch das Auto-Pflegemittel Armor All (Kunststoff-Tiefenpfleger) empfohlen, das es z.B. an Esso-Tankstellen oder im Internet gibt. Ein Tipp aus USA lautet: Polyethylenglycol. Für alle Schmiermittel gilt: es darf auf keinen Fall nach einiger Zeit klebrig werden, sonst wird die Reibung u.U. höher als ohne Schmiermittel! Anfangs ist der Gummi noch hart und sollte „eingebrochen" werden: Man dehnt ihn wie einen Expander und hält ihn einige Sekunden gedehnt. Die beste Ablaufcharakteristik erhält man vermutlich beim 2. und 3. Aufdrehen des Stranges.

Grenz-Aufdrehzahl

Um das Grenzdrehmoment zu ermitteln, sollte man beim 2. Aufdrehen die Reißgrenze austesten, um dann später etwas darunter zu bleiben. Die Grenz-Aufdrehzahl n_{max} wird näherungsweise wie folgt berechnet:

$$n_{max} = \frac{D \cdot l}{\sqrt{Q}}$$

D: Dehnverhältnis
l: Länge des ungedehnten Stranges in mm
Q: Gesamtquerschnitt (beide Fäden zusammen) in mm²

Das Dehnverhältnis D beträgt bei TAN Super Sport etwa 9.

Hinweis: Die maximale Aufdrehzahl ändert sich von Charge zu Charge und muss experimentell ermittelt werden.

Beispiel: F1M-L-Strang, Länge 340 mm, Gesamt-Querschnitt 2×2,20 mm² = 4,40 mm²

$$n_{max} = \frac{9 \cdot 340}{\sqrt{2 \cdot 2,2}} = 1458$$

Aus Sicherheitsgründen sollte man 10 % unter diesem Wert bleiben.

Einen Gummistrang kann man bei Grenzbelastung nur wenige Male verwenden. Zum Übungsfliegen bei 70 bis 80 % der Grenzaufdrehzahl kann ein gut geschmierter Strang auch öfter (bis 10-mal) verwendet werden. Eine Anleitung für das Aufdrehen des Gummistranges befindet sich im Abschnitt „Flugpraxis".

Die Gummibänder werden grundsätzlich mit einer Nenndicke von 1 mm hergestellt (Toleranzbereich siehe oben). Für den Einsatz im Modell muss der Gummi mit Hilfe einer Schneidmaschine auf die richtige Breite geschnitten werden. Eine gute Gummischneidmaschine wird derzeit noch in den USA hergestellt, Abb. 5.1.

Abb. 5.1: Gummischneidmaschine (indoor model specialties, Ray Harlan).

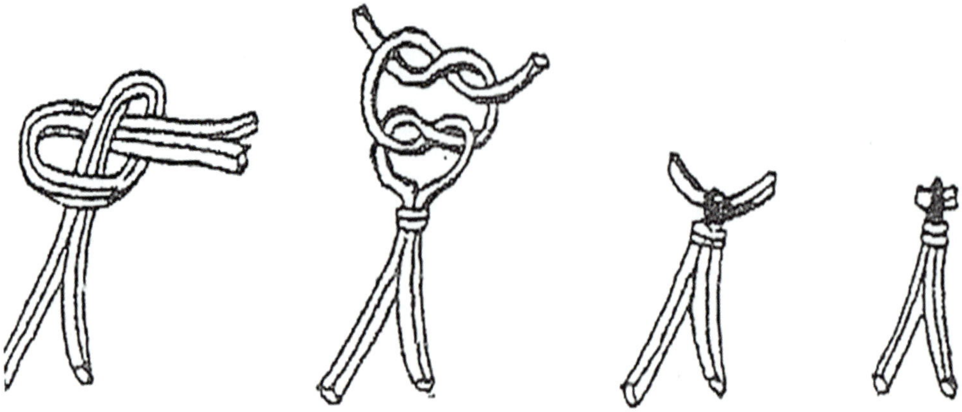

Abb. 5.2: Richtiges Verknoten des Gummistranges: ein Doppelknoten und darüber zwei Einfachknoten.

Herstellen der Schleife

Das geschnittene Gummiband wird noch vor der Schmiermittelzugabe zu einer Schleife geknotet (Abb. 5.2). Dazu werden die beiden Enden mit einem Doppelknoten verknotet und dann noch zwei einzelne Knoten darüber gelegt, damit sich der Doppelknoten nicht lösen kann. Die Enden werden dann kurz abgeschnitten. Vorher fädelt man bei Bedarf ein oder zwei Kunststoff-Ringe ein, die zum Einhängen am vorderen Haken der Luftschraube und am hinteren Rumpfhaken dienen. Häufig begnügt man sich auch mit dem vorderen Ring (Herstellung der Ringe siehe Kap. „Materialien"). Der Knoten kommt dabei immer zum hinteren Haken.

Die folgende Tabelle gibt ungefähre Werte der Gummibreiten für verschiedene Modellklassen. Wegen der Dickentoleranzen des hergestellten Gummibandes ist die Angabe des längenbezogenen Gewichtes in Gramm pro Meter sinnvoller. Da die Dichte von Naturgummi etwa 0,98 g/cm^3 beträgt, sind die Zahlenangaben bei einem 1,0 mm dicken Gummiband näherungsweise gleich: ein Gummiband mit 1×1 mm Querschnitt wiegt ca. 1 Gramm/Meter.

▾ Tabelle: Gummibreiten und -gewichte (Näherungswerte)

Klasse	Modellgewicht ohne Antriebsgummi (g)	Typisches Gummigewicht (g) * limitiert gemäß Reglement	Typische Gummibreite (mm) bzw. Metergewicht (g/m) bei 1,0 mm Dicke	Gummigewicht bezogen auf Zellengewicht %
Ministick	0,43	0,35	0,55	80
F1D	1,2	0,4*	1,23	33
F1M-L	3	1,5*	2,1	50
Profile Scale	6,2	2,2	2,5	35
A6	1,2	0,75	0,95	62

Die Länge der Gummischleife richtet sich nach dem Hakenabstand und der Dicke des Bandes. Die Schleifenlänge beträgt typisch das 1,5- bis 2-fache des Hakenabstandes.

Abstimmung des Gummibandes

Wenn das Gummigewicht frei ist, kann die Länge und der Querschnitt im Prinzip frei gewählt werden. Die Abmessungen müssen jedoch auf die Luftschraube und das Modellgewicht abgestimmt sein. Kleinere Querschnitte und längere Schleifen erlauben höhere Aufdrehzahlen. Dabei muss jedoch das Drehmoment beachtet werden. Ist dieses zu niedrig, kommt das Modell nicht auf Höhe und landet vorzeitig. Diese Abstimmung ist eigentlich die schwierigste Übung für den Saalflieger und entscheidet – neben anderen Faktoren - beim Wettbewerb, wer „die Nase vorne" hat. Tipps zur Optimierung der Flugzeit siehe Kapitel „Flugpraxis".

Drehmomentmesser (Bauplan im Anhang)

Um lange Flugzeiten zu erreichen, muss der Gummimotor bis kurz vor die Reißgrenze aufgedreht werden. Dazu ist die Anzeige des Drehmomentes erforderlich. Wenn das Drehmoment gegen Ende des Aufdrehens stark ansteigt, ist die Gefahr des Strangrisses gegeben. Jedes Modell verträgt ein maximales Startdrehmoment, das es zu beachten gilt. Ferner können Gummitests wie unten beschrieben, mit dem Drehmomentmesser durchgeführt werden. Eine einfache Ausführung ist nachfolgend dargestellt (Abb. 5.3). Der Bauplan befindet sich im Anhang. Das Torsionselement ist ein Stahldraht mit 14,7 cm freier (sichtbarer) Länge und der Dicke 0,33 mm (0,013"-Gitarrensaite). Die Drahtenden werden zickzack-förmig gebogen und mit Harz in Hülsen eingegossen. Die vordere Durchführung besteht aus einem kleinen Kugellager. Die Skalenscheibe ist fest mit dem Rahmen verleimt. Komfortablere Ausführungen von Drehmomentmessern haben ein kardanisches Gelenk, so dass sie der Zugrichtung beim Aufwinden folgen und ggf. eine Sperrklinke zum Entnehmen des Gummis.

Abb. 5.3: Fertiges Modell des einfachen Drehmomentmessers (hier noch ohne Schutzrohr).

Antriebsgummi testen

Der Gummiantrieb ist gekennzeichnet durch ein sehr hohes Anfangsdrehmoment. Sobald die Drehmomentenspitze abgebaut ist, folgt ein Plateau, das möglichst lang sein sollte (Abb. 5.4). Die Fläche, die unter der Funktion der Dehmomentenkurve liegt, ist proportional zur abgegebenen Arbeitsmenge.

Für den Saalflieger ist es schwierig, die Gummiqualität rein qualitativ zu beurteilen. Eine Beurteilung der reinen Dehnfähigkeit mit Zugtests reicht oft nicht aus. Seit Jahren ist die Produktionsqualität des FAI-Gummis jedoch relativ stabil. Größere Unterschiede wie in früheren Jahren treten in der Regel nicht mehr auf.

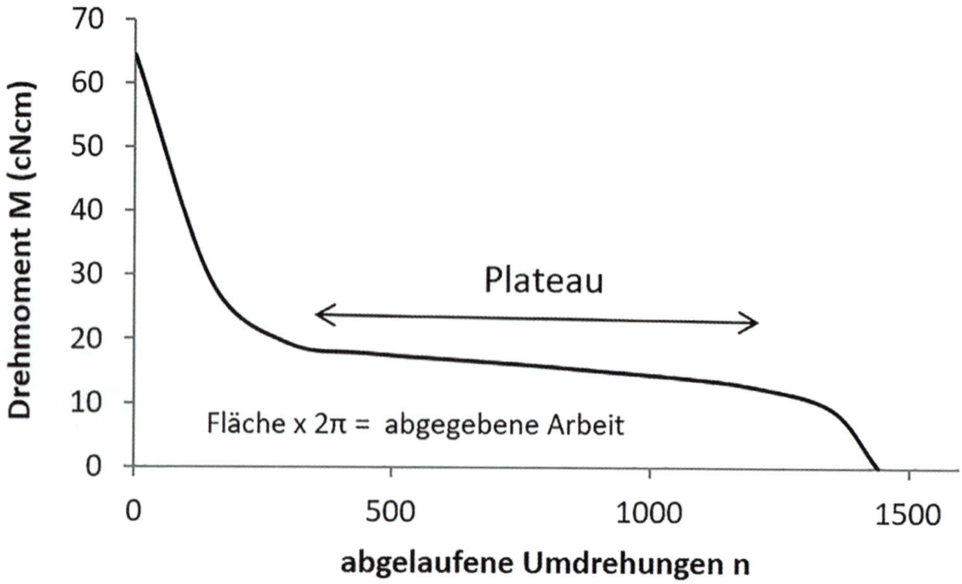

Abb. 5.4: Drehmomenten-Verlauf eines ablaufenden Gummistranges (schematisch).

Ablaufkennlinie

Einen ersten Hinweis für die Gummiqualität liefert die Ablaufkennlinie: man dreht den Gummistrang unter Verwendung eines Drehmomentmessers bis annähernd zur Grenzbelastung auf und hängt die Kurbel in eine Halterung ein, so dass die Stranglänge etwa dem Hakenabstand im Modell entspricht. Nun dreht man die Kurbel zurück, wobei man z.B. alle 150 Umdrehungen das Drehmoment notiert. Ein Beispiel von Drehmomenten-Verläufen ist in Abb. 5.5 dargestellt. Hier wird TAN Super Sport aus dem Produktjahr 2012 mit TAN II aus 1997 bei gleichem Querschnitt verglichen. Die Fläche unter den Kurven ist proportional zur geleisteten Arbeit. Wie man sieht, ist beim TAN II das Plateau länger und die geleistete Arbeit geringfügig höher. Der TAN II ist offensichtlich weicher. Das Drehmoment sinkt zwar etwas früher ab, dafür wird es länger gehalten. Das verlängert die Sinkphase und damit die Flugzeit.

Ermittlung der Schwebeflugleistung

Im Saalflug geht es im Wesentlichen um optimale Leistungsanpassung im Schwebeflug. Der Abfall der Drehmomentkurve im Bereich des Schwebefluges (Plateau) soll möglichst flach erfolgen. Der Abstieg des Modells mit möglichst geringer Sinkgeschwindigkeit verlängert die Flugzeit beträchtlich. Bestimmung des Schwebeflug-Drehmomen-

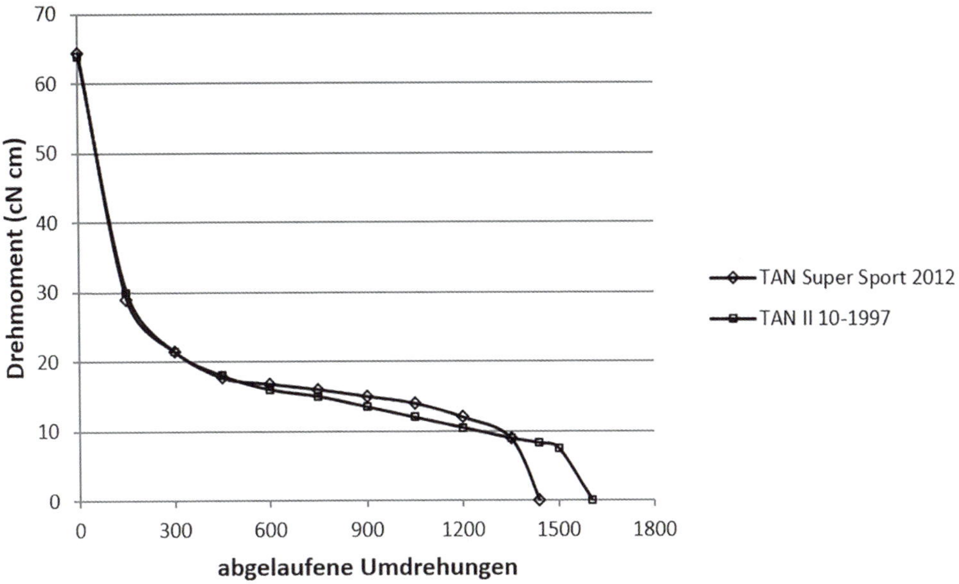

Abb. 5.5: Verlauf des Drehmomentes von zwei Gummisorten mit verschiedenem Produktionsdatum (weicher und harter Gummi).

tes: Bei einem Flugversuch mit etwa 1/3 der Maximaldrehzahl ermittelt man die Schwebeflugleistung, indem man das Modell auffängt, wenn es gerade noch nicht sinkt, bzw. zu sinken beginnt. Der Gummistrang wird nun in diesem Zustand am Teststand einhängt: Das Schwebeflug-Drehmoment kann nun bestimmt werden (Anmerkung: der Einfluss der Fluggeschwindigkeit auf das Drehmoment wird hier vernachlässigt, was aber für unsere Betrachtungen in erster Näherung unerheblich ist). Das minimale Drehmoment, das für den Schwebeflug erforderlich ist, kann dann in das Diagramm Abb. 5.5 eingetragen werden. Ziel ist es, die zeitliche Grenze für den Beginn des Sinkflugs möglichst lange hinauszuzögern.

Einstiegsmodelle

„Indoor Flyer"

Das Einstiegsmodell mit 280 mm Spannweite ist für Schulen konzipiert und wird von der Firma Opitec (www.opitec.de) als Materialsatz angeboten (Abb. 6.1). Es benutzt einen Ikara-Plastikpropeller mit 150 mm Durchmesser und ist in Einfachstbauweise aufgebaut. Die Bespannung besteht aus Kondensatorpier. Der Flügel ist unprofiliert, so dass er nach Bestreichen mit Klebestift und Auflegen der Oberseite auf das Papier bespannt werden kann. Für Trimmzwecke kann der Flügel einfach versetzt werden. Gut gebaute und eingeflogene Modelle erreichen durchaus Flugzeiten von 1 bis 1,5 Minuten.

Abb. 6.1: Das Bausatzmodell „Indoor Flyer".

Saalflugmodell „Lillflygar`n"

Das Modell wurde von Jonas Romblad konstruiert und ist in Schweden sehr beliebt. Es ist wegen seines minimalistischen Konzeptes ideal zum Einstieg geeignet und für Schulen und Workshops zu empfehlen (Plan im Anhang, s. auch YouTube „Bauanleitung Lillflygar`n"). Es kommt mit einfachsten Materialien aus. Die Flugleistung ist bei richtiger Trimmung wirklich beachtlich. Bei Wettbewerben wurden schon über 3 Min. erreicht, weshalb das Modell jetzt auch in der deutschen Wettbewerbsszene seinen Platz hat. Das Mindestgewicht der Standardversion bei Wettbewerben wurde mit 1 Gramm festgelegt. Anfängermodelle dürfen aber durchaus 1,2 g wiegen.

Im Saalflug ist das Modellgewicht besonders wichtig. Es soll deshalb nur leichtes Balsa mit einer Dichte von 0,08 bis 0,1 g/cm³ verwendet werden. Einzige Ausnahme: die Propellerblätter sollten aus Balsa hart (Dichte ca. 0,12 g/cm³) sein, um vorne genügend Gewicht zu haben. Die Leisten können mit dem Leistenschneider (z.B. von Kavan) von einem leichten 1,5-mm-Balsabrett geschnitten werden. Auch ein Stahllineal und eine Mini-Cutter-Klinge sind geeignet, um dünne Leisten zu schneiden. Eine ausführliche Bauanleitung mit Bildern findet man auch in der Thermiksense/Infothek/Saalflug.

Modelldaten

- Spannweite mit V-Form 235 mm (flach 260 mm)
- Rumpflänge 245 mm
- Gewicht ca. 1 g (ohne Gummi)
- Gummimotor: Schleife ca. 0,85×1,0×280 mm Tan Super Sport (FAI Gummi). Bei höheren Modellgewichten von z.B. 1,2 g ist Gummi mit Querschnitt 1,1×1,0 mm erforderlich

Gewichte (unbespannt, ca.)

- Flügel: 215 mg
- Höhenleitwerk: 110 mg
- Seitenleitwerk: 35 mg
- Rumpfstab: 200 mg
- Propeller: 400 mg

Material

- 5 Balsaleisten 1,5×1,5 mm Länge ca. 300 mm
- 1 Balsaleiste 2×5×245 mm für den Rumpf
- 1 Stück mittelhartes Balsa, Dicke 1 mm (für Propeller)
- 1 härtere quadratische Balsaleiste 3×3 mm, 80 mm lang (Propellerholm)
- 1 Stahldraht 0,5 mm Dicke
- 1 Plastikröhrchen 10 mm lang, Innendurchmesser ca. 0,8 mm (von RC Bowdenzug)

Kleber: Weißleim oder UHU hart mit Aceton verdünnt (60 % UHU / 40 % Aceton).

Cyanokleber (Sekundenkleber): die Anwendung ist in der Schule problematisch. Nur das Plastikröhrchen muss mit Cyano geklebt werden.

Bespannung: dünne Folie (z.B. von Supermarkt-Gemüsetüten) oder die leichteste Malerfolie vom Baumarkt mit ca. 5 g/m². Kleber für Folie: 3M Spraymount (sprüht sehr fein und ist sehr ergiebig). Auch Bespannung mit Seidenpapier ist möglich. Das Papier kann mit einem Klebestick aufgeklebt werden.

Rohbau des Saalflugmodells „Lillflygar`n"

Plan auf Unterlage kleben

Den Plan heftet man mit Klebefilm faltenfrei auf eine ebene Unterlage. Am besten zwei lange Streifen über die gesamte Nasen- und Endleiste kleben, damit alle Klebestellen abgedeckt sind.

Durch die dünnen Leisten keine Nadeln stecken! Diese würden zu sehr geschwächt. Das Fixieren der Leisten auf dem Plan erfolgt ausschließlich mit Gewichtsstücken, z.B. M10-Muttern oder mit Magneten, wie im Kapitel „Bauweisen" beschrieben.

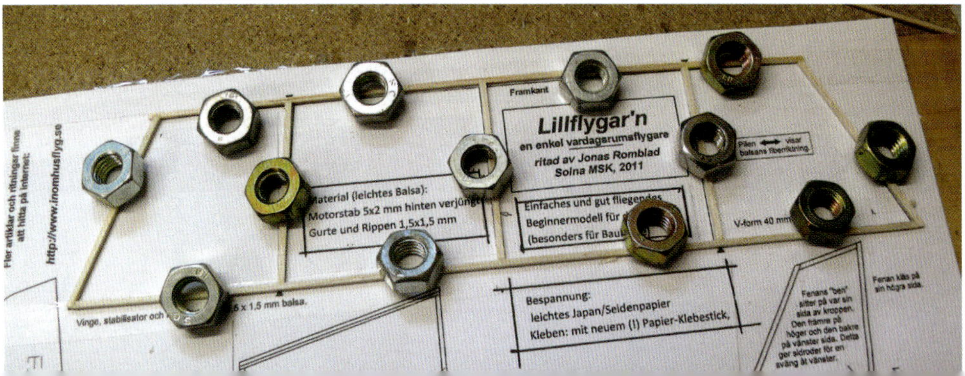

▾ **Abb. 6.2: Aufbau des Flügels direkt auf dem Plan. Die Klebestellen sind mit Klebefilm über die ganze Planlänge geschützt. Zum Fixieren der Leisten werden M10-Muttern benutzt. Alle Klebestellen müssen formschlüssig sein. Eine Alternative wäre eine Platte aus 0,5-mm-Eisenblech (Baumarkt) und kleine Magnete (z. B. zuschneidbare 3M-Plastikmagnete) zum Fixieren.**

Leimungen

Zum Auftragen des Leims eignet sich z.B. ein Zahnstocher. Immer nur so viel Leim wie nötig verwenden! Nach ca. 15 min. Trockenzeit des Leims können die Teile von der Unterlage abgenommen werden. Man fährt mit der flachen Rasierklinge unter der Struktur hindurch und löst sie damit schonend von der Unterlage. Sekundenkleber (nur in kleinen Tröpfchen mit dem Zahnstocher auf die Klebestelle bringen) sollte nur für das Plastik-Lagerröhrchen verwendet werden.

Rumpf, Leitwerke

Für den Rumpf dient eine leichte Balsaleiste 2×5 mm im Querschnitt. Sie wird auf der Oberseite ab dem hinteren Haken gemäß Plan verjüngt. Am Ende ist der Rumpf nur noch 1 mm hoch. Die Rumpfunterseite ist gerade. Das Höhenleitwerk wird an das Rumpfende von unten her angeleimt und zwar so, dass die bespannte Seite unten liegt. Von oben ist also die offene Struktur zu sehen. **Das ist sehr wichtig; denn sonst zeigt das Modell keine Anstalten zum Fliegen!** Der Rumpf erhält vorne noch ein Zusatz-Klötzchen von 2× 4×10 mm für das Lagerröhrchen, welches die Welle des Propellers führt. Das Lagerröhrchen wird mit Sekundenkleber mit 2°-Schräge angeklebt. Der Schrägzug geht nach links, um die Kurvenwirkung zu verstärken.

Propeller

Der quadratische 3×3 mm Propellerholm muss in der Mitte diagonal durchbohrt werden. Eine Winkelschablone oder ein Prisma gewährleistet den 45°-Winkel.

Die Lage der Propellerblätter wird auf dem Holm angezeichnet und die Blätter aufgeklebt. Die Propellerflächen stehen senkrecht zueinander. Zwischen Propellernabe und Lagerröhrchen muss eine Perle eingesetzt wer-

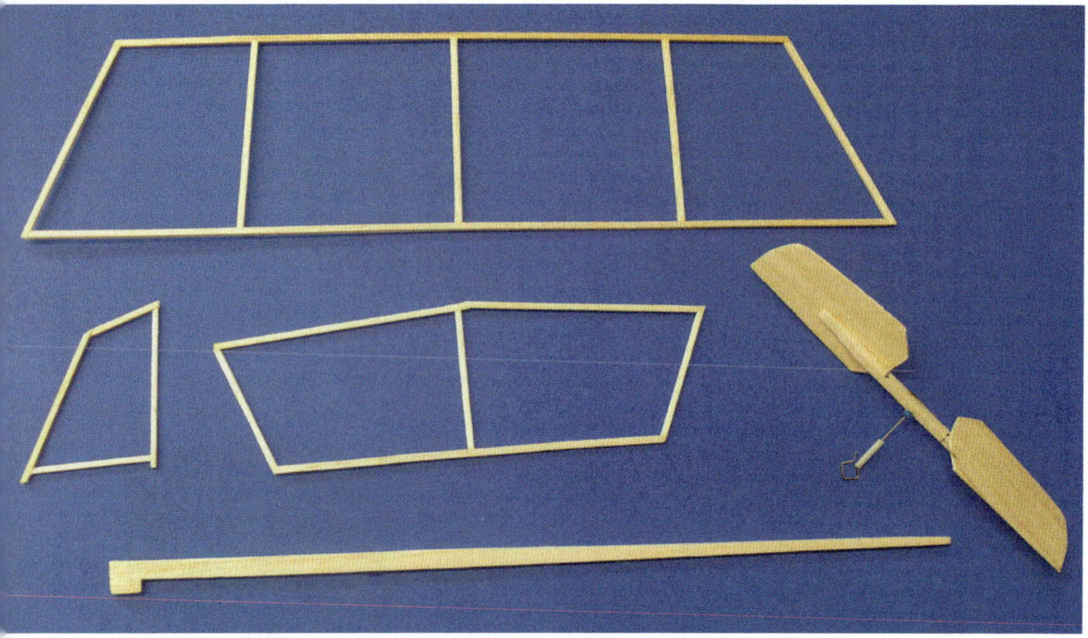

Abb. 6.3: Die fertigen Rohbauteile vor dem Bespannen.

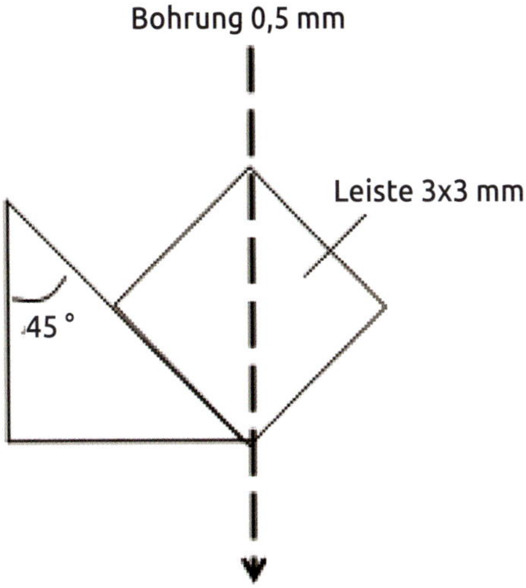

Abb. 6.4: Die Bohrung muss exakt diagonal durch die quadratische Leiste geführt werden!

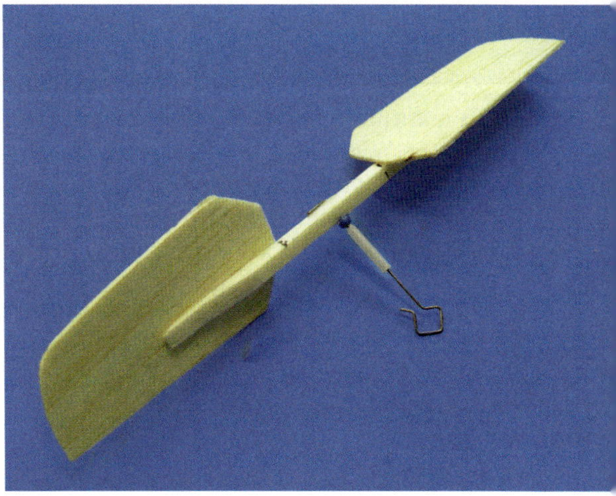

Abb. 6.5: Der fertige Propeller mit Welle, Lagerröhrchen und Perle. Der 3×3-mm-Holm wurde zum Ende hin abgeschrägt.

den, die den Druck aufnimmt. Ggf. muss der Propeller gewuchtet werden, wenn er eingebaut ist. Das kann z.B. mit etwas Klebstoff erfolgen, den man auf das leichtere Blatt im Bereich der Blattspitze aufbringt oder durch Abschleifen des schwereren Blattes.

Wichtig ist, dass am Ende beide Blätter einen Winkel von 45 Grad gegen die Propellerebene haben, sind die Winkel unterschiedlich, dann läuft der Propeller unrund.

Bespannen

Zum Bespannen wird die Folie faltenfrei auf der Unterlage ausgebreitet und außen herum beschwert. Flügel und Leitwerke werden mit Kleber besprüht und auf die Folie gelegt. Mit einem nicht zu heißen Lötkolben ringsum die Folie entlang der Holme abschmelzen.

Alle Teile werden nur einseitig bespannt. Das Seitenleitwerk (SL) wird auf der - in Flugrichtung gesehen - rechten Seite bespannt. Die bespannte Seite des Höhenleitwerks (HLW) muss unten zu liegen kommen!

Knicke anbringen: siehe Abbildung! Die Knickstellen werden nach Fertigstellung von unten mit je einem kleinen Papierstreifen verstärkt.

Abb. 6.6: Am bespannten Flügel werden die Leisten an den Außenrippen von unten eingeritzt und nach oben gebrochen. In die Bruchstellen gibt man Leim. Die Flügelspitzen werden 40 mm hochgestellt. Nach dem Trocknen werden zur Verstärkung unter die Knickstellen kleine Streifchen Papier geleimt.

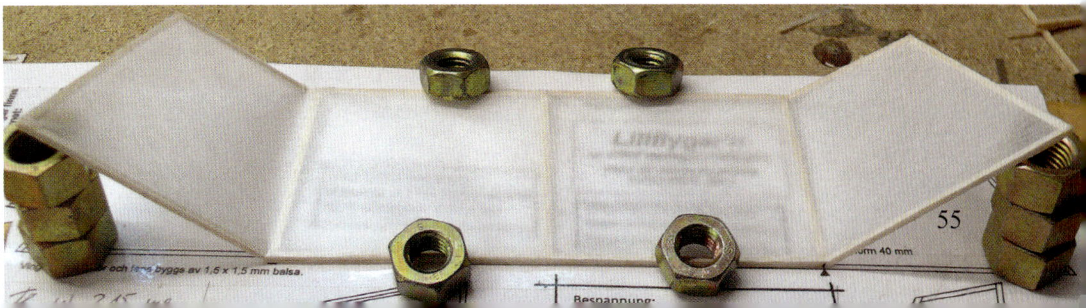

Flügel und Leitwerke montieren

Zunächst wird das Höhenleitwerk angeklebt. Es muss mit den Rumpf-Seitenflächen einen rechten Winkel bilden. Das Seitenleitwerk wird in senkrechter Position so aufgesetzt, dass das vordere Beinchen rechts und das hintere links von der Rumpfleiste liegt. Damit entsteht ein Seitenruder-Ausschlag nach links.

Schwerpunkt ermitteln

Der Schwerpunkt wird ohne Flügel jedoch mit eingehängtem Gummistrang ermittelt. Der Flügel wird dann so montiert, dass die Vorderkante 28 mm vor dem Schwerpunkt zu liegen kommt.

Einfliegen

Zunächst prüfen wir, ob der Schwerpunkt (SP) an der gekennzeichneten Stelle liegt, indem wir den Flügel dort unterstützen. Dazu sollte sich auch der Gummi in Position befinden. Man kann den Gummi etwas aufziehen, dass sich ein gerader Strang bildet und den Propeller mit einer Nadel blockieren (diese soll möglichst wenig wiegen, um den SP nicht zu verfälschen).

Jetzt wird noch der Flügel auf Verzüge geprüft, indem man genau aus der Flugrichtung (Rumpfrichtung) von vorne auf das Modell schaut. Der Flügel muss im Mittelteil eben sein. Das rechte Ohr ist infolge Schrägstellung der Rippe positiv angestellt. Dies ist erforderlich, um das Propellerdrehmoment auszugleichen.

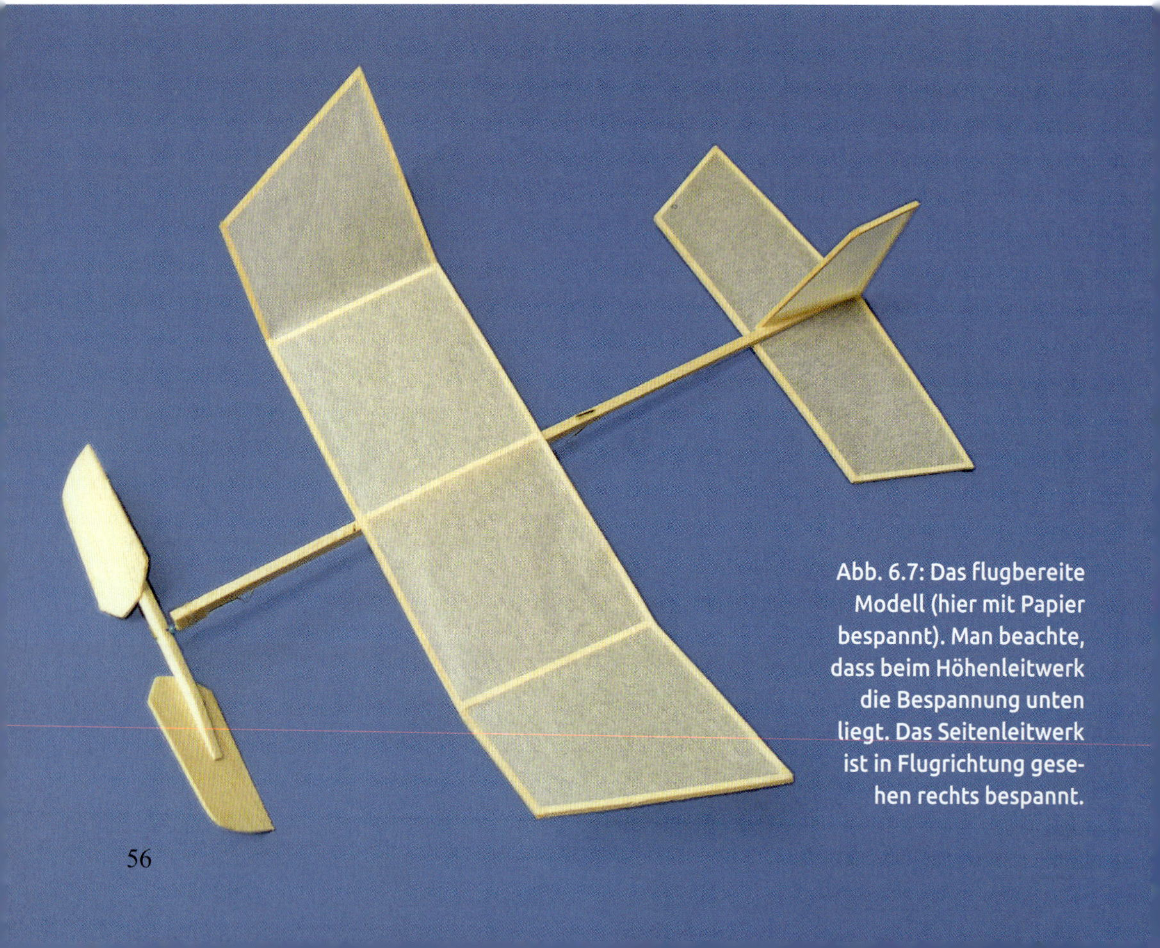

Abb. 6.7: Das flugbereite Modell (hier mit Papier bespannt). Man beachte, dass beim Höhenleitwerk die Bespannung unten liegt. Das Seitenleitwerk ist in Flugrichtung gesehen rechts bespannt.

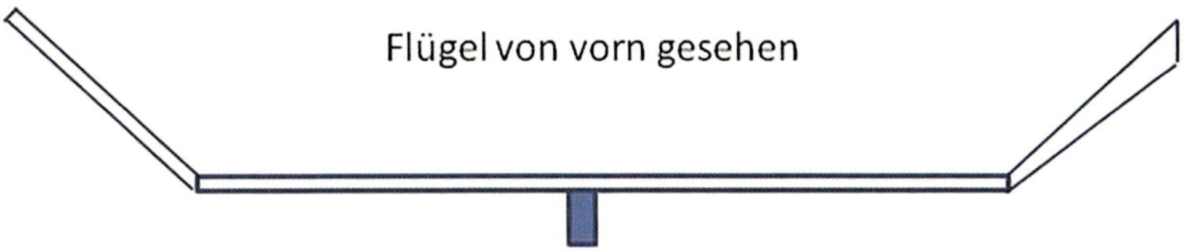

Abb. 6.8: Das kurveninnere Ohr des Flügels ist infolge der Schrägrippe stärker angestellt, liefert also mehr Auftrieb. Dies dient der Kompensation des Drehmomentes.

Die ersten Flüge macht man mit ca. 300 Umdrehungen. Das Modell muss nach links kreisen und etwa die Höhe halten.

Trimmen: bei Kopf- oder Schwanzlastigkeit kann man kleine Stücke Malerkreppband vor oder hinter dem Flügel auf den Rumpf kleben. Der Schwerpunkt darf aber nur minimal verändert werden. Das Modell muss im Gleitflug bei frei drehendem Propeller eine ebene Bahn fliegen ohne zu pumpen oder durchzutauchen. Um die Kurve zu trimmen, kann man zusätzlich einen schmalen Streifen Papier an die Hinterkante des Seitenleitwerks kleben und damit den Kreisdurchmesser genau einstellen.

Mit ca. 600 Umdrehungen fliegt das Modell im Wohnzimmer zwei bis drei Vollkreise, ohne die Decke zu berühren. Der Kreisdurchmesser sollte etwa 3,5 m betragen.

Die Umdrehungszahl wird in der Halle sukzessive bis ca. 1000 oder höher gesteigert. Dazu muss der Gummi z.B. mit Silconnöl oder Spülmittel geschmiert werden.

Abb. 6.9: Zusätzliche Papierfahne am Seitenleitwerk, um den Kurvenradius einzustellen.

Klasse F1M-Limited

Diese Wettbewerbsklasse ist eine limitierte Version der Klasse F1M. Gesamtgewicht und Gummigewicht sind bei beiden Klassen gleich. Bei F1M-L sind jedoch keine Verstellpropeller erlaubt und zur Vereinfachung weitere Beschränkungen vorgesehen: Der Flügel darf max. 150 mm tief sein und das HLW bis zu 50 % der Flügelfläche besitzen. Rumpf und Propeller müssen aus Vollbalsa bestehen und der Hakenabstand darf max. 270 mm betragen. Die Limitierung wirkt sich auf die Flugzeit aus, die nur ca. 70 % derjenigen von F1M Modellen beträgt. Die Klasse ist für Einsteiger gut geeignet und wesentlich einfacher zu bauen und zu fliegen, als z. B. ein Ministick.

F1M-L von Bruno Wächter

Das F1M-L von B. Wächter (Bauplan im Anhang) ist als Einsteigermodell hundertfach bewährt. Wegen des Gewichtes von 3 g gibt es keinerlei Materialprobleme. Bespannt wird mit Folie 0,9 µm. Das Modell führt schon nach kurzer Bauzeit zum ersten Er-

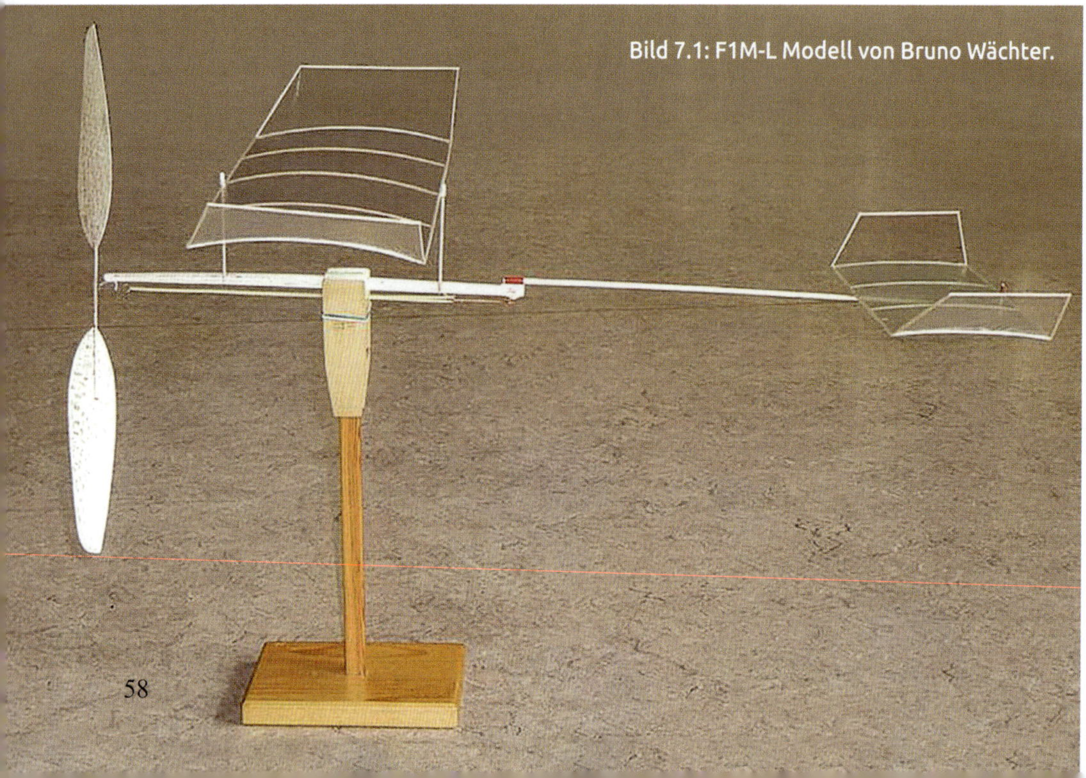

Bild 7.1: F1M-L Modell von Bruno Wächter.

folgserlebnis und erzielt auf Anhieb Flugzeiten von sieben bis acht Minuten (Abb. 7.1).

Bauhinweise

Der Aufbau der Struktur ist relativ einfach gehalten. Flügel und Leitwerksbau erfolgen in üblicher Weise auf einem eben ausgebreiteten Plan unter Zuhilfenahme von Muttern als Fixier- und Positionierungshilfen. Alternativ kann eine dünne Stahlblechplatte mit Magneten verwendet werden, siehe Kapitel 3.

Ein kritischer Punkt ist das Ausrichten bzw. Verleimen des Flügels mit dem Pylon. Die Einsteckröhrchen müssen vor der Flügelmontage auf die Pfosten gesteckt werden. Die Pfosten müssen parallel fluchten, sonst kann der Flügel beim Aufsetzen auf die Pfosten ungewollt Verzüge bekommen (Abb. 7.2).

▾ **Abb. 7.2: Ausrichten des bespannten Flügels zwischen den Pylonpfosten des Rumpfes. Erst nach dem genauen Justieren darf Leim an die Verbindungsstellen zwischen Flügel und Papierröhrchen gebracht werden. Hierdurch wird ein verzugsfreies Aufsetzen des Flügels garantiert. Auch können gewollte Verzüge (Wash-in) eingebaut werden.**

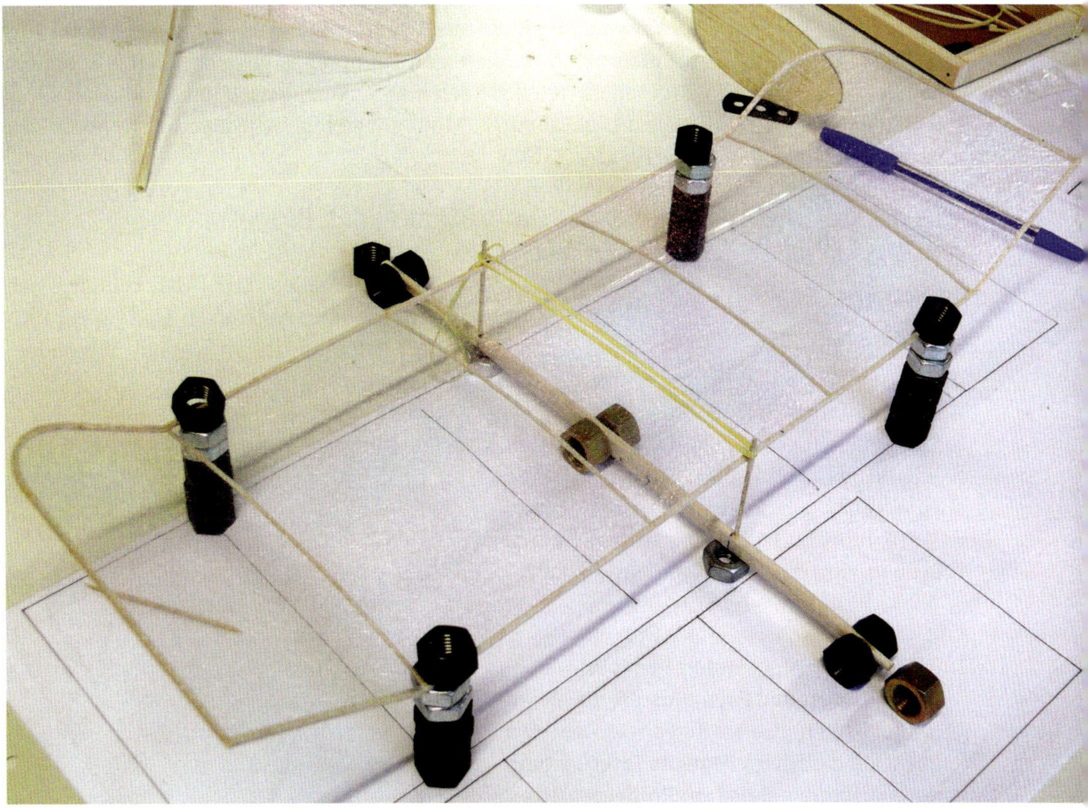

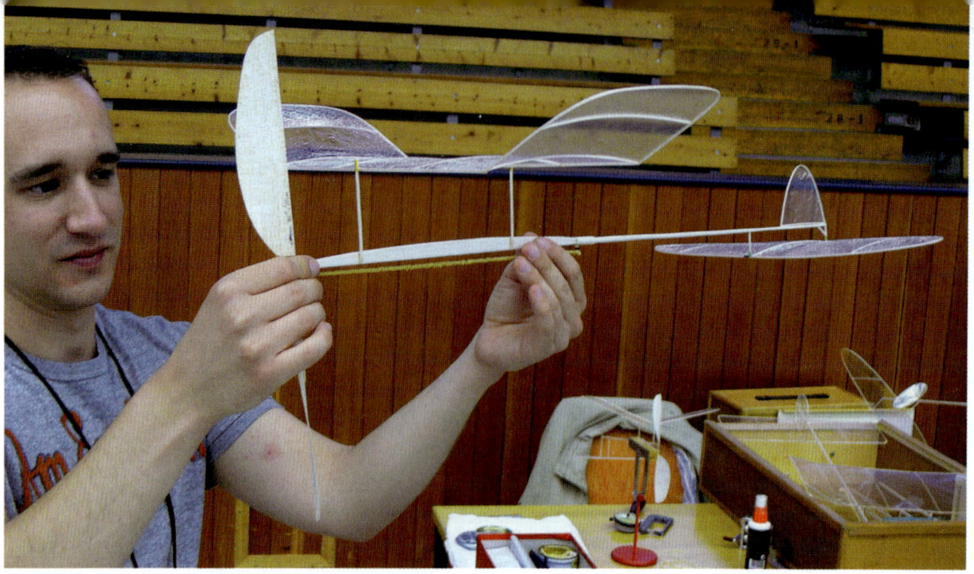

Abb. 7.3: Das F1M-Limited von Jens Feger. Flugzeiten um acht Minuten sind üblich.

F1M-Limited von Jens Feger

Das Modell war bei Wettbewerben sehr erfolgreich. Es wird ein Propeller nach den Vorgaben von U. Bundesen verwendet. Um den Flügel zu versteifen, wurden später zusätzliche Querstreben vorgesehen (siehe Bauplan im Anhang), die die Flugleistung trotz Zusatzwiderstand verbessern. Der Grund: Ein steifer Flügel bringt mehr Vorteile als die Abstrebungen an Verlusten ausmachen. Das Modell ist in Abb. 7.3 zu sehen.

Bauhinweise

Das Rumpfvorderteil ist in „Flitzebogenform" gestaltet, siehe Plan. Das Zielgewicht für den Rumpfstab nach Formgebung sollte etwa 0,8-0,85 g betragen (je nach Holzsteifigkeit). Propellerlager: Zur Aufnahme des Propellers wird ein „Schweineschwanzlager" aus 0,4-mm-Stahldraht verwendet (Herstellung siehe Anhang). Das nach unten offene U wird zuerst mit 0,5-mm-Balsa (Maserung längs) ausgefüllt und verschliffen. Dann wird das Lager in einen passenden Schlitz am vorderen Rumpfende geklebt. Hierbei sollte ein leichter Seitenzug nach links und ein leichter Motorsturz eingehalten werden (Abb. 7.4).

Herstellung Propeller

Die Propellerdaten für F1M-L befinden sich im Anhang. Der Aufbau der Helling zur Propellerherstellung ist im Kapitel „Propeller" beschrieben.

Abb. 7.4: Rumpf-Vorderteil mit Schweineschwanzlager und Pylonpfosten, die hier in einer Papierhülse am Rumpf stecken. Man beachte die schräg liegende Faserrichtung des Quartergrain-Balsa der Propellerblätter.

Die F1D-Beginnerklasse

F1M-Modelle wurden als Einstieg in die „Königsklasse" der F1D-Modelle konzipiert. Die Spannweite ist mit max. 46 cm deutlich geringer als beim F1D (55 cm). Die Klasse heißt auch F1D-Beginner und ging wohl aus der amerikanischen Pennyplane-Klasse hervor. Gegenüber F1D gibt es eine ganze Reihe Erleichterungen, so ist das Zellengewicht mit 3 g komfortabel hoch, so dass man keine Gewichtsprobleme hat. Trotzdem ergibt sich eine geringe Fluggeschwindigkeit, die noch Schritttempo entspricht. Der Rumpf wird ähnlich wie beim F1D gewickelt - jedoch aus stärkerem 0,40-0,50 mm C-grain - und ist fast 90 cm lang. Infolge des relativ großen Gummiquerschnitts ist eine Abspannung des Motorträgers erforderlich. Hier werden häufig eine oder mehrere Borfasern eingesetzt. Abspannungen mit Wolfram-/CrNi-Draht sind kaum mehr üblich. Die Verstellmechanik und das Gummigewicht von max. 1,5 g erlauben den Betrieb eines großen Propellers bis zu 40 cm Durchmesser, wobei auch Skelettpropeller erlaubt sind, Abb. 8.1.

Abb. 8.1: Der Vollholzpropeller des F1M von Uwe Bundesen mit 400 mm Durchmesser. Man beachte die Faserrichtung (Querversteifung der Profilform) und den durchgehenden Holm (Längsversteifung).

Die Klasse F1M beinhaltet bereits die ganze Problematik des Verstellpropellers und der Gummi-/Luftschraubenanpassung, wie wir sie beim F1D-Modell haben. Die Verstellmechanik entspricht vom Prinzip her derjenigen bei F1D, ist jedoch - entsprechend dem höheren Gummidrehmoment - etwas kräftiger ausgebildet (Abb. 8.2). Die Basissteigung liegt bei ca. 520 mm und der Verstellbereich bei 400 bis 870 mm. Im Schwebeflug sollte der Propeller mit der Basissteigung betrieben werden, für die er ausgelegt wurde. Die zur Längsachse schräge Maserung des Vollholzpropellers hat den Zweck, die Steifigkeit und Profiltreue zu erhöhen. Da der Propeller aber dadurch in Längsrichtung biegeweich wird, ist ein durchgehender Holm erforderlich. Eine Propellerberechnung ist im Anhang enthalten. Der verwendete Gummi besitzt ein Metergewicht von ca. 2 g und erlaubt ca. 1700 Umdrehungen, was für 12-15 Minuten Flugzeit ausreicht. Das Startdrehmoment liegt bei 45 gcm.

F1M ist in internationale FAI-Wettbewerbsklasse und wird bei der Deutschen Meisterschaft regelmäßig geflogen. Abb. 8.3 zeigt das Modell von WM-Teilnehmer Uwe Bundesen, einem erfolgreichen F1M-Piloten. Den Bauplan des Modells findet man im Anhang.

Abb. 8.2: F1M-Verstellmechanik von Ivan Treger. Man beachte die Verstellschrauben für Federkraft und max. Steigung.

Abb. 8.3: F1M-Modell von Uwe Bundesen knapp unter der Hallendecke.

Klasse F1D

Allgemeines

Die F1D-Modelle stellen zweifellos die Königsklasse unter den Saalflugmodellen dar. Das langsame Drehen des Propellers und der majestätische Flug im Zeitlupentempo sind überaus faszinierend. Allerdings erfordert das Bauen einiges an Geschicklichkeit und Materialkenntnis - vor allem, wenn man das Sollgewicht von 1,4 g einhalten will. Modelle mit 1,5 oder gar 1,6 g sind im Wettbewerb ziemlich chancenlos! Das Balsaholz ist hinsichtlich Dichte und Qualität für jedes Bauteil sorgfältig auszuwählen. Hier kommt man nicht um speziell selektiertes Holz herum, für das es bestimmte Quellen gibt (s. Bezugsquellen). Für das Wickeln des Rumpfrohres und insbesondere des Leitwerksträgers ist leichtes Quartergrain (C-grain) mit ca. 0,35 mm bzw. 0,25 mm Dicke erforderlich. Für die Bespannung ist nur die leichteste verfügbare Folie verwendbar. Dies ist OS-Film mit 0,5 µm, der derzeit leichteste handelsübliche Film. Eine gewisse Bauerleichterung wurde durch das neue Reglement mit Reduktion der Spannweite von früher 65 auf 55 cm geschaffen. Die Modelle benötigen in der Regel jetzt keine Verspannung mehr, sondern kommen mit Borfäden zur Verstärkung der Holme aus. Borfäden steigern die Steifigkeit bzw. Festigkeit des Bauteils beträchtlich, ohne das Gewicht merklich zu erhöhen. Abb. 9.1 zeigt die derzeit wohl anspruchsvollste Ausführung eines F1D-Modells mit gewölbtem elliptischen Flügel

Abb. 9.1: Das F1D-Modell von Lutz Schramm bei der WM Saalflug 2012 in Belgrad. Hier ist höchste Baukunst verwirklicht (Foto: G. Wöbbeking)!

und Flügelstützen aus Kohleröhrchen sowie einem holmlosen Propeller mit Kohlefaserrahmen.

Hallen

Für das Fliegen von F1D-Modellen ist nicht jede Halle geeignet. Voraussetzungen sind: möglichst keine Luftkonvektion durch Sonneneinstrahlung oder Heizung/Lüftung, glatte Decke ohne größere Hindernisse, Mindesthöhe ca. 8 bis 10 m.

Der (geschmierte) Antriebsgummi darf laut Reglement maximal 0,4 g wiegen. Hier wird ausschließlich FAI-Hochleistungsgummi verwendet (z.B. TAN Super Sport). 2002 gab es einen legendären Gummi, den TAN 2, mit dem besonders hohe Leistungen möglich waren und noch sind. Die Tatsache, dass erstklassiger Gummi nur für einen gewissen Kreis von „Gummilobbyisten" zugänglich ist, bringt allerdings eine etwas bittere Note in diesen Sport. Allerdings gehen die Vorräte von TAN 2 langsam zu Ende, so dass sich wieder Chancengleichheit einstellt.

Die Herausforderungen beim Material, beim Bau und beim Fliegen führten dazu, dass der Kreis der F1D-Enthusiasten schon immer relativ klein war. Bei der anhaltenden „Industrialisierung" des Modellflugsports wollen sich zudem immer weniger Modellbauer mit einer individuellen Randsparte, die sehr viel Detailarbeit erfordert, auseinandersetzen. In den größeren Nationen gibt es deshalb meist nur eine Handvoll aktiver F1D-Wettbewerbsflieger. In Deutschland sind es zurzeit etwa sechs aktive F1D-Piloten., in Europa geschätzt 50. Wer jedoch erste Erfolge mit diesen faszinierenden Modellen erzielt hat, kommt meist nicht mehr davon los. In der internationalen Klasse F1D finden regelmäßig Europameisterschaften und Weltmeisterschaften statt. Die gerade zu Ende gegangene EM 2019 in der historischen Reitschule von Tachov (CZ) hatte rd. 30 Teilnehmer mit einer Bestzeit von 23 min. (Ivan Treger, Sieger EM 2019). Der Weltmeister 2012 und Vize-Europameister 2019, Lutz Schramm, kommt aus Erfurt, Deutschland, und führt somit die gute Tradition unserer früheren Weltmeister Karlheinz Rieke und Hans Beck fort.

Materialauswahl

Die folgende Tabelle gibt einen Überblick über Abmessungen und Holzqualität (nach Angaben von Bernie Hunt).

Bauteil	Abmessungen bzw. Brettchendicke (mm)	Dichte g/cm³	Schnittrichtung
Flügel, Holme	1,8 x 1,0 → 1,4 x 1,0	0,075 + Borfäden	A/B-grain
Rippen	1,4 / 1,2 x 0,8	0,08	A/B-grain
Leitwerk, Holme	1,0 x 0,7	0,08 + Borfäden	A/B-grain
Rippen	1,0 x 0,6	0,08	A/B-grain
Motorträger (Rumpf)	0,35	0,080 + Borfäden	C-grain
Leitwerksträger	0,25	0,075 + Borfäden	C-grain
Flügelstützen	1,5 x 1,2	0,12 oder 0,10+ Borfäden	A/B-grain
Propeller			
Schaft	Ø 1,8 → Ø 0,6	0,10	A/B-grain
Rahmen	0,6 x 0,6	0,075	A/B-grain
Rippen	0,75 x 0,65	0,08	A/B-grain

Eine Gewichtsbilanz zeigt die folgende Tabelle (Angaben WM-Modell von Ivan Treger).

Bauteil	Gewicht (mg)
Flügel	350
Leitwerke, komplett	200
VIP-Propeller,komplett	250
Motorträger mit Pfosten + Verspannung	420
Leitwerksträger	180
Summe	1400

Verstellpropeller (VIP)

Die Flugzeiten der heutigen 55-cm-Modelle reichen mit fast 30 Minuten schon fast wieder an die 65-cm-Modelle nach dem früheren Reglement heran. Einen wesentlichen Anteil daran haben die Verstellpropeller (VIP - Variable Incidence Propeller). Beim Verstellpropeller wird die Kraft nicht direkt in den Propeller eingeleitet, sondern mit Hilfe eines Drehmoment-abhängigen Elementes auf die beiden Blätter, die mit Hilfe eines Gelenks drehbar gelagert sind (Abb. 9.2 und 9.3). Die mit den Propellerschäften verbundenen Lenkerstifte greifen in die Gabel des Mitnehmers ein. Der Mitnehmer ist über eine Torsionsfeder elastisch mit dem Propellermittelteil gekoppelt und verändert den Einstellwinkel der Blätter in Abhängigkeit vom Drehmoment. Bei hohem Drehmoment ist eine sehr große Steigung (ca. 1100 mm) wirksam, um den Propeller zu bremsen. Bei nachlassendem Drehmoment geht die Steigung auf ca. 700 mm zurück. Unter- und Obergrenze der Steigung sind mit Anschlägen einstellbar. Auch die Härte (Vorspannung) der Torsionsfeder ist einstellbar. Die richtige Justierung vorausgesetzt, bewirkt dies einen rationellen Umgang mit der Gummienergie, mit dem Ziel, die Schwe-

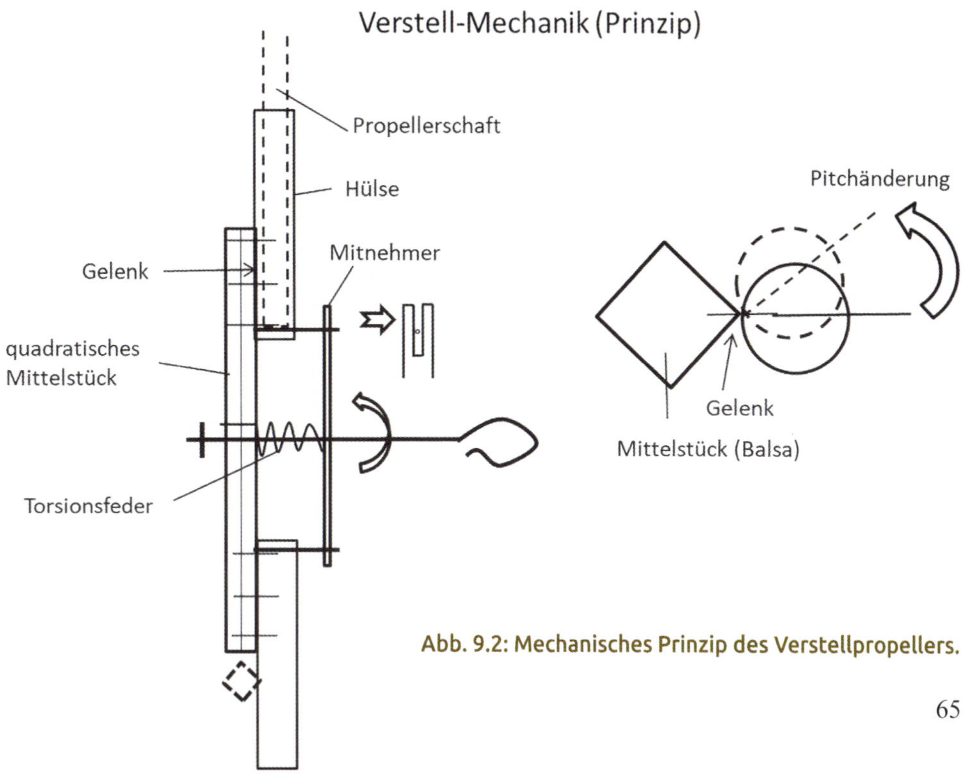

Abb. 9.2: Mechanisches Prinzip des Verstellpropellers.

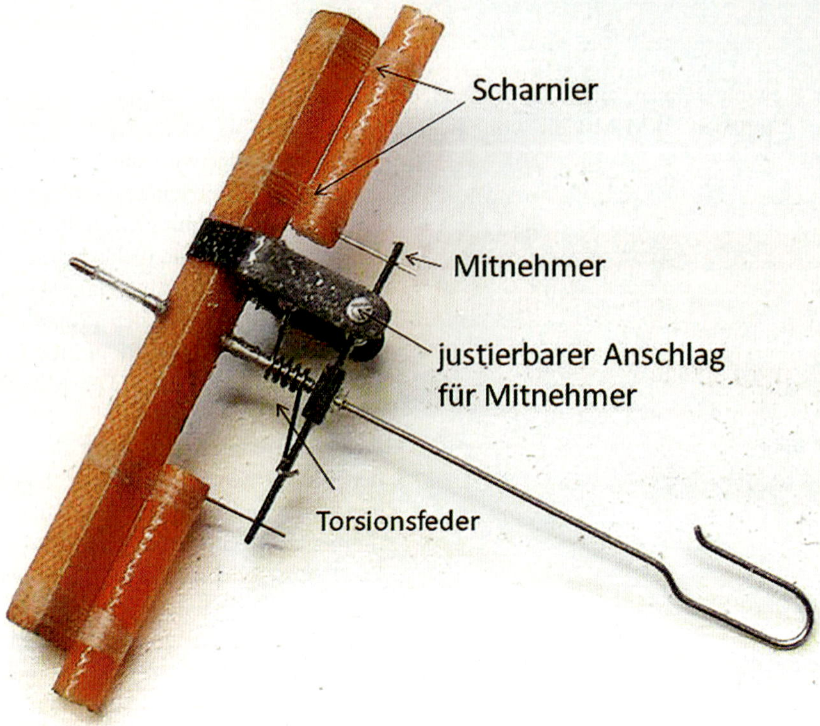

Abb. 9.3: Die VIP-Mechanik für den Verstellpropeller (Herst. Ivan Treger). Das Gewicht beträgt ca. 90 mg.

beflugphase möglichst zu verlängern. Meist steigen die Modelle anfangs zügig, gehen dann in eine längere Schwebeflugphase über und kommen anschließend langsam herunter, um dann - mit reduziertem Pitch (Drehzahlerhöhung) - nochmal zu steigen. So sind lange Flüge auch in einer 8-m-Halle möglich, ohne die Decke zu berühren.

Die Herstellung von Verstellmechaniken ist Uhrmacherarbeit und nicht für jeden Modellbauer möglich. VIPs werden von einigen F1D-Piloten auch käuflich angeboten. Abb. 9.3 zeigt eine professionell hergestellte Mechanik.

Rumpf wickeln

Die Grundlagen wurden bereits im Kapitel „Arbeitstechniken" beschrieben. Ein Problem ist, ein ca. 90 cm gerades Rohr zu bekommen. Die Verklebung der Naht darf nur mit einem nichtspannenden Kleber erfolgen. Man kann das Rohr an der Naht schräg anschleifen und die Klebeflächen mit leicht verdünntem Weißleim benetzen. Nach dem Trocknen wird das Rohr auf den Kern geschoben und die Klebenaht mit einem heißen Bügeleisen versiegelt. Der Leitwerksträger wird oft aus zwei Teilen gefertigt, die mit einer Hülse verbunden oder ineinander gesteckt sind. Krumme Rohre kann man mit einem heißen Bügeleisen trimmen und in einem gewissen Maß begradigen.

Das Motorträger-Rohr muss am vorderen Ende im Lagerbereich mit einer innen liegenden senkrechten Wand verstärkt und an der Front durch eine schräge Balsaplatte abgeschlossen werden (Abb. 9.4). Der Balsasteg ist zugleich Zuganker für den Borfaden zur Abspannung des Motorträgers. Gleiches gilt für die Krafteinleitestelle am hinteren Haken, Abb. 9.5.

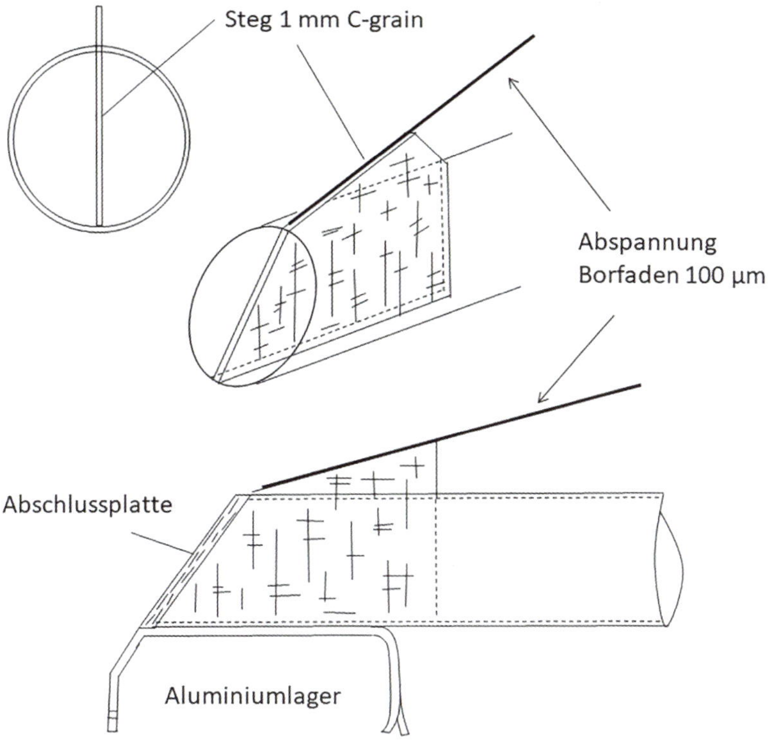

Abb. 9.4: Vorderseite des Motorträgers mit Versteifung, Aluminiumlager und Borfaden-Abspannung.

Flügel

Der Flügel muss auf einer Helling aufgebaut werden. Meine Methode: Zunächst wird aus 5-mm-Sperrholz die Außenkontur des Flügels (Grundplatte) hergestellt. Dann wird eine Platte aus 1-mm-Sperrholz gefertigt, die rundum um eine Holmstärke (ca. 1,2 mm) schmäler ist als die Außenkontur und auf die Grundplatte geklebt. Somit entsteht am Rand eine umlaufende Stufe, in die die Holme eingelegt werden können. Im Bereich der Einmündungen der Rippen wird die 1-mm-Platte ausgespart (Abb. 9.6). Die späteren

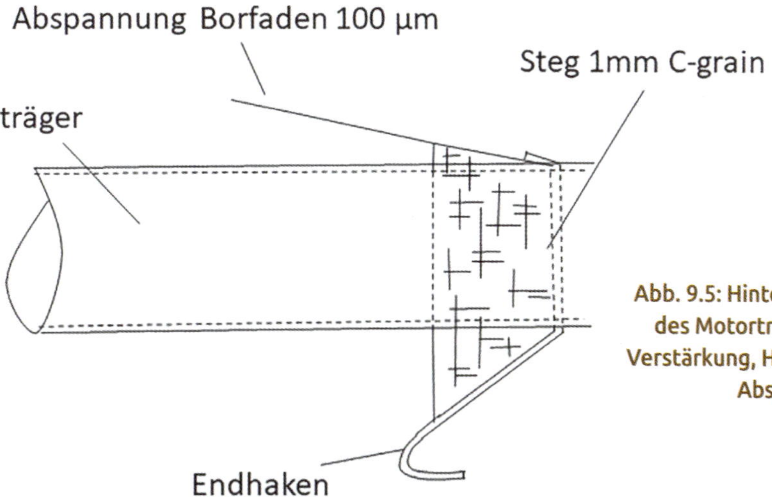

Abb. 9.5: Hinteres Ende des Motorträgers mit Verstärkung, Haken und Abspannung.

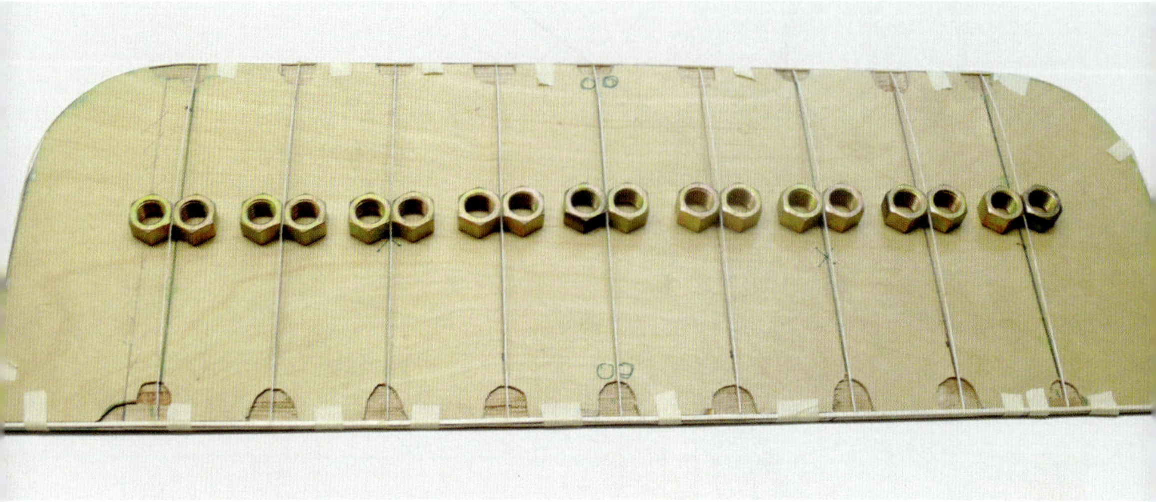

Abb. 9.6: F1D-Flügelbau auf der Helling. Die Rippen werden mit Hilfe von Muttern genau positioniert und senkrecht ausgerichtet.

Klebestellen sollten mit etwas Wachs behandelt werden, damit der Flügel nach dem Verkleben von der Helling gelöst werden kann.

Nun müssen noch die Führungsröhrchen am Flügel angebracht werden. Die beiden Führungsröhrchen werden dazu auf die am Rumpf schon festgeleimten Flügelpfosten aufgesteckt (Pfosten im Bereich der Steckstellen vorher etwas einwachsen). Der Flügel wird mit Styroporklötzen o. ä. so justiert, dass er die richtige Lage zwischen den Flügelpfosten besitzt und die Röhrchen mit den Holmen in Kontakt stehen (siehe auch Kapitel F1M-L Modelle). Den Flügel auf ungewollten Verzug kontrollieren, da dieser sonst mit eingebaut wird. Gewollte Verzüge können natürlich eingebaut werden. Nun gibt man etwas *unverdünnten* UHU-hart an die Kontaktstellen Röhrchen/Holme. Der Kleber sollte keinesfalls in das Röhrchen laufen, da dieses sonst festklebt (deshalb unverdünnter Kleber!). Kleben die Röhrchen trotzdem fest, kann man sie mit Aceton wieder lösen. Wenn die Klebestellen hart sind, kann man den Flügel abnehmen und zur Erhöhung der Festigkeit noch eine zusätzliche Verstärkung zur Krafteinleitung an den Röhrchen anbringen.

Borfäden

Borfäden werden an hochbelasteten Stellen zur Verstärkung angebracht. Auch die Abspannung des Motorträgers wird mit einem 100 µm dicken Borfaden ausgeführt. Hochbelastete Stellen sind: Flügel- und Leitwerksholme im Mittelbereich, Motorträger, Flügelpfosten, Propellerholm. Vorzugsweise sollten die Fäden auf der druckbelasteten Seite liegen, da die Druckfestigkeit des Holzes wesentlich geringer ist als die Zugfestigkeit. Borfäden sind mit 75 µm und 100 µm Dicke verfügbar und werden mit Zaponlack aufgeklebt, indem man den Faden auflegt und mit einem feinen, mit Lack benetzten Pinsel entlang streicht. Der Lack sammelt sich durch Kapillarwirkung an der Auflagestelle zwischen Holz und Faden und klebt ihn fest.

Wichtige Details zum Bau:

- Holme von Flügel und Leitwerk nach außen verjüngen, z.B. Flügelholm innen 2×0,8 mm (stehend mit Borfäden) verjüngt auf 0,8×0,8 mm am Randbogen.
- Flügelpfosten müssen steif sein: entweder Holz mit Dichte 0,12 g/cm³ oder Holz mit 0,09 g/cm³ mit Borfäden verstärkt. Auch CFK-Röhrchen sind im Einsatz.
- Verstärkungen im Übergangsbereich Röhrchen/Holm am Flügel.
- Motorträger-Rohr auf der Druckseite (17 und 19 Uhr) mit Borfäden verstärken.

Abb. 9.7: Vorbildlich gebautes F1D-Modell mit Verstellpropeller im Flug. Derartige Modelle schaffen auch in 8-m-Hallen bis zu 15 Minuten Flugzeit.

Flugstabilität

Die Achsen eines Flugmodells

Die Bewegung eines Flugzeugs erfolgt um drei Achsen durch den Schwerpunkt:

- Querachse (Achse in Spannweitenrichtung)
- Längsachse (Achse in Rumpfrichtung)
- Hochachse (Achse senkrecht zur Quer- und Längsachse)

Schwerpunkt: Gleichgewicht um die Querachse

Grundsätzlich sind zwei Faktoren auseinanderzuhalten: Schwerpunktlage und Trimmung:

- Die Lage des Schwerpunktes bestimmt u.a. das Stabilitätsmaß eines Modells, d.h. die Fähigkeit nach einer Störung in die Gleichgewichtslage zurückzukehren (Abb. 10.1).
- Die Trimmung bestimmt die Fluglage, z.B. kopflastige, schwanzlastige Trimmung.
- Die Schwerpunktlage sollte möglichst

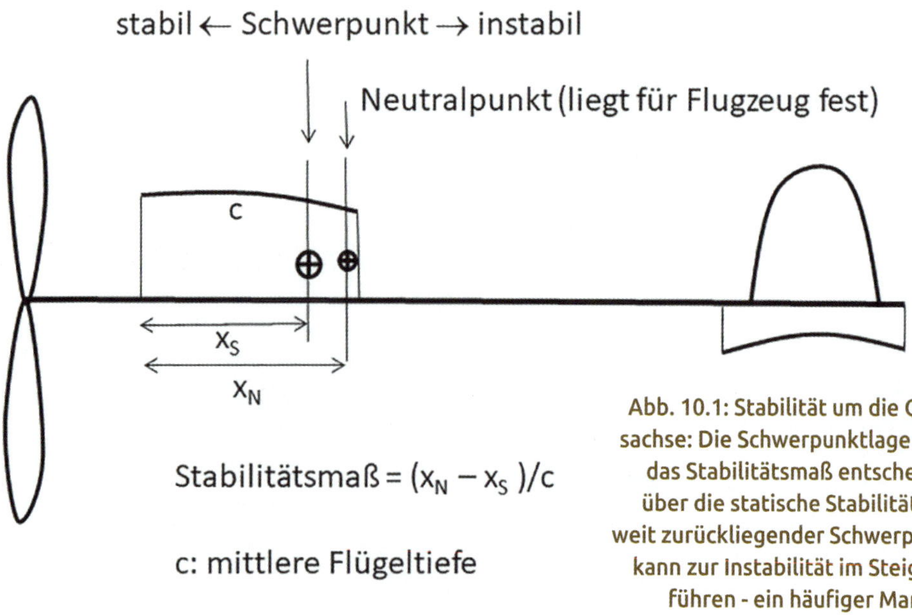

Abb. 10.1: Stabilität um die Querachse: Die Schwerpunktlage bzw. das Stabilitätsmaß entscheiden über die statische Stabilität. Ein weit zurückliegender Schwerpunkt kann zur Instabilität im Steigflug führen - ein häufiger Mangel!

nicht zur Trimmung des Modells benutzt werden, wenn sie einmal optimal festgelegt wurde. Die Trimmung erfolgt dann nur noch mit dem Einstellwinkel von Flügel bzw. Leitwerk.

- Geringe Änderungen des Schwerpunktes zur Trimmung des Modells sind jedoch meist unkritisch.
- Je näher der Schwerpunkt nach hinten wandert und an den so genannten Neutralpunkt heranrückt, desto instabiler wird das Modell um die Querachse.

Trimmung und Schwerpunkt

a) Der Gleitflug des Modells mit frei drehendem Propeller (ohne Gummistrang) ist ein erster wichtiger Indikator für die richtige Trimmung. Modelle, die mit frei drehendem Propeller gut gleiten, zeigen mit dieser Trimmung in der Regel auch einen guten Steigflug.

b) Ein weiteres Kriterium für die richtige Schwerpunktlage ist der sichere Steigflug des Modells. Ein störungsfreier Steigflug deutet auf eine „gesunde" Schwerpunktlage hin. Wenn das Modell sich aufbäumt, unterschneidet oder zu „turnen" beginnt, ist der SP meist zu weit hinten. Hier hilft z.B. ein Zurückversetzen des Flügels.

Gleichgewicht um die Längsachse

Ein im stabilen Gleichgewicht befindliches Flugzeug, das um die Längsachse eine Störung erfährt, muss sich wieder aufrichten. Dies geschieht beim Großflugzeug durch Querruder, beim kleinen ungesteuerten Modell jedoch durch die V-Stellung des Flügels, vor allem der Außenflügel: Dreht sich das Flugzeug infolge einer Störung um die Längsachse, dann erhält ein Flügelende infolge der V-Form mehr und das andere weniger Auftrieb. Hierdurch wird die Normallage wieder erreicht (Abb. 10.2).

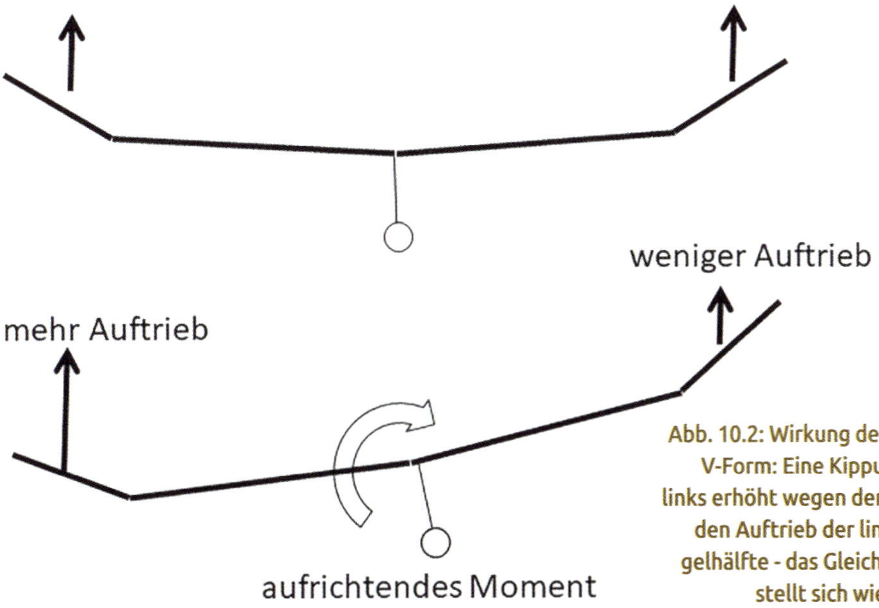

Abb. 10.2: Wirkung der Flügel-V-Form: Eine Kippung nach links erhöht wegen der V-Form den Auftrieb der linken Flügelhälfte - das Gleichgewicht stellt sich wieder ein.

Drehmoment-Kompensation

Bei einem Drehmoment, wie es die Luftschraube ausübt, würde das Modell ohne Drehmoment-Kompensation in einer Schräglage verbleiben und schieben oder sogar abschmieren. Wenn der Propeller in Flugrichtung gesehen nach rechts dreht, dann will das Modell nach dem Grundgesetz „actio = reactio" nach links drehen: Man nehme ein Modell mit aufgezogenem Gummimotor und halte es statt am Rumpf an der Luftschraube fest: es wird sich gegen die Propellerdrehrichtung drehen! Dieses Zusatzmoment muss vom Flügel aufgebracht werden. Folgende Maßnahmen sind erforderlich:

- Der Flügel wird ca. 3 % der Spannweite nach links versetzt („Offset"), so dass die linke Flügelhälfte länger ist als die rechte und somit der kurveninnere Flügel mehr Auftrieb entwickelt.
- Der linke Außenflügel wird ca. 2 bis 5° positiv eingestellt („Wash-in").
- Der Flügel besitzt eine V- Form, so dass bei Drehung um die Längsachse ein Gegendrehmoment entsteht, das den Flügel wieder aufrichten will - siehe oben.
- Steil nach oben gestellte Außenflügel (Ohren) haben eine besonders gute Kompensationswirkung.

Für Fortgeschrittene

Infolge des vom Gummi ausgeübten Drehmomentes kommen noch folgende Effekte dazu:

- Je nach Torsionswiderstand des Rumpfes und Länge der Flügelstützen verwindet sich der Flügel, wie in Abbildung 10.3 gezeigt: der linke Flügel bekommt jetzt mehr „Wash-in" (höheren Einstellwinkel) und der rechte Flügel zusätzlichen „Wash-out" (geringeren Einstellwinkel). Diese Zusatzverwindung ist proportional zum Drehmoment und damit höchst erwünscht!
- Das Höhenleitwerk (HLW) ist im Grundzustand ohne Drehmoment nach rechts gekippt, so dass es zur Linkskurve beiträgt. Durch das auf den Rumpf wirkende Drehmoment wird es mehr in die Normallage (parallel zum Flügel) gedreht. Hierdurch vergrößert sich der Kurvenradius und das anfängliche Unterschneiden infolge einer zu engen Kurve wird bekämpft. Später im Schwebeflug soll das Modell wieder einen normalen Kurvenradius fliegen.
- Die außerhalb der neutralen Faser wirkende Zugkraft des Gummistranges führt zu einer Biegebelastung des Motorträgers. Verbiegt sich der Motorträger, ändert sich die Zugrichtung der Luftschraube: Die Schraube zieht stärker nach unten und erzeugt ein kopflastiges Moment. In gewisser Weise ist das erwünscht, damit das Modell am Anfang nicht so rasch steigt. Das kann aber sehr schnell zum Unterschneiden führen: das Modell wird schneller und gewinnt überhaupt keine Höhe. Der Motorträger wird deshalb in der Regel biegesteif (jedoch torsionsweich!) ausgelegt. Bei Modellen mit gewickeltem Rohrrumpf (F1D, F1M) wird üblicherweise auf der Rumpfoberseite eine Abspannung angebracht (Abb. 10.4). Die Abspannung wirkt der Durchbiegung entgegen. Zusätzlich können Borfäden auf den Rumpf geklebt werden, damit sich die Biegesteifigkeit erhöht.
- Wie ersichtlich, ist die Abstimmung von Torsion und Biegung des Motorträgers ein wichtiger Aspekt bei der Auslegung des Modells.

Kurvenflug

Der Kurvenflug wird mit der Zugrichtung des Propellers, dem Kippwinkel des Höhenleitwerks und dem Ausschlag des Seitenru-

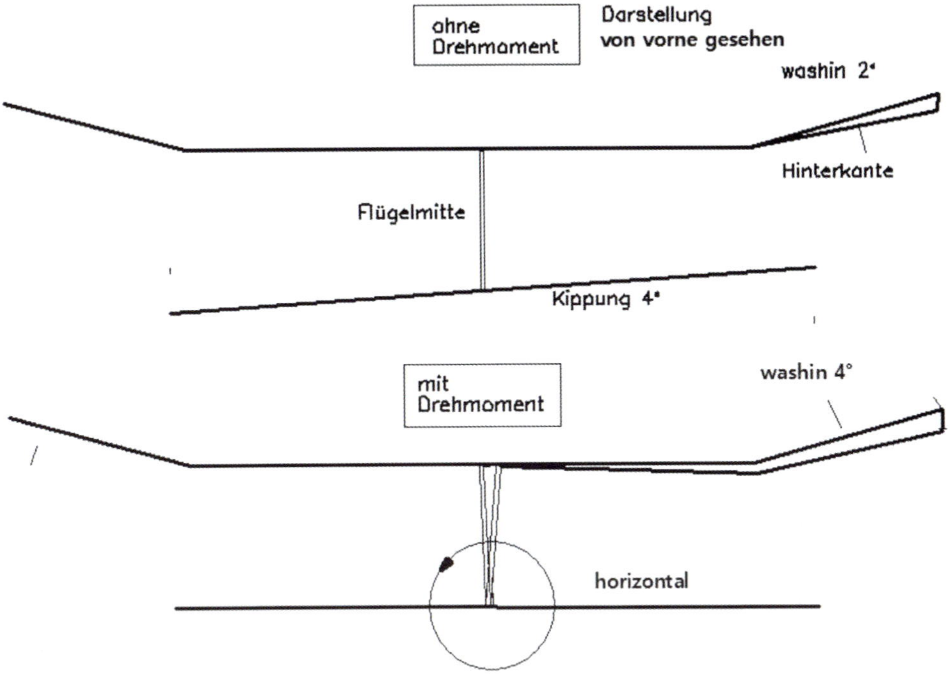

Abb. 10.3: Die Wirkung des Gummi-Drehmomentes auf den Flügel und das Leitwerk: Infolge Torsion des Rumpfes wird die positive Einstellung („Wash-in") des kurveninneren Flügels verstärkt und das Leitwerk mehr in die Horizontale gedreht. Der kurvenäußere Flügel erfährt „Wash-out (hier nicht gezeichnet).

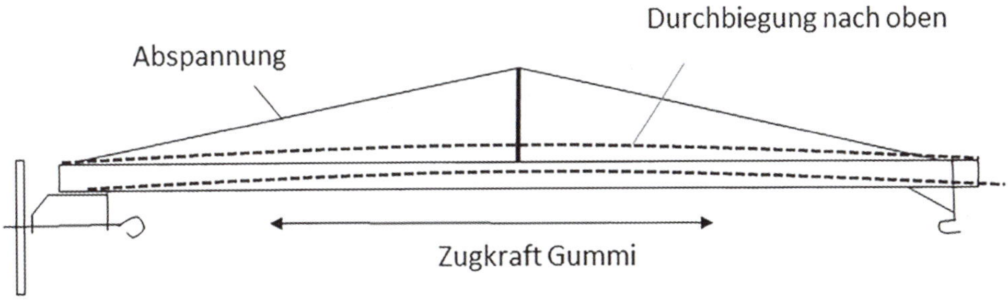

Abb. 10.4: Der Motorträger erfährt infolge des Gummi-Drehmomentes Biegungs- und Torsionskräfte.

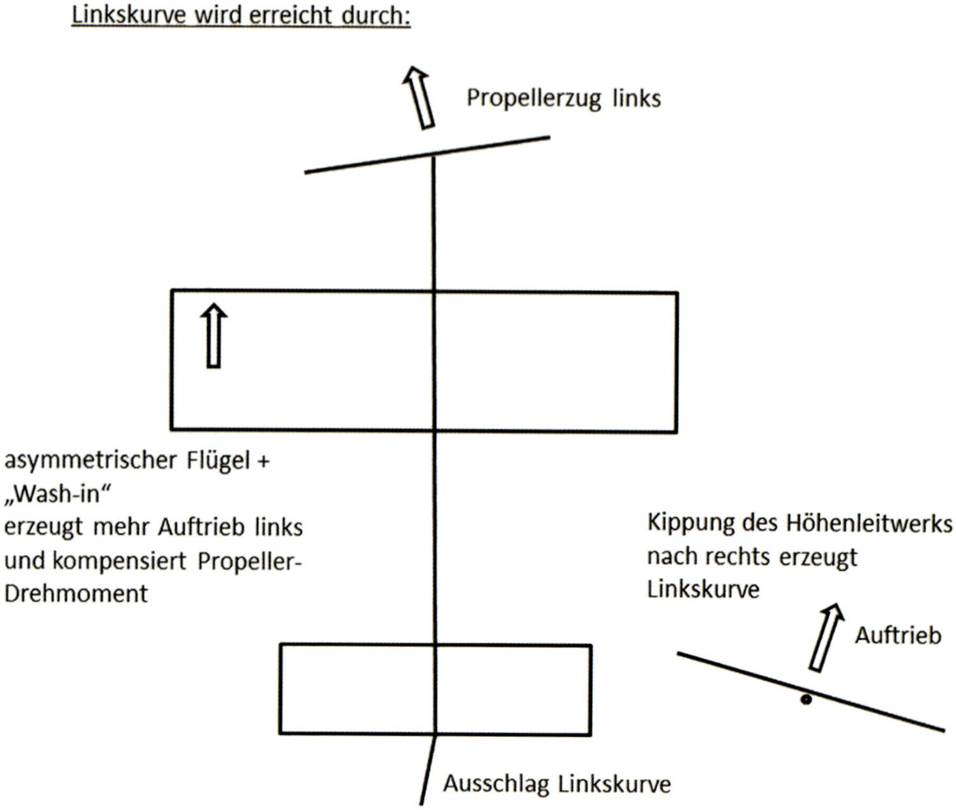

Abb. 10.5: Die wichtigsten Faktoren, die den Kurvenflug beeinflussen.

ders beeinflusst (Abb. 10.5). Auch der Flügelverzug (Wash-in) wirkt hier mit.

Die Zugrichtung des Propellers sollte etwa 2 bis 3 Grad zur Kurveninnenseite gerichtet sein. Der Grund: Das Seitenruder wirkt bei den geringen Fluggeschwindigkeiten oft zu schwach. Die Kurvenwirkung wird durch die Zugrichtung des Motors unterstützt.

Das gekippte Höhenleitwerk führt ebenso zur Verstärkung der Kurve, da ja sein Auftriebsvektor nach rechts weist und somit ein Drehmoment um die Hochachse erzeugt. Natürlich spielt hier wieder die Torsionssteifigkeit des Motorträgers herein.

Wichtige Problemfälle

1.)Das Modell steigt nicht und geht bei vollem Drehmoment in eine steile Linkskurve. Abhilfe: Kontrollieren, ob sich der Rumpf unter dem Zug des Gummis nicht zu viel durchbiegt. Wenn sich der Rumpf nicht verbiegt, muss der linke Flügel mehr Einstellwinkel („Wash-in") bekommen (ggf. Klebungen mit Aceton lösen). Zusätzlich hilft die Erhöhung der V-Form des Außenflügels. Am günstigsten ist es, wenn die Verdrehung des Flügels überwiegend über das Gummi-Drehmoment (also eine(n) abgestimmte Torsion des Rumpfes) erfolgt.

2.) Das Modell fliegt bei vollem Drehmoment geradeaus. Abhilfe: Propeller-Seitenzug einstellen, mehr Seitenruder, stärkere Kippung des Höhenleitwerks. Flügel auf ungewollte Verzüge prüfen! Auch kann der Rumpf zu torsionsweich sein. Damit kann anfangs eine Kippung des Höhenleitwerks nach links erfolgen und die Linkskurve kompensieren.

3.) Das Modell hängt sich an die Luftschraube und überzieht. Trimmung mit Einstellwinkel verändern bzw. mehr Propellerzug nach unten. Oft liegt auch der Schwerpunkt zu weit hinten, das Korrekturmoment des Höhenleitwerks ist dann zu klein und das Modell bäumt sich auf. Schwerpunkt einige Millimeter nach vorne legen und Flugverhalten erneut prüfen. Auch eine Vergrößerung des Leitwerks führt zu einem stabileren Flugverhalten im Steigflug.

Grundregeln für die Praxis

- Schwerpunkt: Die Schwerpunktlage nach Plan einhalten! Wenn die Schwerpunktlage nicht bekannt ist, dann sollte man sich an erfolgreichen Modellen mit etwa gleicher Geometrie orientieren.
- Flügelverzug (zum Prüfen von vorne und von hinten genau in Flugrichtung durchvisieren): Der kurveninnere (linke) Flügel soll einen leichten „Wash-in“ besitzen, der sich bei aufgedrehtem Gummistrang verstärkt.
- Das Leitwerk sollte ebenso einen leichten „Wash-in“ auf der linken Seite besitzen und zusätzlich einige Grad nach rechts gekippt sein (alle Angaben in Flugrichtung gesehen).
- Der Motorzug ist ca. 2° nach links und 0° nach unten eingestellt

Fazit

Das Zusammenwirken verschiedenster Faktoren macht es nicht leicht, allgemeine Regeln zur Fehlerbeseitigung aufzustellen. Man ist im Wesentlichen auf erfolgreiche Modellauslegungen sowie das Erwerben eigener Erfahrungen angewiesen. Etablierte Saalflieger helfen hier in der Regel gerne weiter.

Wichtig ist es, die Wirkungsprinzipien zu erkennen, um zielgerichtet agieren zu können! Gerade das Experimentieren macht aber den Saalflug so spannend und führt zu Lerneffekten - im Unterschied zu industriell vorperfektionierten Flugmodellen - die im Übrigen öfters auch nicht so perfekt funktionieren, wie es den Anschein hat!

Flugpraxis

Transport

Ein kritischer Punkt ist der Transport von Saalflugmodellen. Hier kann mehr zerstört werden als beim Fliegen! Deshalb gehören die Modelle in eine passende Kiste oder Schachtel mit entsprechenden Modellhalterungen z.B. aus Styropor oder Schaumstoff. Geeignet sind z.B. größere, stabile Geschenkschachteln. In Schuhläden bekommt man stabile Kartons in passender Größe, z.B. von Damen oder Herren-Halbstiefeln. Ideal ist eine auf die Modellgrößen abgestimmte Transportkiste, z.B. aus Styropor, siehe Abb. 11.1.

Gummi vorbereiten

Wie im Abschnitt „Gummiantrieb" schon beschrieben, wird das geschnittene Gummiband verknotet: Ein doppelter und darauf zwei einfache Knoten zur Sicherung. Vor dem Verknoten werden zwei kleine Kunststoff-Ringe eingehängt. Diese dienen dazu, den Gummistrang an den Haken (Luftschraubenwelle und hinterer Haken) einzuhängen. Achtung: die Ringe müssen relativ hart sein, da sie den vollen Gummizug aushalten müssen (siehe Materialien).

Gummi sollte geschmiert werden, vor allem wenn er bis zum Grenzdrehmoment auf-

Abb. 11.1: Eine Transportkiste schützt die Modelle vor Beschädigungen.

gedreht wird. Wenn man sich nicht die Finger mit Schmiermittel kontaminieren will, träufelt man etwas Schmiermittel in eine Plastiktüte und gibt den Gummistrang hinein. Nun wird er einige Male zwischen den Fingern gewalkt und wieder herausgenommen. Mit einem Tuch überflüssiges Schmiermittel entfernen und geschmierten Strang wiegen. Für den Wettbewerb zählt das Gewicht des *geschmierten* Gummis, jedoch ohne die Einhängeringe!

Als Schmiermittel eignen sich dünnes Siliconöl, ArmorAll Auto-Innenraumpflege, Teflonspray usw. Das Schmiermittel bewirkt, dass sich die Knoten beim Aufdrehen des Gummibandes gleichmäßig verteilen und keine lokale Überlastung stattfindet, die zum Gummiriss führen kann. Eine Steigerung des Energieinhaltes ist durch das Schmiermittel dagegen nicht möglich.

Gummimotor aufdrehen

Beim Saalflug ist es Grundregel, dass der Gummimotor *außerhalb* des Modells aufgedreht wird. Zu groß wäre die Gefahr, dass im Falle eines Gummirisses oder eines Entgleitens des Gummis das Modell zerstört wird! Eine Vorrichtung leistet gute Dienste (Abb. 11.2). Das verknotete Ende wird an einem festen Haken oder am Drehmomentmesser eingehängt und das andere Ende mit dem Ring an der Aufziehkurbel. Gummikurbeln mit Übersetzung 1:10 oder 1:15 sind geeignet.

- Vor dem Aufdrehen den Gummi auf ca. 4 bis 5-fache Länge dehnen.
- Bei dieser Länge ca. die halbe der maximal beabsichtigten Aufdrehzahl aufdrehen.
- Beim Weiterdrehen auf das Drehmoment achten. Um das Drehmoment nicht zu schnell ansteigen zu lassen; den Abstand zum Einhängepunkt während des weiteren Aufdrehens sukzessive verringern - bis zur endgültigen Länge (= Hakenabstand im Modell). Ggf. mit den mit Schmiermittel benetzten Fingern die Knoten glätten und verteilen.
- Sobald das Drehmoment stark ansteigt und der der Strang hart wird, ist er kurz vor der Reißgrenze.
- Von hier wieder einige Umdrehungen zurückdrehen („Backoff"). Dadurch nimmt das Anfangsdrehmoment deutlich ab.
- Steht kein Drehmomentmesser zur Verfügung, die Härte des Stranges mit den Fingern laufend überprüfen. Wenn sich der Strang hart anfühlt, steht der Riss unmittelbar bevor!

Abb. 11.2: Gummi-Aufdrehvorrichtung mit Drehmomentmesser und Kurbel 15:1. Der aufgewundene Gummistrang kann an der Vorrichtung eingehängt werden und bis zum Start dort verbleiben.

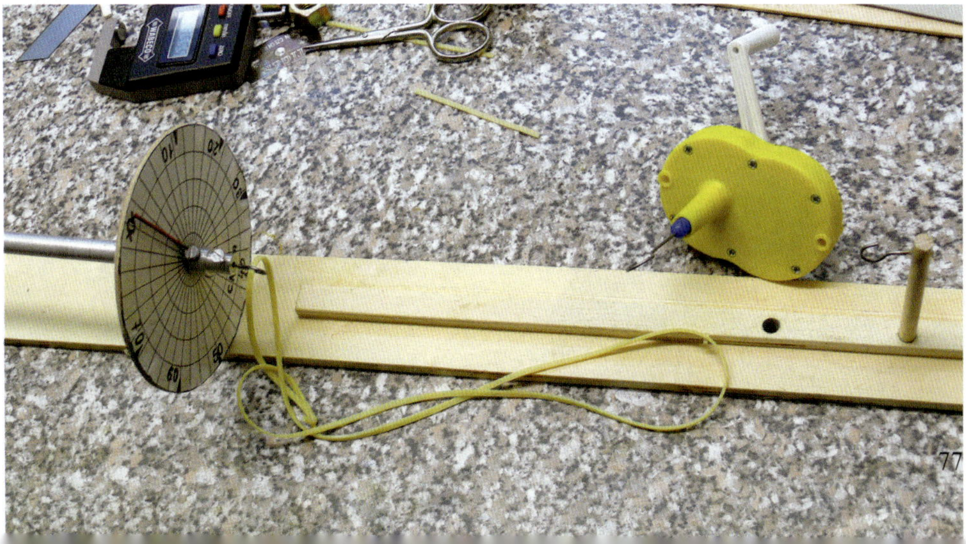

Entnehmen des Gummis aus der Vorrichtung

- Für Rechtshänder: Mit der linken Hand das Modell am Luftschraubenlager mit Daumen und Zeigefinger zangenartig fassen (Abb. 11.3). Dann wird der Strang als erstes mit der rechten Hand vom Haken der Aufziehkurbel genommen und am vorderen Haken eingehängt. Der volle Zug liegt nun auf dem Lager. Mit Daumen und Zeigefinger zupressen, damit der Gummi nicht mehr herausflutschen kann. Die Luftschraubenwelle ist dabei ungefähr auf die Zugrichtung des Gummis ausgerichtet, damit kein unzulässiger Seitenzug entsteht, der z.B. das Lager herausreißen könnte (Abb. 11.3).
- Sodann das Ende der Gummischleife vom Drehmomentmesser abnehmen und am hinteren Haken des Modells einhängen. Wenn kein Ring für den hinteren Haken vorhanden ist, dann den Strang einige Millimeter vor dem Ende fassen, damit sich das Ende entzwirbeln kann und eine Schlaufe zum Einhängen entsteht.

Die Einhaltung dieser Prozedur ist extrem wichtig, um Beschädigungen oder gar eine Zerstörung des Modells zu vermeiden! Den aufgedrehten Gummi kann man ohne weiteres einige Minuten in der Aufziehvorrichtung hängen lassen, ohne dass er wesentlich Energie verliert.

▾ Abb. 11.3: Der aufgewundene Gummistrang wird zuerst am vorderen Haken (Lager) eingehängt. Mit Daumen und Zeigefinger das Gummiende fest zupressen, damit der Strang unter dem hohen Zug nicht herausflutschen kann. Erst dann wird der Gummistrang am hinteren Haken eingehängt.

Anpassung Gummi/ Propeller

Wer über keinen Propellerprüfstand verfügt, muss Querschnitt und Länge des Gummistranges durch Flugversuche ermitteln. Dabei sind zwei Fälle zu unterscheiden:

1.) Das Gummigewicht ist vorgeschrieben:

Als Beispiel dient hier die Klasse F1M-L, bei der ein maximales Gummigewicht von 1,5 g vorgegeben ist. Eine Querschnittsveränderung hat somit eine Änderung der Stranglänge zur Folge. Ziel ist es, möglichst viele Umdrehungen auf den Strang zu bekommen. Landet das Modell mit mehr als 100 Umdrehungen, dann war der Strang zu lang bzw. der Querschnitt zu gering. Man wird sich also verschiedene Stranglängen mit konstantem Gewicht von 1,5 g bereitlegen und Versuche durchführen, um das Optimum zu ermitteln. Propeller mit verschiedenen Daten erfordern jeweils andere Stranglängen/Querschnitte.

Für F1M-L sind die möglichen Stranglängen in der folgenden Tabelle aufgeführt. Der dicke Strang führt zu einem schnelleren Steigen, aber auch zu einem schnelleren Abstieg, da weniger Umdrehungen zur Verfügung stehen (s. Abb. 5.6 im Kapitel „Gummiantrieb"). Erst Flugversuche mit unterschiedlichen Stranglängen/ bzw. Querschnitten ergeben schließlich, welche Konfiguration die höchste Flugzeit erbringt. Dabei spielt natürlich auch die Hallenhöhe eine wichtige Rolle, denn die Abstiegsphase wird mit zunehmender Deckenhöhe verlängert.

Metergewicht g/m	Schleifenlänge (cm)	Max. Tourenzahl (ca.)
2,3	32,5	1500
2,25	33,3	1550
2,2	34	1600
2,15	34,8	1650
2,1	35,7	1700
2,05	36,5	1750
2,0	37,5	1800

2.) Das Gummigewicht ist frei:

Hier kommt noch ein Parameter hinzu! Wählt man das Gummigewicht höher, dann steigt auch das Gesamtgewicht des Modells und seine Fluggeschwindigkeit - Berechnung siehe unten. Die Zelle wird dann höher beansprucht und die Festigkeit reicht irgendwann nicht mehr aus. Es muss also fester gebaut werden: das Problem dreht sich im Kreise! Praktische Flugversuche haben ergeben, dass der Gummistrang so bemessen sein muss, dass das Modell anfangs zügig steigt. Nur dann ist auch die Phase des Sinkflugs lang genug. Kommt das Modell anfangs nicht auf Höhe, ist der Gummiquerschnitt zu gering bzw. der Strang zu lang. Das Modell landet dann vorzeitig mit nicht voll abgelaufenem Gummistrang. Optimal ist, wenn das Modell mit weniger als 50-100 Umdrehungen den Boden berührt. Vorgehen in der Praxis: Den Strang anfangs länger wählen und die Flugzeit stoppen. Wenn bei der Landung noch zu viele Umdrehungen auf dem Strang sind, die Länge sukzessive verkürzen, bis das Modell mit nur wenig Restwindungen auf dem Strang landet.

Das Gewichtslimit einhalten

Häufig werden die Modelle durch ungeeignete Materialwahl etwas schwerer, als es das Gewichtslimit nach den Regeln zulässt. Man könnte nun argumentieren: Dafür nehme ich einen dickeren und längeren Gummistrang! Schauen wir uns das von der Theorie her an:

Die für den Flug erforderliche Leistung P in Watt ist:

P = W v W: Widerstand (N), v: Fluggeschwindigkeit (m/s)

Den Gesamtwiderstand kann man abschätzen: Er beträgt bei Saalflugmodellen etwa ein Fünftel des Fluggewichtes G. Ein Ministick mit einem Fluggewicht (einschl. Gummi) von 8 mN (entspricht ca. 0,8 g) verbraucht demnach eine Leistung von

P = 1,6 x 1,5 m/s = 2,4 mW

Wird das Fluggewicht 20 % höher, nimmt die Fluggeschwindigkeit rd. 10 % zu und das Modell verbraucht nun eine Leistung von 1,6×1,2×1,5×1,1 = 3,16 mW. Der zusätzliche Leistungsbedarf muss vom Gummistrang aufgebracht werden und das reduziert die Flugzeit. Man kann zeigen, dass der Leistungsbedarf proportional zu $G^{3/2}$ G hoch 3/2! (d.h. überproportional zum Modellgewicht G) zunimmt. Es ist daher für den Wettbewerbsflieger ein „Muss“, das nach den Regeln vorgegebene Mindestgewicht möglichst genau einzuhalten.

Verstellpropeller

Verstellpropeller werden in der Klasse F1D und auch in der Klasse F1M eingesetzt. Das Gummigewicht ist hier vorgegeben. Die Verstellmechanik lässt folgende Einstellungen zu:

- Justierbarer Anschlag für minimale Steigung
- Justierbarer Anschlag für maximale Steigung
- Vorspannung der Torsionsfeder

Da die Steigung variabel ist, kann man einen Verstellpropeller mit hohen oder auch niedrigen Drehzahlen betreiben (bei F1D zwischen 40 und 60 U/min). Die Dicke des Gummistranges ist variabel.

Was ist also günstiger, ein Propeller der mit geringer Steigung und dünnem Strang schnell dreht oder mit großer Steigung langsamer? Lange Flugzeiten werden vor allem durch einen langsamen Abstieg des Modells erreicht, wenn sich der Gummiablauf in Richtung Endes des Plateaus befindet. Das ist normalerweise die Phase, in der die Zurückschaltung der Luftschraube auf eine niedrigere Steigung schon erfolgt ist. Jetzt sollte also der Propeller mit seiner aerodynamisch günstigsten Konfiguration betrieben werden, also mit seiner Grundsteigung, wie sie auf der Helling entstanden ist.

Durch Variation der Vorspannung der Torsionsfeder am Verstellpropeller und durch Wahl der Länge/Dicke des Gummistranges sind vom Prinzip her drei verschiedene Flugmuster möglich, Abb. 11.4..

Die Muster ergeben sich auch durch eine gewisse Hysterese, d.h. der Propeller stellt sich nicht kontinuierlich ein, sondern besitzt eine Art „Schaltverhalten“.

Die Auswahl des Gummistranges (Länge) muss in allen Fällen so erfolgen, dass beim letzten Abstieg alle Umdrehungen verbraucht werden.

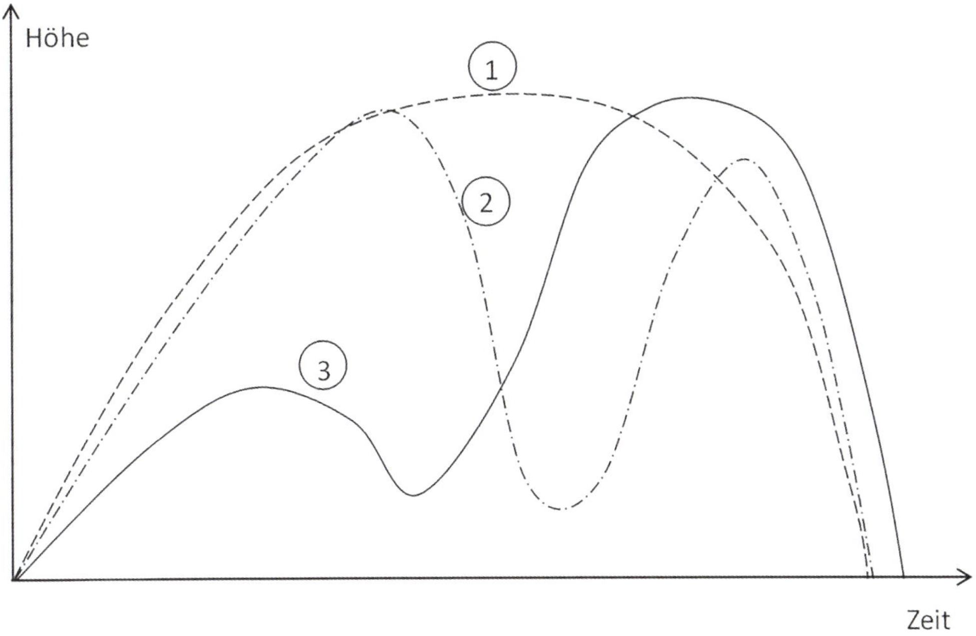

Abb. 11.4: Verschiedene Flugmuster mit dem Verstellpropeller (nach U. Bundesen): Die Muster 2 und 3 haben einen Umschaltpunkt mit zwei Steig-/Sinkflügen: Beim 1. Steigflug dreht der Propeller auf und läuft sehr langsam. Nach dem ersten Sinkflug schaltet der Propeller dicht über dem Boden auf geringere Steigung um. Das Modell erreicht mit dem jetzt schneller drehenden Propeller seine Gipfelhöhe, um dann langsam wieder abzusinken.

Fliegen in niedrigen Hallen

Zum Fliegen in niedrigen Hallen und zum Einfliegen allgemein, hat sich das System „halber Strang" oder auch „Drittelstrang" gut bewährt. Das Prinzip: Man ersetzt die Hälfte des Stranges durch ein in der Länge gleiches Gewicht (z.B. beidseitiger Drahthaken o.ä., Abb. 11.5). Somit ergibt sich die halbe Aufdrehzahl bei gleichem Startdrehmoment. Für Wettbewerbsflieger ist die Beherrschung des Startdrehmomentes das A und O, deshalb wird die Methode auch beim Leistungsfliegen gerne praktiziert. Halbe Aufdrehzahl bedeutet annähernd halbe Flughöhe und halbe Flugzeit. Auch der Gummibedarf reduziert sich entsprechend. Beim Fliegen in hohen Hallen mit ganzem Strang kann man die mit hal-

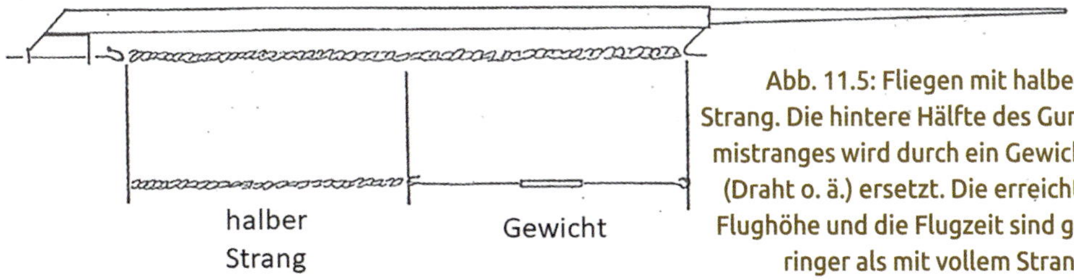

Abb. 11.5: Fliegen mit halbem Strang. Die hintere Hälfte des Gummistranges wird durch ein Gewicht (Draht o. ä.) ersetzt. Die erreichte Flughöhe und die Flugzeit sind geringer als mit vollem Strang.

bem Strang erflogene Trimmung annähernd beibehalten. Natürlich kann man nach dem gleichen Prinzip auch mit 1/3 Strang fliegen, wie es z.B. in Frankreich bei den F1D-Meisterschaften regelmäßig praktiziert wird.

Steuern

Die meisten Hallen besitzen eine Drift. Daher driften die Modelle während eines längeren Fluges früher oder später auf eine Wand zu. Zum Erreichen einer maximalen Flugzeit muss das verhindert werden. Es ist deshalb gemäß Sporting Code erlaubt, das Modell mit einer Stange oder einem Helium-Ballon beliebig oft zu steuern, d.h. Kurskorrekturen vorzunehmen - jedoch nur, um anderen Modellen und Hindernissen auszuweichen. Bei Hallen bis 12 m Höhe eignen sich am besten Kohlfaserangelruten (so genannte Stipp-Ruten, Abb. 11.6), die sehr leicht und steif sind. Dies ist wichtig für ein zielgenaues und feinfühliges Steuern. Mit der Stange geht man dazu seitlich an den Leitwerksträger und schiebt ihn vorsichtig etwas zur Seite, wodurch das Modell auf einen neuen Kurs gebracht wird. Durch mehrfache Anwendung dieser Methode kann man das Modell in eine andere Zone steuern. Eigentlich ist dies nach den Regeln verboten: Man darf streng genommen nur von der Frontseite steuern, das bleibt aber meist den Experten vorbehalten. In der Praxis wird in der Regel jede Steuermethode akzeptiert, es sei denn es ist damit Höhengewinn verbunden! Nach der Regel muss der Wettbewerbsteilnehmer sein Modell selbst steuern. Ausnahmen sind nur bei Beeinträchtigung seiner Sehleistung zugelassen.

Abb. 11.6: Das Steuern des Modells mit einer Stipp-Angel ist erlaubt, jedoch nicht ganz unproblematisch. Man muss viel Gefühl entwickeln, um das Modell nicht zu beschädigen.

Propeller

Der Propeller ist das letzte Glied in der Antriebskette und setzt die mechanische Leistung des Gummistranges in Vortriebsleistung um. Wir unterscheiden Vollholzpropeller (Ministick, A6, F1M, TH30) und Skelettpropeller (F1D, teilweise F1M). Weiterhin Propeller mit fester Steigung und Verstellpropeller. Die folgende Tabelle gibt einen Überblick über die Propellertypen der verschiedenen Modellklassen. Das typische Verhältnis Durchmesser/Steigung liegt für die meisten Saalflugpropeller bei 1,5.

Propellergeometrie

Zunächst müssen wir uns ein Bild über die geometrische Verwindung des Propellers machen. Dazu dient die folgende Skizze. Allgemein ist ein Propeller gekennzeichnet durch die geometrische Steigung p (Pitch) und den Durchmesser D (Abb. 12.1). Der geometrische Blattwinkel bei einem beliebigen Radius r lässt sich nach Abb. 12.1 einfach berechnen. Der reale Propeller schraubt sich jedoch nicht mit der Steigung $p_{theor.}$ nach vorne, sondern mit einer geringeren Steigung p_{eff}. Die Differenz wird „Schlupf" genannt. Der Schlupf ist erforderlich, da der Propeller einen gewissen Anstellwinkel von etwa 3 bis 5 Grad benötigt, um optimal zu arbeiten.

Tabelle: Typische Propellerdaten (VIP: variable incidence propeller)

Klasse	Durchmesser D (mm)	Pitch p (mm)	Verhältnis p/D	Propeller-gewicht (mg)
F1D (Skelett)	480	780 Verstellbereich 600 - 1200	1,6	250 (VIP)
F1M (Vollholz)	400	600 Verstellbereich 400 – 900	1,5	600 (VIP)
F1M-L (Vollholz)	350	550	1,5	600
A6 (Vollholz)	160	38°- 40° (konstant)	-	300
Ministick (Vollholz)	178	290 - 320	1,6	130

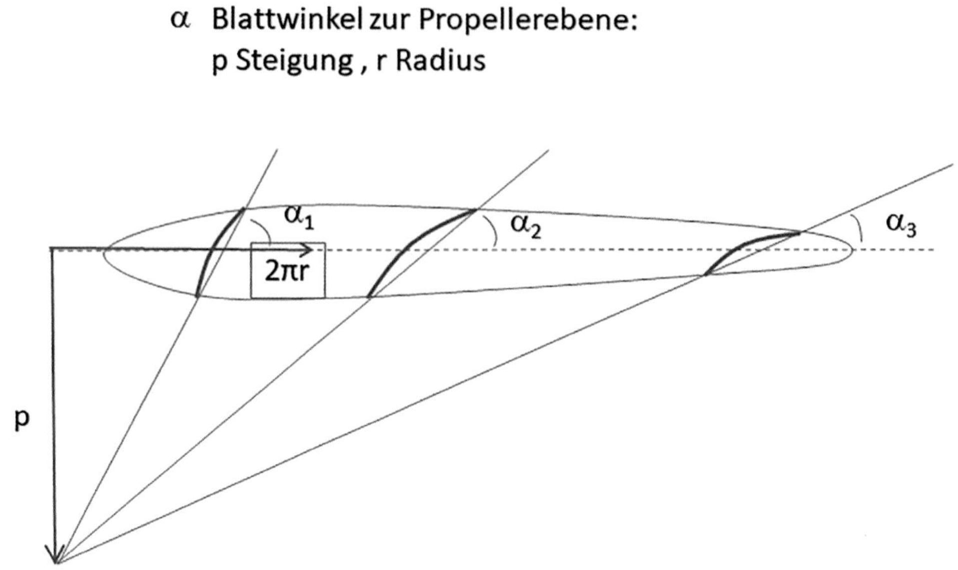

$$Schlupf\ S = \left(\frac{geometrische\ Vorwärtsgeschwindigkeit\ Propeller}{Fluggeschwindigkeit} - 1\right) \cdot 100(\%)$$

Abb. 12.1: Geometrischer Blattwinkelverlauf bei einem Propeller mit Steigung p. Durch Auftragen der Länge p/2π senkrecht zum Radius kann sofort der geometrische Blattwinkel bei idealer Schraubenlinie ermittelt werden.

Beispiel: Unter der Annahme, dass der Schlupf konstant ist, z.B. p_{theor}/p_{eff} =1,33, also 33 %, würden im Mittelbereich des Propellers, wo der geometrische Einstellwinkel beispielsweise 30 Grad beträgt, ca. 7,5 Grad auf den Strömungs-Anstellwinkel entfallen. Im Außenbereich bei 15 Grad geometrischem Einstellwinkel wären es dann nur noch ca. 4 Grad.

Wie man sieht, muss ein Propeller - um einen optimalen Anströmwinkel von ca. 3 bis 5 Grad über die ganze Länge zu erhalten - eine nach außen leicht zunehmende Steigung besitzen. Eine genaue Berechnung des Propellers hinsichtlich des geringsten induzierten Widerstandes muss darüber hinaus auch das induzierte Geschwindigkeitsfeld einbeziehen, wodurch sich der effektive Winkel zusätzlich verändert.

Es ist lohnenswert, den Schlupf an Saalflugmodellen zu bestimmen. Mit einem Laser-Drehzahlmesser kann man im Vorbeiflug die Drehzahl n (U/min) messen. Auch die Fluggeschwindigkeit lässt sich einfach mit der Stoppuhr und dem Flugkreisdurchmesser ermitteln. Der Schlupf ergibt sich dann aus dem Quotienten: $n^*{}_{ptheor}$/ (60* Fluggeschwindigkeit m/s).

Ein zu großer Schlupf (> 1,3 bzw. 30 %) deutet auf einen zu hohen Anstellwinkel hin. In bestimmten Fällen wird der Schlupf jedoch künstlich hoch gehalten, um den Propeller anfänglich zu bremsen (siehe Verstellpropeller).

Einfache Herstellung von Vollholz-Propellern

Eine einfache und wirkungsvolle Methode für kleine Propeller ist die Herstellung mit Hilfe eines Zylinders (Dose, Flasche o.ä., Abb. 12.2). Der Radius R des Zylinders wird so gewählt, dass sich eine Profilwölbung von ca. 4 %, bezogen auf die Blattbreite ergibt. Dies ist näherungsweise der Fall, wenn der Radius des Zylinders etwa dem 1,5 bis 2-fachen der größten Blattbreite entspricht. Die Propellerblätter werden aus Balsaholz mit entsprechender Dicke (z.B. 0,3 bis 0,5 mm Quartergrain) ausgeschnitten, gründlich gewässert und unter einem noch zu berechnenden Winkel zur Zylinder-Längsachse angebracht. Dazu muss auf dem Zylinderboden der Verwindungswinkel ß markiert werden (Abb. 12.2). Der Verwindungswinkel β zwischen den Positionen r1 und r2 berechnet sich mit Hilfe der Steigung zu β= arctan (p/2πr1)-arctan (p/2πr2). Vom Winkel β ausgehend, werden am Zylindermantel die entsprechenden Linien parallel zur Zylinderachse nach unten gezeichnet. Dann wird das Blatt so aufgelegt, dass Spitze und Basis des Blattes genau mit den aufgezeichneten Linien zur Deckung kommen.

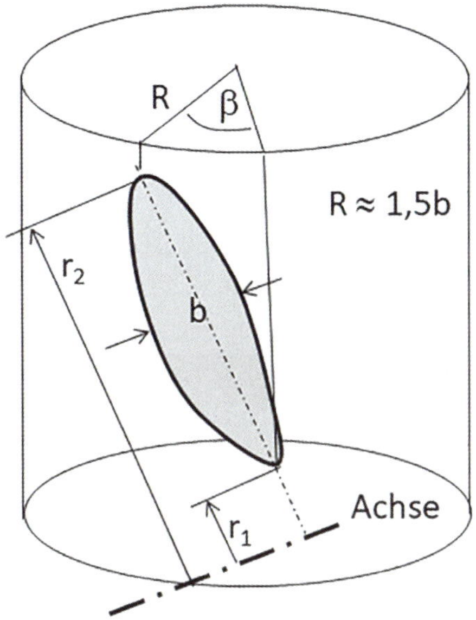

Abb. 12.2: Ein Balsa-Propellerblatt wird je nach gewünschtem Verwindungswinkel auf die Zylinderfläche aufgebracht. Der Winkel β am Zylinderboden kann nach obiger Formel berechnet werden.

Wer nicht so viel rechnen möchte, kann näherungsweise einen Verwindungswinkel β von ca. 30 Grad annehmen. Die Propeller-Schlagkante muss bei Rechtsdrehung des Propellers immer links liegen und die Blattspitze oben.

Herstellung

Die beiden Blätter nach dem Wässern mit einer Zwischenlage aus saugfähigem Papier übereinander legen. Auch der Zylinder sollte vorher mit einer Lage aus saugfähigem Papier abgedeckt werden. Zum Umwickeln ist z.B. eine Mullbinde o.ä. geeignet. Das Ganze kommt auf einen Heizkörper oder bei ca. 80° in den Backofen.

Alternativ kann man die Flasche oder Dose mit einem Heizkabel einer Terrarienheizung umwickeln. Das spart Energie und führt zum selben Ergebnis.

Blätter aus Kunststofffolie: Die Methode funktioniert z.B. mit PVC-Folie (z.B. Folie für Mobile-Basteln mit 0,25 mm Dicke). Die Folie wird um eine Flasche oder Tasse gewickelt und kurz (max. ca. 15 s) in kochend heißes Wasser getaucht. Anschließend kann man die vorher schon aufgezeichneten Blätter mit der Schere aus der zylinderförmig gebogenen Folie ausschneiden. Die Verwindung ist dann eingeprägt. Folienblätter sind allerdings schwerer als Balsablätter.

Den richtigen Steigungsverlauf erhält man mit der simplen Zylindermethode nur näherungsweise. Für kleine Propeller (z.B. für Ministicks usw.) ist die Methode jedoch ausreichend genau.

Klasse	D mm	P (0,7r) mm	Eta %	V m/s	N U/min
F1D	480	870	81,7	0,55	45
F1M	400	560	77,9	0,78	105
F1M-L	350	550	79,5	0,90	120

Tabelle: Propellerdaten

Propellerberechnungen

Das hier verwendete Propeller-Berechnungsprogramm basiert auf dem Larrabee-Programm. Es wurde von Dr. P. Willutzki modifiziert.

Die Basis-Daten der berechneten Propeller sind in der folgenden Tabelle zusammengestellt. Die Blattumrisse und Spanten für die Helling finden sich für die drei Propellertypen im Anhang. DXF-Dateien zum Fräsen der Spanten werden in der CAD-Datenbank von VTH bereitgestellt.
Die Steigung P ist hier für 0,7 r angegeben, Eta ist der Propeller-Wirkungsgrad, V die Fluggeschwindigkeit und N die Drehzahl des Propellers.

Beispiel: Berechnung und Bau eines F1M-L-Propellers.

Der Durchmesser des Propellers ist 350 mm, die Steigung ist - wie oben ausgeführt - bei genauer Berechnung variabel. Die Ergebnisse für einen F1M-L Propeller finden sich im Anhang und in der der folgenden Tabelle.

Für den Bau der Helling wird der Propeller um 50 Grad um die Längsachse gedreht. Man bekommt damit eine flachere Helling, die den Bau erleichtert. Abb. 12.3 zeigt die Konstruktion der Helling. Die Lage des Propellerholmes ist deckungsgleich mit der Mittelachse des Propellers.

Stützstelle	Radius gemessen von der Achse (mm)	Winkel zur Propellerebene (Grad)	50° um die Längsachse gedreht (Grad)	Blattbreite mm
1	25	76	26	10
2	50	61	11	32,9
3	75	50	0	44,5
4	100	41,2	-8,8	46
5	125	35	-15	41,3
6	150	30,5	-19,5	30
7	175	26,8	-23,2	0

Tabelle: Berechnung und Bau eines F1M-L-Propellers.

Abb. 12.3: Herstellung der Helling mit Hilfe von Stützspanten, die mit 0,6-mm-Sperrholz beplankt werden. Eine Alternative ist der 3D-Druck der Propellerhelling.

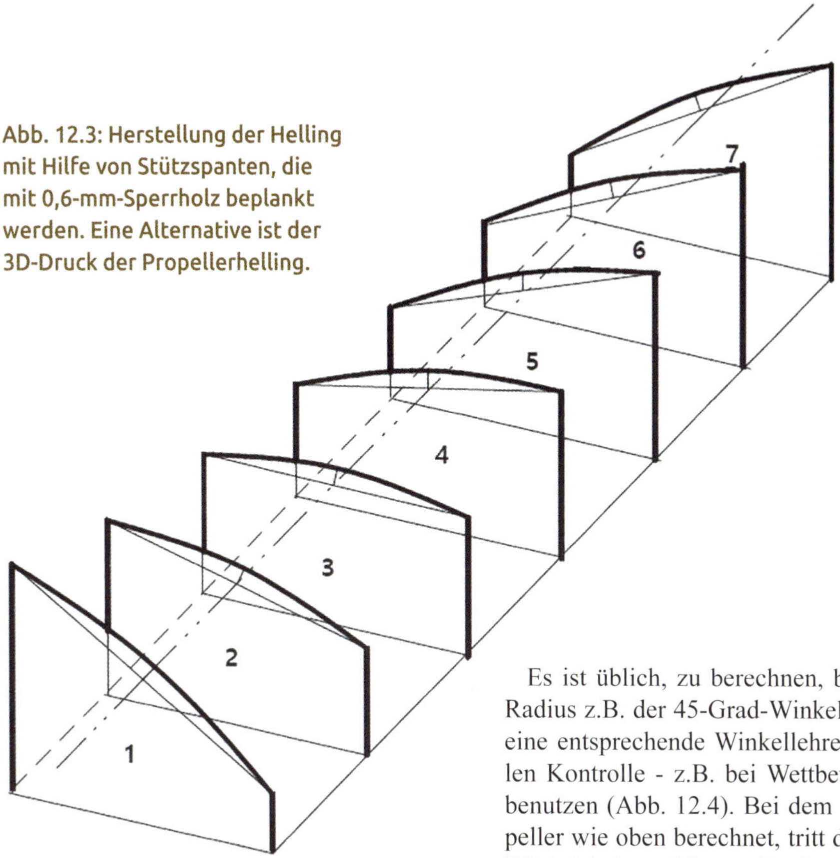

Es ist üblich, zu berechnen, bei welchem Radius z.B. der 45-Grad-Winkel auftritt und eine entsprechende Winkellehre zur schnellen Kontrolle - z.B. bei Wettbewerben - zu benutzen (Abb. 12.4). Bei dem F1M-L Propeller wie oben berechnet, tritt der 45-Grad-Winkel bei ca. 87 mm Entfernung von der Achse auf.

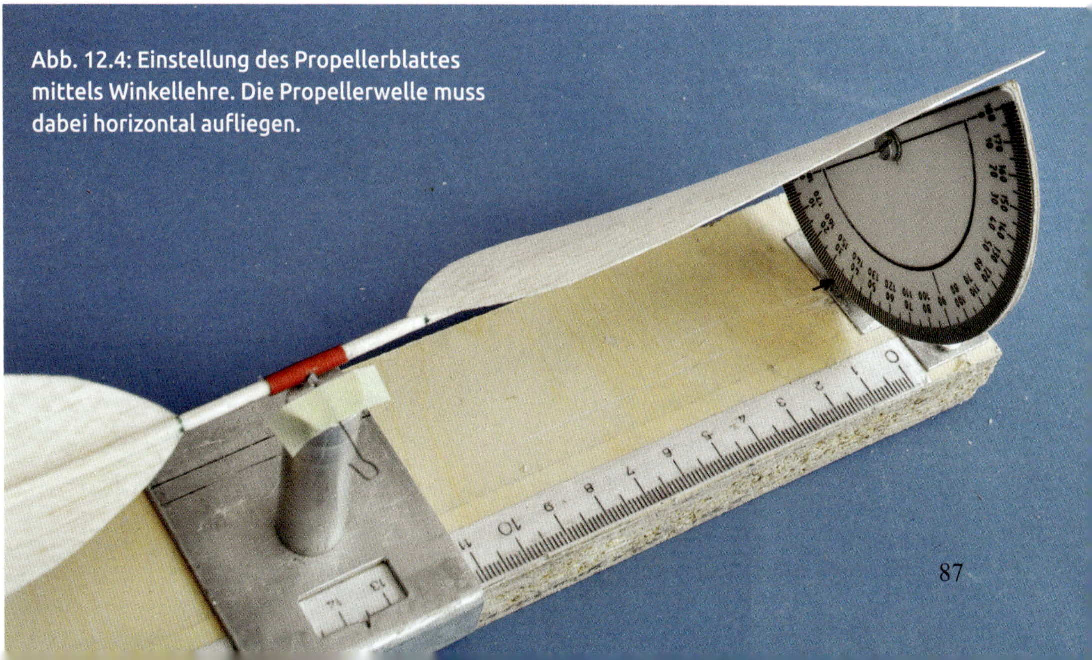

Abb. 12.4: Einstellung des Propellerblattes mittels Winkellehre. Die Propellerwelle muss dabei horizontal aufliegen.

Einfache Paddelpropeller

Die Klassen A6 und TH30 sowie „Lillflygarn“ benutzen einfache Paddel als Propeller (Abb. 12.5). Die Blatt-Einstellwinkel betragen ca. 38 bis 45 Grad. Der Optimalwert dürfte sich um 40 Grad bewegen. Propeller-Puristen bekommen bei Paddel-Props das „blanke Grausen“. Dass sie dennoch funktionieren, zeigen die Flugzeiten von 5 bis 6 Minuten. Das hängt wohl damit zusammen, dass Propeller äußerst breitbandig arbeiten. Ein Propeller formt in gewisser Weise sein eigenes Strömungsfeld. Auch ein vermeintlich genau berechneter Festpropeller wird im Saalflug nie optimal über den gesamten Drehmoment- und Geschwindigkeitsbereich arbeiten, sondern über weite Strecken nicht optimal angepasst sein.

Universalpropeller für Schulprojekte

Der Bau eines Einstiegsmodells scheitert oft an einer verfügbaren Luftschraube. Mit einem Fertigpropeller lassen sich dagegen Schulprojekte im Saalflug wesentlich leichter durchführen. Die Aufgabenstellung an die Schüler könnte zum Beispiel sein: Jeder erhält einen Propeller und einen Gummistrang. Baut damit ein Flugzeug! Der bisher oft benutzte, käufliche ICARA-Prop mit 150 mm Durchmesser und knapp 1 g Gewicht ist für Privatpersonen und Schulen vom tschechischen Hersteller nicht mehr beziehbar. Nur OPITEC führt ihn noch im Sortiment. Er hat den Nachteil, dass er eigentlich zu schwer ist und am Übergang vom Holm zum Blatt leicht abbricht.

Wir haben uns Gedanken gemacht, wie man einen Universalpropeller zu geringen Kosten herstellen könnte. Alle Elemente müssen billig und leicht verfügbar sein. Die Vorgaben waren: Gewicht deutlich unter 0,5 g, Durchmesser 150 mm. Das Blatt sollte gewölbt/verwunden sein, um einen

Abb. 12.5: Einstellung eines Paddel-Props auf 40 Grad, mittels einer Kartonlehre. Die Achse liegt dabei horizontal auf einer großen Stahlmutter.

relativ guten Wirkungsgrad zu erzielen. Natürlich können auch ebene Paddel hergestellt werden. Sie erfüllen bei einfachen Modellen auch ihren Zweck.

Herstellung

Ein Zahnstocher als Holm wird als zentrales Element verwendet. Die Blätter werden aus einem 1,5-mm-Hartschaumblatt mit einer Schablone ausgeschnitten oder gefräst bzw. gelasert. Hartschaum bzw. Depron kann mit einfacher Hitzdraht-Schneideeinrichtung auf die gewünschte Dicke geschnitten werden, siehe Kapitel „Saalflugmodelle aus Styropor". Die Blätter werden unter ca. 20 Grad schräg auf einen Zylinder (z.B. Flasche) fixiert und ca. 1 Minute in kochend heißes Wasser getaucht. Sie behalten nach dem Abkühlen ihre Form. Die Welle aus 0,5-mm-Stahldraht hat am Ende eine Spirale mit zwei bis drei Windungen. Diese wird hergestellt, indem der 0,5-mm-Draht um ein Stück Stahldraht mit 2 mm Durchmesser gebogen wird, das in einen Schraubstock eingespannt wurde. Die Spirale wird auf den Holm aufgeschoben, rechtwinklig ausgerichtet und mit Uhu hart vermufft.

Die Arbeitsschritte sind in den Bildern 12.6 bis 12.10 dargestellt. Übrigens: Die Hartschaumblätter sind wesentlich robuster als man denkt. Bei einem normalen Crash werden sie in der Regel nicht verbogen. Man kann sie im Bedarfsfall mit Hilfe der Pitchlehre leicht korrigieren. Eine Verletzungsgefahr wird durch das elastische Blatt weitgehend ausgeschlossen - ein wesentlicher Vorteil für die Schule!

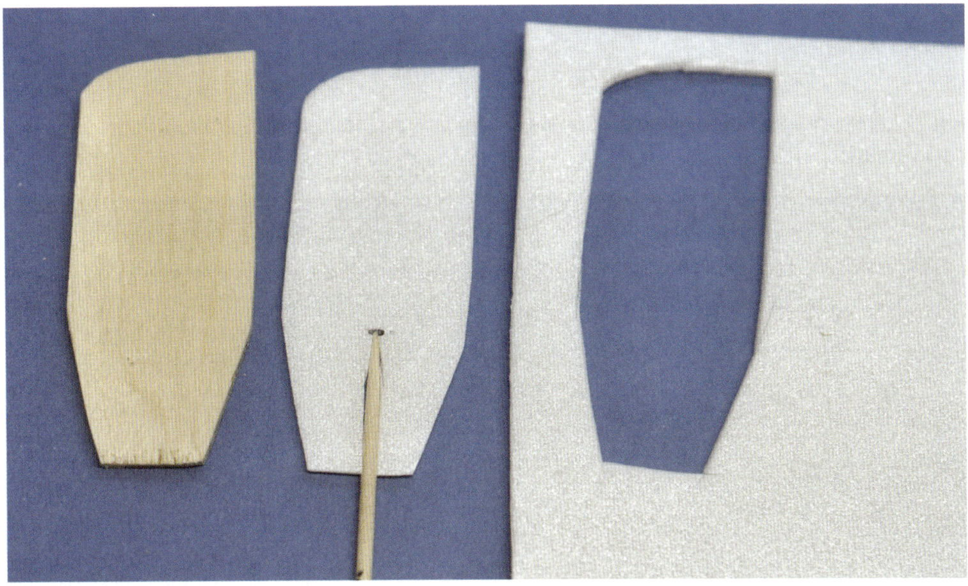

Abb. 12.6, Schritt 1: Ausschneiden der Luftschraubenblätter aus 1,5-mm-Hartschaum; z.B. mittels Minicutter-Klinge. Einschnitt für Zahnstocher anbringen. Der Zahnstocher sollte leicht klemmen, damit wird das Justieren auf der Steigungslehre wesentlich erleichtert. Die Blattbreite beträgt 25 mm, die Blattlänge 60 mm.

Abb. 12.7, Schritt 2: Die Blätter mit Klebefilm unter 20 Grad auf ein Glas oder Tasse mit ca. 8 cm Durchmesser kleben. Blatt mit Klebestreifen vollflächig bedecken und ca. 1 Minute in kochend heißes Wasser tauchen. Langsam abkühlen lassen! Keine verschlossenen Gläser verwenden!

Abb. 12.8, Schritt 3: Zahnstocher mit Spirale als Wellenverbindung. Die Spirale wird mit Uhu hart vermufft.

Abb. 12.9, Schritt 4: Justieren des Blattes auf der Pitchlehre. Der Winkel bei Radius 60 mm beträgt 30 Grad. Die Welle liegt dabei horizontal auf einer Hilfsfläche auf. Verbindung Blatt/Holm erfolgt mit Weißleim.

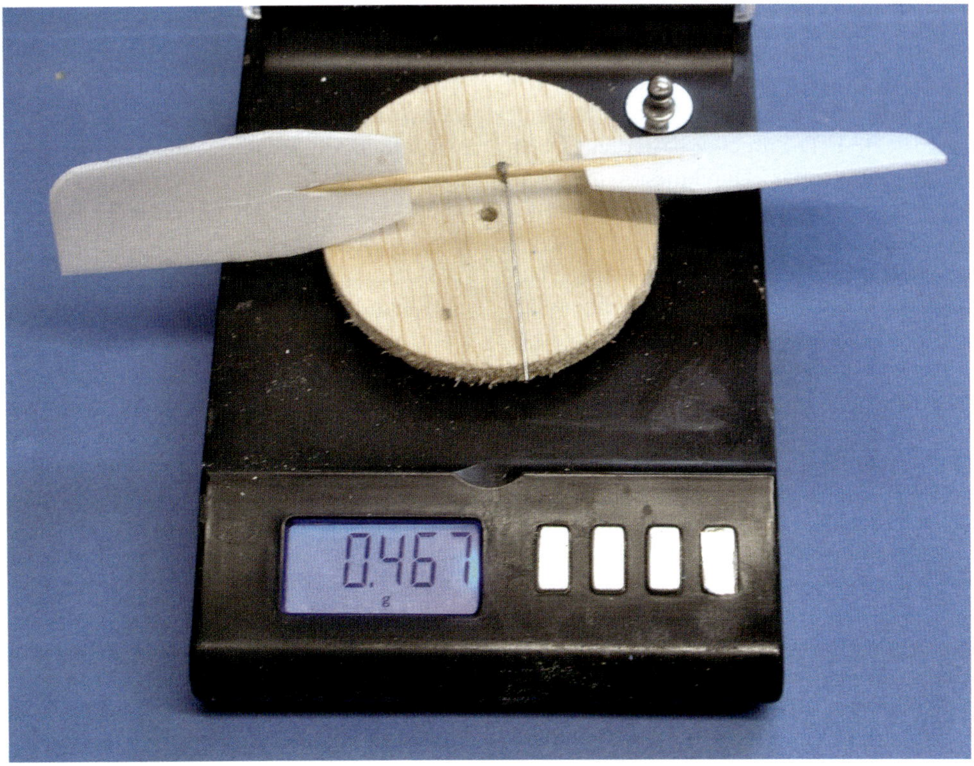

Abb. 12.10, Schritt 5: Der fertige Propeller bringt es einschließlich Welle auf weniger als 0,5 Gramm und ist damit für Saalflug- Einstiegsmodelle ideal geeignet.

F1D- Skelettpropeller

Berechnungs-Daten für die Spanten an den Stützstellen finden sich im Anhang. Der dort dargestellte F1D-Propeller basiert auf Daten aus der Flugpraxis: Durchmesser 480 mm, Fluggeschwindigkeit 55 cm/s Tourenzahl 45/min, Steigung (r=0,7 d) 850 mm, Wirkungsgrad Eta = 81,7 %. Bei Verwendung einer VIP-Mechanik ist die Steigung in einem Bereich von ca. 600 bis 1200 mm veränderlich.

Zur Herstellung der Helling-Beplankung wird die Kontur des Propellerblattes aus 0,6-mm-Sperrholz ausgesägt. Nach der ersten Beplankungsschicht aus 0,6-mm-Sperrholz erfolgt eine zweite Beplankungsschicht aus 0,6-mm-Sperrholz, die ringsum 0,6 mm schmäler ist als die erste Schicht. Somit entsteht am Rand eine Stufe, in die der Propellerrahmen eingelegt werden kann. Die Leimstellen Rippen/Randleiste sind ausgespart und sollten mit Trennfolie unterlegt werden. Eine Mittel-Nut - oberes Sperrholzblatt dazu teilen - ermöglicht das Einlegen des Propellerholms. Die Nut und damit auch der Holm müssen eine Gerade bilden! Die vorbereiteten Randleisten (ca. 0,6×0,6 mm) werden in kochendes Wasser gelegt und dann unter etwas Zug um den Rahmen gelegt. Abschnittweise mit Kreppbandstreifen fixieren! Der Holm wird aus Balsa der Dichte ca. 0,12 g/cm³ rundgeschliffen und nach außen verjüngt. Die Verleimung des Gerippes erfolgt z.B. mit verdünntem UHU hart.

Folgende Querschnitte bzw. Holzdichten werden verwendet:

Propellerbauteil	Abmessung mm	Dichte g/cm³
Holm, rund	d= 1,6 → 0,60 (außen)	0,12
Rahmenleiste	0,6 x 0,6	0,09
Rippen	0,6 x 0,5	0,09

Abb. 12.11: Helling für einen Skelettpropeller und fertiges Propellerblatt - Gewicht 60 Milligramm! Man beachte die Mittelnut zum Einlegen des Holmes und die Ausschnitte an den Verklebungsstellen Rahmen/Rippe.

Abb. 12.12: Bespann-Rahmen mit Verwindungsmöglichkeit durch flexible Eckverbinder (1-mm-Alubleche). Die Verwindung des Bespann-Rahmens kann entsprechend der Verwindung des Blattes angepasst werden.

Zum Bespannen von Skelettpropellern benötigt man einen Rahmen, der entsprechend der Verwindung des Propellers verdreht werden kann. Dies wird durch Aluminiumstreifen möglich, die die Eckverbindungen des Rahmens bilden (Abb. 12.12).

F1D-Ministicks

Die F1D-Ministicks stellen die Wettbewerbsklasse mit der kleinsten Spannweite (7", entsprechend 178 mm) dar. Um es gleich vorweg zu sagen: Das ist keine Klasse für Anfänger, sondern für Experten! Der Bau stellt große Anforderungen hinsichtlich des Umgangs mit kleinen Strukturen. Vor allem muss das Holz hinsichtlich Gewicht und Festigkeit sorgfältig ausgesucht werden.

Der Propeller misst 178 mm und damit so viel wie die Spannweite! Das weist schon auf die besondere Problematik hin: Diese Modelle „kämpfen" besonders mit dem großen Propeller-Anfangsdrehmoment. Nicht selten kommt es vor, dass sie bei voll aufgedrehtem Gummi anfangs Kunstflugfiguren absolvieren. Deshalb sollte man den Gummi einige Sekunden ablaufen lassen bevor man startet. Eine kräftige positive Einstellung des kurveninneren Flügels und des Leitwerks („Wash-in") kann die Problematik entschärfen. Auch ein biegefester, jedoch torsionsweicher Motorträger bewirkt, dass sich der Flügel verwindet und das Motordrehmoment anfangs besser auffängt. Unterstützt wird das Ganze von einer starken V-Form des Flügels bzw. zusätzlichen Winglets.

Holzauswahl

Um das Sollgewicht von 0,43 g zu erreichen, muss das Holz besonders selektiert werden. Die Holmquerschnitte für den Flügel sind ca. 0,8×0,9 mm (hochkant eingebaut) und 0,6×0,6 mm für das Leitwerk. Die Rippen haben ca. 0,6×1 mm Querschnitt. Der Motorträger sollte 2×4,5 mm im Querschnitt nicht überschreiten. Holz der Dichte von ca. 0,085 - 0,090 für die Holme und 0,075 für den Motorträger ist optimal geeignet. Etwas festeres Holz darf lediglich für die Flügelpfosten verwendet werden. Als Bespannung sollte die leichteste erhältliche Folie Verwendung finden (z.B. der 0,5-µm-OS-Film). Beim Luftschraubenlager muss ebenso auf das Gewicht geachtet werden. Am leichtesten sind Schweineschwanzlager aus 0,20 mm Stahldraht. Die Propellerblätter bestehen aus 0,22 bis 0,25 mm C-grain. Nachstehend eine typische Gewichtsbilanz:

- Flügel bespannt mit Pfosten 100 mg
- Propeller: 90 mg
- Leitwerke: 45 mg
- Rumpf mit Lager und Haken 200 mg
- Summe: 435 mg

Propeller

Für die Blätter verwendet man leichtes Quartergrain 0,08 g/cm³, bei einer Dicke von ca. 0,25 mm, nach außen verjüngt auf 0,22 mm. Der Holm besteht aus einem nach außen verjüngten Balsarundstab (Dichte ca. 0,1 g/cm³). Alternativ kann auch ein Bambusspan als Propellerholm dienen (Abb. 13.1). Das

Gewicht des Propellers sollte 100 bis 110 mg nicht überschreiten. Der Durchmesser beträgt üblicherweise knapp unter 178 mm, die Steigung bewegt sich zwischen 290 und 330 mm. Die Herstellung erfolgt meist mittels eines Zylinders von ca: 8 cm Durchmesser, auf den die gewässerten Blätter mit Klebeband schräg fixiert werden, siehe Kapitel „Propeller“.

Die Länge der Gummischleife und der Querschnitt müssen mit dem Propeller abgestimmt sein. Des Weiteren hängt die Schleifenlänge von der Gummiqualität ab. Ein weicher Gummi wird einen größeren Querschnitt benötigen als ein härterer.

Eine Untersuchung der Antriebe von erfolgreichen Ministick-Modellen zeigt unterschiedlichste Motorauslegungen. Die Schleifenlänge beträgt 25 bis 40 cm, typisch 31 cm. Der Gummiquerschnitt beträgt 0,46 bis 0,69 mm × 1 mm, typisch 0,57 × 1 mm (Metergewicht des Fadens 0,57 g/m).

Modelle mit optimierten Antrieben erreichen Flugzeiten um die 9 Minuten (Abb. 13.2). In hohen Hallen, wie in Lakehurst, USA, wurden bereits 15 Minuten geflogen („The Poonker“ von Bob Romash).

Baupläne für Ministicks: https://www.thermiksense.de/saalflug-plansammlung-ministick.

Abb. 13.1: Eine Ministick-Luftschraube auf der Waage: Gesamtgewicht 88 mg. Die Blätter wurden aus C-grain auf einem Zylinder mit 80 mm Durchmesser hergestellt. Der Holm ist ein Bambusspan.

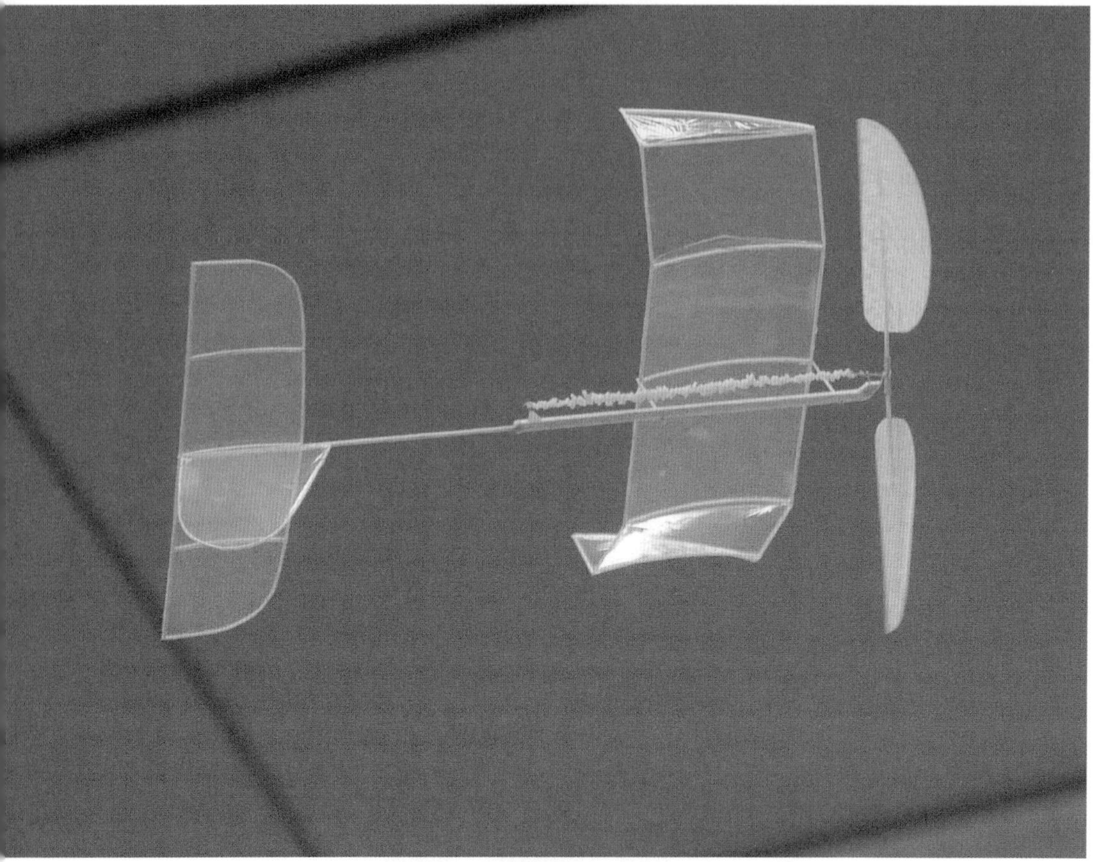

Abb. 13.2: Typisches Ministick im Steigflug.

Profile-Scale-Modelle

Profile-Scale oder Konturrumpfmodelle besitzen einen Flachrumpf bei sonst Scale-ähnlichem Dekor. In USA werden sie auch NoCal-Modelle genannt. NoCal kommt von „No Calories“ und ist wohl dem schlanken Rumpf geschuldet. Modelle dieser Klasse haben 406 mm Spannweite und ein Mindestgewicht von 6,2 Gramm (ohne Gummi). Der Aufbau ist infolge des Flachrumpfes relativ simpel und der Motor ist - da außen liegend - gut zugänglich. Das Aussehen in der Luft ist infolge des farblichen Originaldesigns einigermaßen authentisch. Vor allem fliegen sie langsamer und stilechter als Peanut Scale-Modelle, die meist eine größere Flächenbelastung aufweisen. Flugzeiten von drei Minuten sind üblich. Ob mit Gummiantrieb oder mit RC - ein wirklich entspannendes Vergnügen!

Profile-Scale - Bauvorschriften

Die Bauvorschriften sind regional etwas unterschiedlich. Hier die wichtigsten Regeln (nach Definition des Flying Aces Club):

- Rumpf in Flachbauweise
- Spannweite 16 inches (406 mm)
- Mindestgewicht der Zelle (ohne Gummi) 6,2 Gramm
- Gummigewicht frei
- Das Modell muss die korrekte Farbgebung, die Kennung und die Ruder-Umrisslinien aufweisen. Eine Dokumentation dazu sollte vorliegen.
- Das Modell muss entsprechend dem Original ein Fahrwerk besitzen.
- Oberflächen sind nur einseitig bespannt.
- Flügelstützen müssen gemäß Original vorhanden sein.
- Der Motorträger darf den Rumpf nicht überragen.

Pläne

Zahlreiche Pläne zum freien Herunterladen findet man unter Paul Bradley`s NoCal Plans: www.parmodels.com/Plans/nocals.htm (Abb. 14.1). Eine große Zahl von Plänen wird auch von Micheal A. Morrow herausgegeben (www.Aeroaces.com). Weiterhin sind die Pläne von Al Lidberg erwähnenswert (www.SAMSModels.com). Ein wunderschönen He 112-Plan findet man beim Aufwind Media Service. Im Anhang befinden sich die Pläne Fokker F8 und Ju-52 von R. Pajas. Für diese Modelle gibt es auch die ausdruckbaren Decors in der FMT CAD Bibliothek. Link: https://www.vth.de/fmt/cad-bibliothek/profil-scale-modelle-von-robert-pajas.

Abb. 14.1: Beispiel der hervorragenden Pläne von Paul Bradley. Auch die farblichen Design-Muster für den Tintenstrahldrucker sind verfügbar.

Abb. 14.2: Profile-Scale „Spitfire" bei der IIFI Interscale 2017 in Nimwegen.

Abb. 14.3: Fokker F8 als Gummi-getriebenes Profile-Scale Modell (Plan im Anhang). Die Seitentriebwerke sind Attrappen. Seitlich am Rumpf ist der Motorträger (Balsaleiste) zu sehen.

Bautechnik

Die Bautechnik entspricht der üblichen Saalflug-Bauweise. Es werden überwiegend 1,5×1,5-mm-Balsaleisten verwendet. Die Flügelholme sollten etwas kräftiger und verjüngt sein, z.B. von 2×1,5 in der Mitte auf 1,5×1,5 mm außen. Die Holme kann man von einem leichten 1,5-mm-Balsabrett mit dem Leistenschneider abscheiden. Die Rippen sind entsprechend 1×1,5-mm-Balsabögen. Es sollte Holz mit der Dichte 80 – 100 kg/m³ verwendet werden. Als Leim wird UHU hart mit 40 % Aceton verdünnt empfohlen. Auch Sekundenkleber oder Weißleim sind möglich. Den Leim nur tröpfchenweise verwenden! Auch hier macht sich sauberes Arbeiten bezahlt - erspart es doch so manchen Tropfen „Füll-Leim".

Gummimotor

Der Motorträger für den Gummimotor besteht aus einer Leiste mit ca. 3×5 mm, die seitlich hochkant auf die rechte Rumpfseite geleimt wird. Am Ende befindet sich ein Haken aus 0,4-mm-Stahl (z.B. Gitarrensaite). Das Propeller-Lager kann aus Alu oder einfach aus einem Bowdenzug-Plastikröhrchen bestehen. Als Gummimotor wird meist eine Schleife mit ca. 3×1×400 mm verwendet.

Bespannen

Das Bespannen erfolgt mit dünnem Japanpapier (Kashmirpapier, Esakipapier ca.10-14 g/m²), das mit Klebestick aufgeklebt wird. Das Papier wird ggf. vorgeschrumpft, indem es mit Wasser fein besprüht und dann zwischen Papierbögen getrocknet und gebügelt wird. Nach dem Aufkleben auf die Struktur darf es nicht mehr befeuchtet werden.

Drucktechnik mit Tintenstrahl/ Laserdrucker

Das graphische Muster wird mit einem Graphikprogramm erzeugt oder von einer Vorlage gescannt und entsprechend vergrößert/verkleinert. Nach dem Wässern, Vorschrumpfen und Bügeln des Japanpapierbogens wird dieser mit Zaponlack dünn besprüht, damit die Farben nicht verfließen. Ein so vorbehandelter Bogen der Größe A4 wird auf einen Bogen 80-g-Druckerpapier gelegt und nur an der Einlaufkante mit Klebestick festgeklebt. Achtung: Der Kleber muss voll abgedeckt und trocken sein, sonst wird die Druckerwalze kontaminiert! Beim Einziehen beachtet man, welche Seite bedruckt wird. Ist es die Unterseite des eingelegten Bogens? Das Aufkleben des bedruckten Papiers auf das Gerippe erfolgt wie vorher beschrieben z.B. mit Papierklebestick. Zu den Plänen von Paul Bradley gibt es Dekorbögen, die direkt auf Bespannpapier aufgedruckt werden können. Auch die Vorlagen von Robert Pajas (siehe oben) können direkt ausgedruckt werden.

Flugtechnik

Um es gleich vorweg zu sagen, die Flugtechnik ist nicht ganz einfach. Welche Einstellmöglichkeiten hat man? Die wichtigsten sind: Motorzugrichtung und Motorsturz, gewollter Flügelverzug (Querruderwirkung), Seitenruder, Schwerpunktlage. Die Modelle fliegen im Normalfall - wie im Saalflug üblich - Linkskreise. Das Kreisen wird mit dem Seitenruder und Motorzug unterstützt. Der Motorzug richtet sich u.a. nach der Flügel-V-Form. Bei zu geringer V-Form kann auch eine Zugrichtung nach rechts (entgegen der Kurve) erforderlich sein, damit das Gegendrehmoment zur Luftschraube erzeugt wird. Üblicherweise ist die Zugrichtung neutral oder etwas in die Kurve hinein.

Wie groß der Motorsturz sein muss, ist zu erproben (0 bis 3 Grad). Aluminiumlager kann man dazu etwas nachbiegen. Sollten die Kreise - vor allem zu Beginn bei hohem Drehmoment - zu eng werden (Spiraltendenz), muss der (in Flugrichtung gesehen) linke Flügel außen eine positive Einstellung von 2 bis 3 mm (Wash-in) bekommen oder es wird eine Hochauftriebsklappe mit ca. 30 Grad Ausschlag an den linken Flügel geklebt. Ein Zuviel führt dazu, dass das Modell ggf. gar nicht mehr kreisen will. Ziel ist ein gleichmäßiger Steig- und Sinkflug. Hierzu sei nochmal angemerkt, dass die Schwerpunktlage hierzu ganz entscheidend ist. Manche Modelle sind nicht ganz einfach zu zähmen. Sie bäumen sich auf und turnen wild herum - bis hin zum Rückenflug. Um einen sicheren Steigflug zu erreichen, sollte der Schwerpunkt ziemlich weit vorne (25 bis 35 % der Flügeltiefe) liegen. Das wiederum erfordert eine lange Rumpfnase, so dass nur entsprechende Flugzeugmuster infrage kommen. Lange Rumpfnasen unterbinden aber wiederum die Kurventendenz. Die Modelle muss man dann regelrecht in die Kurve zwingen.

Vor dem ersten Motorstart sollte unbedingt ein Gleitflug ausgeführt werden. Der Gummi kann dabei durch ein Gewicht (z.B. Draht) ersetzt werden. Erst wenn das Modell mit frei drehendem Propeller gut gleitet, sollte man zum Kraftflug übergehen.

Manche Modelle wollen partout nicht in einen Linkskreis. Dann sollte man es rechts versuchen und erlebt dabei oft eine positive Überraschung. So wie es Linkshänder gibt, wollen auch manche Modelle lieber Rechtskurven fliegen!

Das Zellengewicht von 6,2 g sollte nicht wesentlich überschritten werden, sonst fliegen die Modelle zu schnell und wirken im Flug unauthentisch.

RC-Profile Scale

Wenn man statt des Gummiantriebs eine RC-Einheit in die Profile-Scale-Modelle einbaut, bekommt man mit wenig Zusatzgewicht ein sehr langsam fliegende, zumindest in der Luft relativ vorbildähnlich aussehende, Modelle, die wirklichen Fluggenuss bieten. Hier stimmen Fluggeschwindigkeit und Modellgröße zusammen! Als Beispiele sind hier die Ju 52 von R. Pajas (Abb. 14.4) sowie die Beechcraft Staggerwing (Plan von Al Lidberg, Abb. 14.5) dargestellt.

Der Aktuator der Beechcraft ist als Fertigscharnier (HingeAct von Plantraco) direkt im Seitenruder eingebaut (Abb. 14.6). Auf ein Höhensteuer wurde verzichtet. Falls das Modell ins Pumpen gerät, kann man durch Verengung der Kurve bzw. leichtes Gas geben entgegenwirken.

Abb. 14.4: Die Ju 52 als RC-Profile Scale (Plan im Anhang). Antrieb: Mikrobrushless von Microinvent.

Abb. 14.5: Flugbild der Beechcraft Staggerwing nach einem Plan von Al Lidberg (Sams Models) mit RC Ausrüstung: Seitenruder-Aktuator, Direktantrieb 6 mm DC-Motor, DelTang-Empfänger, LiPo 35 mAh. Fluggewicht 7,87 g.

Abb. 14.6: Anlenkung des Seitenruders der Beechcraft mit dem Fertigscharnier HingeAct (Plantraco). Das Ruder besteht aus 0,7-mm-Depron.

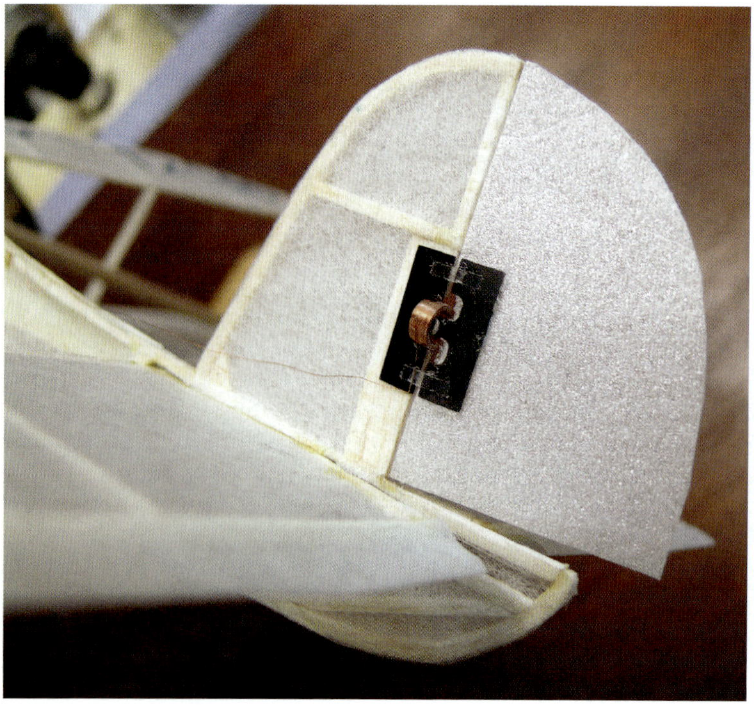

Klasse A6

Mit den A6-Modellen steht eine Einsteigerklasse zur Verfügung, mit der sich bei relativ geringem Aufwand gute Flugleistungen erzielen lassen. Insbesondere ist der Propeller als ebenes Paddel schnell herzustellen. Die 5-Minutenmarke ist bei gut abgestimmtem Modell mit 2500 Umdrehungen auf dem Strang auch für Anfänger zu schaffen. Die Klasse A6 wird heute hauptsächlich in USA und in Tschechien geflogen. In Bayern hatten wir einige Testwettbewerbe, wobei die Klasse wegen ihrer Einfachheit gut ankam.

Leider sind die A6-Regeln aus unserer Sicht nicht ganz stimmig. Das Gesamtgewicht der Zelle ist mit 1,2 g festgelegt. Weitere Reglementierungen für Holmdicken, Dicke des Luftschraubenblattes usw. hätte man sich sparen können. Auch ist die Bespannung mit Papier überholt, da Kondensatorpapier nur schwer zu bekommen und ohne Behandlung feuchteempfindlich ist. Es benötigt eine spezielle Vorbehandlung (mit Wasser besprühen, trocknen und bügeln). Wir haben bei A6-Wettbewerben (z.B. Bayernpokal) deshalb auch Folienbespannung zugelassen. Als Holme verwenden wir 1,5×1,5 mm Querschnitt, da man diese mit Hilfe eines Leistenschneiders auf einfache Art gewinnen kann.

Die A6- Regeln gemäß AMA

- Maximale projizierte Flügelfläche 30 sq. inches (1,935 dm^2).
- Alle Konstruktionselemente außer den Rippen müssen mindestens 1/16×1/16 inch (ca. 1,6×1,6 mm) Querschnitt haben. Der minimale Querschnitt der Rippen muss 1/32“×1/16“ (ca. 1,6×0,8 mm) sein. Die Pfosten für Flügel und Leitwerk sollen nur im Bereich der Einsteckröhrchen gerundet sein (sonst kantig).
- Propeller maximal 6 inch (152 mm) Durchmesser. Ebene Blätter aus Brettchen mit mindestens 0,8 mm Dicke. Keine Verformung, Profilierung oder Drehung.
- Maximale Länge des Motorträgers 6 inch (152 mm), gemessen von der Lager-Frontseite bis zum hinteren Haken.
- Gewicht Zelle mindestens 1,2 Gramm (ohne Gummi).
- Bespannung: Bespannpapier, Kondensatorpapier, keine Kunststofffolien (Anmerkung: neuerdings ist auch Folienspannung erlaubt).
- Keine High-Tech Materialien wie Borfasern, Kohlefasern, Kevlar und Schaum.
- Gummi-Antrieb

Gemäß Regel sind also das Gummigewicht, die Flügeltiefe bzw. Spannweite, die Größe/Tiefe des Höhenleitwerks, sowie die Rumpflänge frei.

Wenn das Modell etwa Sollgewicht (1,2 g) besitzt, ist ein Gummistrang von ca. 0,9×1,0 mm^2 optimal. Die Länge des Stranges (parallel ausgelegt) beträgt bis zu 350 mm. Bei dieser Konfiguration sind je nach Gummiqualität bis zu 3000 Umdrehungen möglich. Als Lager verwendet man ein leichtes Alulager oder ein „Schweineschwanzlager" aus 0,30-mm-Stahldraht. Die Flügelpfosten kann man in Röhrchen verschiebbar ausführen. Alternativ kann man sich das Gewicht sparen und die Klebungen der Flügelpfosten bei Bedarf mit Aceton lösen um den Einstellwinkel zu justieren.

Beim Bau ist sehr darauf zu achten, dass sehr leichtes Holz mit einer Dichte von ca. 0,08 g/cm^3 verwendet wird, sonst ist das Sollgewicht von 1,2 g nicht zu schaffen.

Die Herstellung eines A6-Propellers entspricht dem bereits bei den Einsteigermodellen beschriebenen Paddelpropeller. Die Herstellung geht aus Abb. 15.1 hervor. Der Blattwinkel beträgt üblicherweise ca. 40 Grad zur Propellerebene. Seltener findet man 45 Grad.

Abb. 15.1: Der A6-Propeller auf der 40-Grad-Pitchlehre. Im Anhang befindet sich der Bauplan des A6-Modells „Schnak A6" (Abb. 15.2).

Abb. 15.2: Das erfolgreiche A6-Modell „Schnak A6“ beim Flug in Richtung Hallendecke.

„Sainte Formule“-Modelle

Sainte Formule ist eine Saalflugklasse mit weniger Anspruch auf das Scale-Aussehen, dafür aber besseren Flugeigenschaften: Flugzeiten bis zu vier Minuten sind möglich. Gegenüber Leistungs-Saalflugmodellen mit Stabrumpf unterscheidet sich diese Klasse durch einen Vollrumpf in Strukturbauweise und besitzt damit eine etwas flugzeugähnlichere Optik (Abb. 16.1). In Frankreich, den Niederlanden, Belgien und Schweden ist die Klasse noch aktuell und wird bei Indoor-Events teilweise noch geflogen.

Die Regeln

- Das Zellengewicht (ohne Antrieb) muss mindestens 3 Gramm betragen
- Spannweite max. 330 mm bei einer Flächentiefe von max. 80 mm
- Das Leitwerk darf 150 mm spannen, bei 60 mm Tiefe.
- Der Rumpf muss über min. 50 mm Länge einen Mindestquerschnitt von 30×40 mm besitzen.

Abb. 16.1: Das Sainte Formule-Modell „Moskyt“ des Autors besitzt einen Propeller aus Styrodurblättern (Plan im Anhang).

- Der Propeller: max. Blatttiefe 25 mm, max. Durchmesser von 150 mm.
- Das Gummigewicht ist frei.
- Als Bespannung ist alles erlaubt, außer Mikrofilm.
- Der Bodenstart muss möglich sein
- Das Modell muss eine Art Kabine besitzen.

Man sollte nicht zu fragil bauen, wenn das Modell gebrauchstüchtig sein soll. Ein handhabbares Modell ist allemal besser als ein zerbrechliches - es ist genügend Spielraum, um auf 3 Gramm zu kommen. Deshalb Holz der Dichte 0,01 bis 0,012 g/cm³ verwenden, um einen stabilen Rahmen herzustellen! Die Flügelgurte sollten 1,5×1,5 mm, die Rumpfgurte sogar 1,5×2,0 mm² Querschnitt haben. Die Bespannung des Rumpfes erfolgt aus Festigkeitsgründen häufig mit dünnem Japanpapier (12 g/m²). Flügel und Leitwerke können mit Folie oder Kondensatorpapier bespannt werden (siehe auch Abschnitt Bespannen).

Sainte Formule „Moskyt" (Plan im Anhang)

Am Beispiel des Modells „Moskyt" hier einige Bautipps zum Bau eines Sainte Formule.

Rumpfbau

Der Grundrissplan für die Rumpfseitenwände wird mit Klebestick auf ein ebenes Baubrett geklebt (Abb. 16.2). Die Außenkonturen werden mit Stecknadeln abgesteckt (keinesfalls die Leisten durchstechen. An den Knickstellen werden die Holmgurte leicht gebrochen und die Bruchstelle wieder mit Leim getränkt. Die Leisten werden dann mit M10-Muttern in Position gebracht. Sodann die Querstege laut Plan genau ablängen. Paarweise Herstellung garantiert exakten Bau! Querstege nach Länge sortiert bereitlegen. Die Querstege werden an den Stirnflächen mit Kleber benetzt und mittels Pinzette

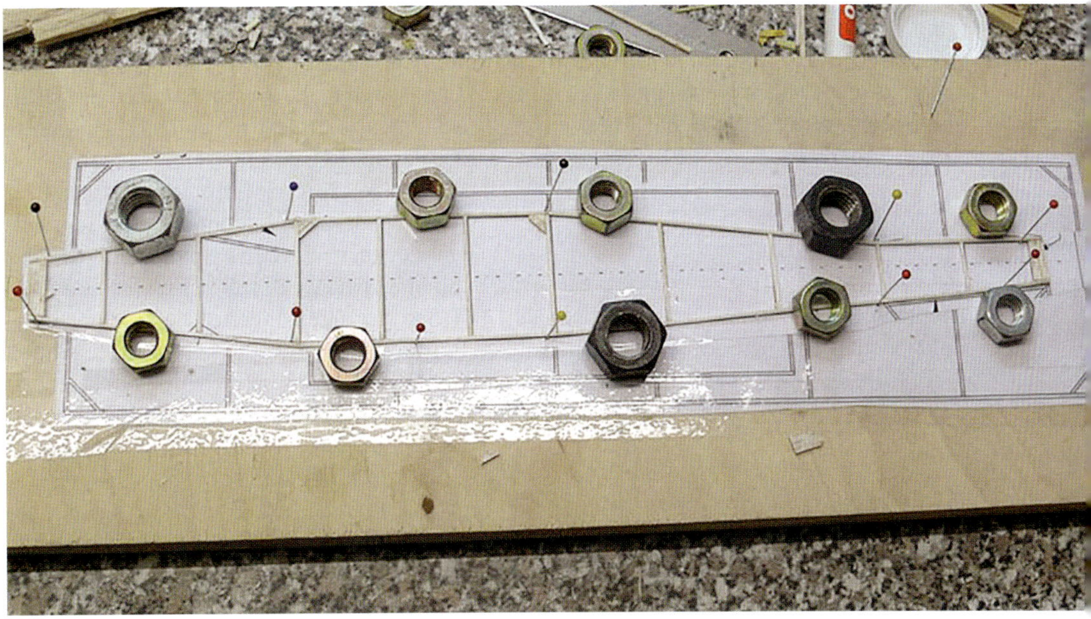

Abb. 16.2: Fixierung des Rumpfgitters mit Muttern. Stecknadeln nur zur Begrenzung, nicht durchstechen!

Abb. 16. 3: Die Rumpfseiten werden mit Hilfe von rechtwinkligen Klötzen exakt justiert, bevor die Querstege eingesetzt werden.

eingesetzt. Besondere Aufmerksamkeit verdient der Zusammenbau des Rumpfkastens (Abb. 16.3). Die beiden Rumpfseitenteile werden mit Hilfe von Hilfsklötzen lotrecht ausgerichtet. Zunächst werden Stege ganz vorne, ganz hinten und in der Mitte eingesetzt, erst dann die dazwischen liegenden.

Flügel und Leitwerk

Die Bauweise entspricht derjenigen bei Saalflugmodellen und wurde bereits eingehend dargestellt (sieh z. B. Kap. 5 Einstiegsmodelle).

Zusammenbau: Verzüge vermeiden

Das Originalmodell besitzt keine Pfosten. Für bessere Leistungen empfehle ich jedoch einen Pylon aus vier Pfosten. Eine schwierige Phase ist das verzugsfreie Aufsetzen des Flügels auf die Pfosten. Dazu muss unbedingt eine Vorrichtung aus Hilfsklötzen verwendet werden. Die vier Flügelpfosten werden zunächst am Rumpf festgeleimt und zwar so, dass die Abstände genau eingehalten und die Höhen abgeglichen sind. Alle Pfosten müssen parallel sein.

Dann wird der Flügel aufgesetzt und jeweils einen Tropfen Leim an die Klebestellen gegeben. Jegliche Spannung, die hier mit eingebaut wird, würde sich in unkontrollierten Verzügen äußern. Die vorderen zwei Pfosten sind in Papierhülsen (Herstellung wurde früher beschrieben) verschiebbar. Hierdurch kann der Einstellwinkel geändert bzw. durch unterschiedliche Verschiebewege ein kontrollierter Verzug im Flügel eingestellt werden. Die Einstellung erfolgt so, dass der kurveninnere Flügel an der Spitze eine Anstellwinkelerhöhung von ca. 3 Grad hat (Vorderkante ca. 4 mm höher als Hinterkante). Der Kurvenaußenflügel besitzt keinen Verzug.

Propeller

Für den Propeller werden die beiden Blätter aus 0,6-mm-C-grain-Balsa ausgeschnitten. Die beiden Blätter werden gut gewässert und auf Deckung zusammengelegt. So dann werden sie mit Papierzwischenlagen unter einem Winkel von 20 Grad auf ein kreisrundes Gefäß mit Durchmesser von ca. 100 mm aufgelegt, siehe Kapitel Propellerbau. Das Blatt muss von unten rechts nach oben links zeigen! Das Ganze mit einer Schicht saugfähigem Papier und Mullbinde umwickeln und auf der Heizung vollständig trocknen lassen. Alternativ können Blätter aus Styrodur verwendet werden - siehe Universalpropeller im Kap. „Propeller“.

Die Blätter können sodann mit Hilfe einer Steigungslehre mit dem Holm verleimt werden. Auf Symmetrie achten! Der Blattwinkel von 45 Grad wird bei dem Testmodell bei 45 mm Abstand von der Achse erreicht, das entspricht einer Steigung von 280 mm. Die Propellerwelle besteht aus 0,015-Zoll-Stahldraht (0,38 mm Gitarrensaite).

Die Zugrichtung des Propellers ist ca. 2 Grad nach unten und 2 Grad nach links (in die Kurve rein). Die Luftschraubenwelle wird von einem Bowdenzugröhrchen mit 0,8 mm ID geführt. Das Drucklager besteht aus zwei winzigen Glasperlen.

Fahrwerk

Die beiden Beine werden aus dünnen Bambusleisten hergestellt. Durch fortgesetztes Spalten von Bambus - jeweils in der Mitte - erhält man die erforderliche Dicke. Ein Durchmesser von 1 bis 1,2 mm reicht völlig aus. Die Räder werden mittels eines geschärften Metallrohres mit ca. 20 mm Durchmesser aus 3-mm-Depron durch Drehen oder an der Bohrmaschine ausgestanzt

Abb. 16.4: Rumpfkopf aus Balsa/Styrodur mit Balsa-Propeller und Gummistrang.

und erhalten eine Nabe aus einem Bowdenzugröhrchen mit 0,8-mm-Innendurchmesser. Als Achsen dienen abgewinkelte Stücke aus 0,6-mm-Stahldraht, die mit einem Schenkel am Fahrwerksbein mittels Faden festgewickelt werden. Danach wird die Verbindung noch mit Leim vermufft.

Fliegen

Der Schwerptunkt der Zelle (ohne Gummi) liegt etwa bei 35 % der Flügeltiefe, mit eingesetztem Gummistrang bei 55 %. Das erforderliche Gummigewicht beträgt ca. 1,20 g/m, das entspricht einem Querschnitt von ca. 1×1,20 mm. Die Schleifenlänge ist ca. 40 cm.

Beim Aufdrehen des Gummistranges muss der Arretierbolzen aus 1,5-mm-Bambus in eine Haltevorrichtung eingehängt werden, Abb. 16.5. Mit der Aufdrehkurbel den Ring vorne an der Luftschraube aufnehmen und Gummistrang auf ca. 4-fache Länge ausziehen. Die ersten Startversuche erfolgen mit ca. 500 Umdrehungen. Die Aufdrehzahl dann kontinuierlich steigern. Das Modell beschreibt in der vorliegenden Einstellung (Seitenleitwerk links, Propellerzug links) Kreise mit ca. 5 m Durchmesser. Zum Schutz des Rumpfes vor Gummiriss kann während des Aufdrehens ein Plastikrohr eingesetzt werden. Ich verwende ein geschlitztes Rohr aus starker Mobile-Folie (Kanten abkleben), das wegen des Schlitzes leicht entfernt werden kann.

RC-Betrieb

Natürlich spricht nichts dagegen, das Modell mit Micro-RC-Komponenten auszustatten. Mit den kleinsten derzeit verfügbaren Komponenten ist ein Fluggewicht von rd. 5 Gramm realisierbar. Solche Leichtmodelle begeistern durch einen extrem langsamen und damit sehr authentischen Flugstil (siehe RC-Saalflug).

Abb. 16.5: Vorrichtung zum Einhängen des Arretierstiftes.

Kondensatormodelle

Mit der neuen Generation von Superkondensatoren stehen kleine, leichte, schnell ladbare und sehr oft verwendbare Stromquellen zur Verfügung, die im Saalflug hervorragend einsetzbar sind. Doppelschicht-Kondensatoren (z.B. die Samwha Greencaps) besitzen gegenüber herkömmlichen Elektrolytkondensatoren bei gleichem Gewicht ein Vielfaches an Kapazität, z.B. wiegen die Green Caps mit 3 Farad 1,4 g, 5 F 2,1 g und 10 F 2,9 g. Wenn man die Beinchen kürzt und den Schrumpfschlauch abzieht, bekommt man nochmal 0,2 bis 0,3 g Gewichtsersparnis. Zudem hat sich die Spannungslage verbessert: von früher 2,5 V auf heute 2,7 bis 3 Volt. Es ist also ein größerer Spannungsbereich nutzbar. Gleichzeitig ist der Innenwiderstand wesentlich kleiner geworden, was die Ladezeiten verkürzt (ca. 20 - 40 s). Das geringere Kondensator- und Motorgewicht zieht wiederum ein geringeres Strukturgewicht nach sich, so dass sich heute ein Abfluggewicht von 3,6 bis 5 Gramm (je nach Motorisierung und Auslegung) erreichen lässt.

Eine bessere Ausnutzung der Ladungsmenge bei gleichmäßiger Spannungslage kann mit einem Step-up-Regler erzielt werden.

Eigenschaften der Supercaps

Die hohen Kapazitätswerte dieser so genannten Supercaps ergeben sich aus der Summe zweier Speicherprinzipien:

- Statische Speicherung elektrischer Energie durch Ladungstrennung an den isolierten Doppelschichten.
- Elektrochemische Speicherung elektrischer Energie über faradayschen Ladungstausch durch Redoxreaktionen.

Der Vorteil gegenüber Akkus ist die Fähigkeit zur sehr schnellen Ladung/Entladung mit hohen Strömen. Die Energiedichte beträgt bei Leistungstypen bis 8 Wh/kg bei einem Wirkungsgrad von 95 %. Die Lebensdauer erstreckt sich auf rd. 500.000 Ladezyklen. Im Vergleich dazu erreichen Lithium-Ionen-Akkus typisch 500 bis 1000 Ladezyklen bei einer Energiedichte von 150 Wh/kg und einem Wirkungsgrad von 90 %. Neuere Entwicklungen von Supercaps auf der Basis von Graphen (hexagonales Gitter aus Kohlenstoffatomen) sollen erheblich höhere Energiedichten besitzen, wobei der Unterschied zum Li-Ion-Akku künftig voraussichtlich deutlich geringer wird. Inzwischen gibt es viele Einsatzgebiete: Superkondensatoren werden z.B. als Bremsenergiespeicher in der Verkehrstechnik oder zur Überbrückung von

Stromausfällen in der Datentechnik (unterbrechungsfreie Stromversorgungen) standardmäßig eigesetzt.

Laden, Entladen

Die Ladung ist völlig unkritisch. Ein Vorwiderstand ist nicht erforderlich. Man stellt die genaue Ladespannung an einem Netzgerät ein und verbindet die Caps 30 bis 40 s lang mit der Stromquelle. Dabei fließen hohe Ladeströme im Ampere-Bereich. Eine Überladung ist nicht möglich. Als Ladespannung verwendet man bei dem 2,7-Volt-Typ maximal 3,2 bis 3,5 Volt, gelegentlich auch bis zu 3,8 Volt. Unmittelbare Nachteile wegen der Überspannung wurden bisher noch nicht festgestellt. Es ist jedoch wahrscheinlich, dass die Lebensdauer reduziert wird. Auch wenn die Ladeschlussspannung schon erreicht ist, fließt infolge der elektrochemischen Ladung für ca. 10 bis 20 s immer noch ein relativ hoher Strom im Ampere-Bereich. Das Entladen erfolgt nach der typischen exponentiell abnehmenden Entladekurve.

Ähnlich wie beim Gummi hat man anfangs die volle Leistung für den Steigflug, am Gipfelpunkt geht das Modell eine Weile in den Schwebeflug über und kommt anschließend langsam herunter. Allerdings ist die anfängliche Leistungsüberhöhung bei weitem nicht so stark wie beim Gummiantrieb. Zum Laden sind mittlerweile auch sehr kleine DC/DC Regler erhältlich, die mit einer 9-Volt-Batterie (oder jeder anderen Stromquelle von 6 bis 12 Volt) betrieben werden können. Die Ausgangsspannung dieser miniaturisierten Regler ist in Zehntelschritten einstellbar (Abb. 17.1).

Abb. 17.1: Handlicher DC/DC-Controller mit einstellbarer Ausgangsspannung zum Laden von Supercaps.

Motoren, Getriebe

Als Antrieb kommen sogenannte DC-Coreless-Motoren zum Einsatz. Diese Motoren werden üblicherweise in Mobiltelefonen als Vibrationsmotoren sowie in Kameras, Medizintechnik usw. eingesetzt. Es gibt sie in den Durchmessern 4/6/7 mm. Der größere 6-mm-Motor ist besser zu handhaben als die 4-mm-Ausführung, auch ist der Wirkungsgrad deutlich besser als beim 4-mm-Motor.

Inzwischen sind eine Reihe leichter Getriebe für alle Motorabmessungen erhältlich, z.B. bei Micron Wings. Die Getriebe 1:6 bis 1:10 wiegen mit 4-mm-Motor ca. 1,1 Gramm. Das ergibt dann folgende Gewichtsbilanz für ein Saalflugmodell (siehe „Capino“):

Modell (48 cm Spannweite)	1,2 g
4-mm-Motor mit 1:5 oder 1:10 Getriebe	1,1 g
Propeller (Balsa oder Folie)	0,25 g
5 Farad Cap (abgemantelt, Beine gekürzt)	1,9 g
Verdrahtung, Schalter	0,3 g
Summe	4,75 g

Das Gewicht entspricht etwa der Saalflug-Klasse F1M (mit Gummistrang), so dass sich auch eine ähnliche Fluggeschwindigkeit ergibt.

Der Vergleich verschiedener Propeller für Getriebe- und Direktantrieb kann über die Erstellung von Spannungs/Strom-Schubkurven an einem Teststand erfolgen. Eine für den Dauerflug günstige Auslegung ist beispielsweise ein 6-mm-DC-Motor mit 1:6,6 Getriebe bei einem Luftschrauben-Durchmesser von 125 mm und einer Steigung um 60-80 mm. Für einen 4-mm-Pagermotor und 1:5 Getriebe sind die 100-mm-CFK-Luftschrauben von Microinvent einsetzbar. Ansonsten werden die Propeller, je nach Anwendungsbereich, selbst hergestellt. Die Blätter bestehen aus 1-mm-Balsa oder dünner Kunststofffolie. Hervorragende Ergebnisse liefern Blätter aus einem großen Joghurtbecher mit 8 bis 9 cm Durchmesser, die im Winkel von 20 Grad ausgeschnitten werden. Abb. 17.2 zeigt eine Palette von Antriebskomponenten.

Abb. 17.2: Komponenten für den Kondensatorantrieb.

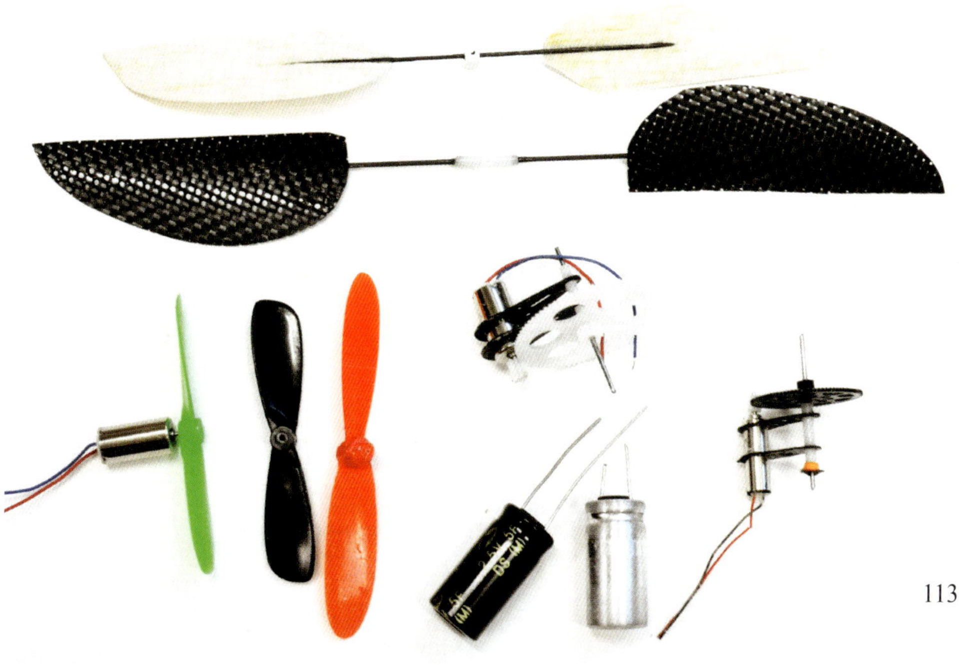

Für die hier verwendeten DC-Corelessmotoren kommt ein Innenwiderstand 10 Ohm bei Direktantrieb und 30 bis 40 Ohm bei Getriebemotoren infrage, wobei die niederohmigen Typen viel Leistung abgeben, dafür ist die Ladung des Kondensators früher aufgebraucht, weil ein höherer Strom fließt (Regler oder Strombegrenzer werden bislang nicht eingesetzt). Allerdings kann so ein kräftiger Antrieb dann einen wesentlich schwereren Kondensator mit höherer Kapazität tragen, was die Flugzeit wiederum verlängert. Je nach Auslegung und Hallenhöhe wird das Optimum des Innenwiderstandes für Dauerflug vermutlich zwischen 10 und 30 Ohm liegen. Als Anhaltswert sollte der Anfangsschub etwa ein Drittel bis ein Viertel des Modell-Gesamtgewichts betragen, um ein sicheres Steigen zu gewährleisten. Den Zusammenhang zwischen Schub bzw. Spannung und Strom für ein Antriebsset mit 6-mm-Motor zeigt Abb. 17.3.

In der Praxis ist etwa ein Spannungsabfall von 1 Volt nutzbar, d.h. die Spannung am Kondensator ist bei der Landung um ca. 1 Volt abgefallen. Theoretisch wären auch Step-up-Regler einsetzbar, die die Restspannung bis zu etwa 1 Volt ausnutzen. Dabei ist jedoch das Zusatzgewicht von ca. 1 g zu beachten.

Modell „Capino"

Das Leergewicht des „Capino" beträgt bei 48 cm Spannweite 1,2 g. Das Modell wurde mit einem 4×11-mm-Coreless-Motor mit 40 Ohm Innenwiderstand und einem 1:10 Getriebe Mod. 0,2 von www.Didel.com ausgerüstet. Als Schalter diente ein SMD-Schiebeschalter von Conrad. Leider stellt Didel die Getriebe nicht mehr her, Zahnräder und Ritzel sind aber noch erhältlich. Mit einer CNC-Modellbaufräse kann man Lagerplatten aus 0,3-mm-GFK fräsen und sich ein Getriebe ohne weiteres fertigen. Eine Alternative ist das 1:10 Antriebsset mit 4-mm-Motor von Micron Wings. Der Motor sollte allerdings gegen eine 30 bis 40 Ohm Version getauscht werden, um lange Flugzeiten zu erreichen.

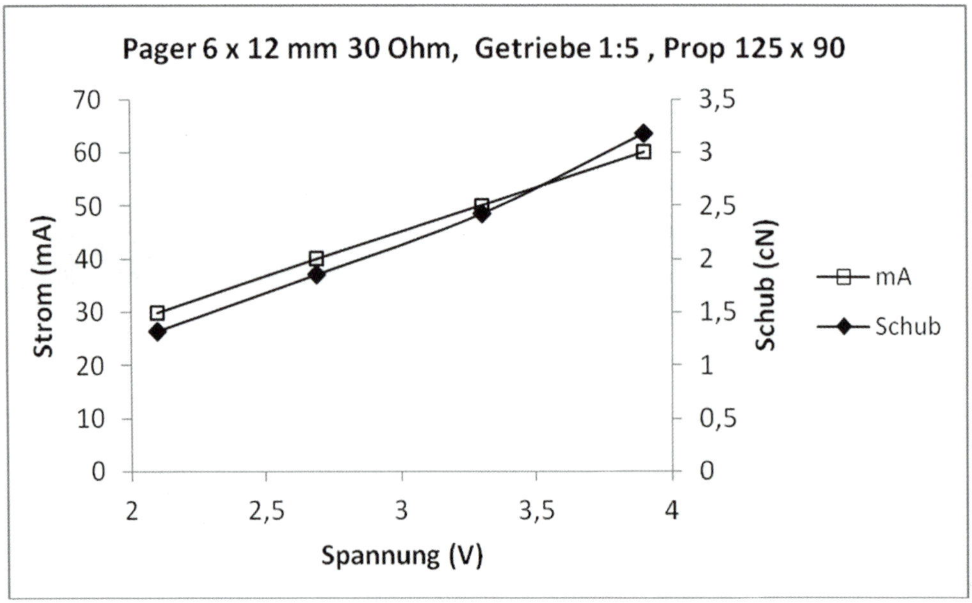

Abb. 17.3: Schub- und Spannungskennlinien für ein typisches Antriebsset.

Als Energiequelle dient ein Greencap mit 5 Farad, 2,7 Volt Nennspannung. Als Bespannung wurde OS-Film verwendet. Der Balsaprop mit 1-mm-CFK-Schaft hat einen Durchmesser von 125 mm und eine Steigung von 90 mm. Beim Erstflug am 10.1.2012 schaffte das Modell 2 min 20 s. Aktuell werden mit einem optimierten Folien-Propeller Flugzeiten nahe fünf Minuten erreicht (Abb. 17.4).

Inzwischen fliegt auch der Nachfolger des Capino (Capino II) mit 10 Farad (Abb. 17.5). Er wird von einem 6-mm-Motor/30 Ohm, und einem 1:9 Getriebe angetrieben. Der Propeller hat 160 mm Durchmesser und 95 mm Steigung. Die Propellereinstellung sollte auf einer Pitch-Lehre erfolgen, siehe Abb. 17.5. Durch Verwendung von OS-Film als Bespannung konnte ein Fluggewicht von nur 6,2 g erreicht werden.

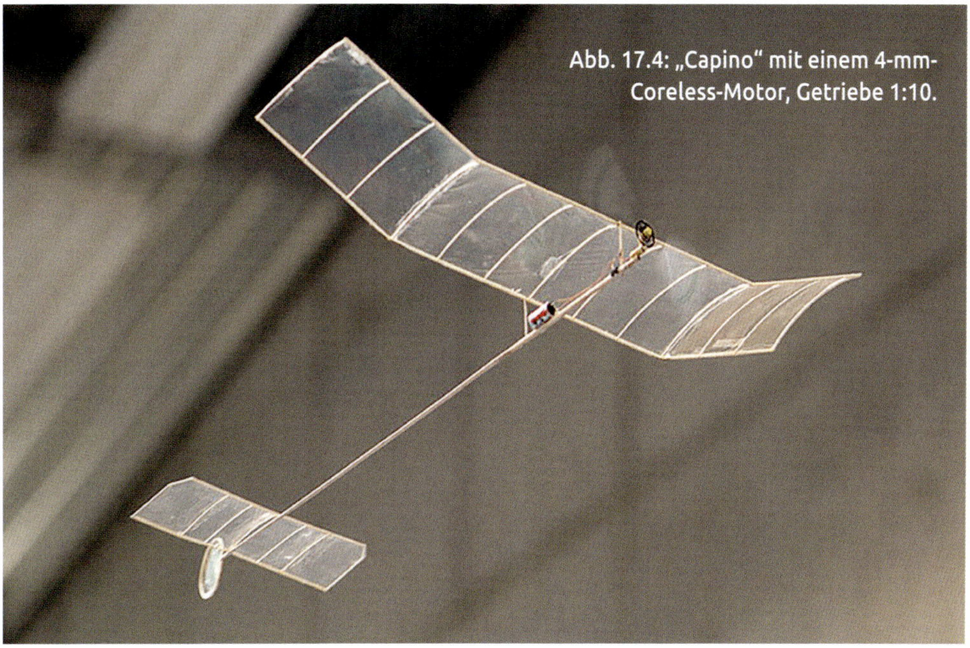

Abb. 17.4: „Capino" mit einem 4-mm-Coreless-Motor, Getriebe 1:10.

Abb. 17.5: Der „Capino II" des Autors mit dem 6-mm-Motor und Getriebe 1:9. Flugzeit > 5 min.

Gewicht und Flugzeit

Für die Flugdauer ist das Gewicht ganz entscheidend. Wir haben das theoretisch untersucht und kommen für Supercaps mit 10 Farad Kapazität auf folgende Formel:

$$T = 0{,}205 / m^{2/3}\ (s)$$

Mit einer Modellmasse m von 0,007 kg würde man also theoretisch auf eine Flugzeit von rd. 350 s kommen, was mit der Praxis gut übereinstimmt. Für den Bau bedeutet dies:

- Leichtes Balsa mit 0,075 bis 0,80 g/cm³
- Verwendung von Borfasern
- Minimalistisches Getriebe (Halterungen aus 0,3-mm-CFK)
- Verwendung von OS-Film Dicke 0,5 µm
- Balsarohr aus 0,30-mm-C-grain für den Rumpf
- Ersatz des Schalters durch einen Drahtkontakt aus 0,2-mm-Stahldraht
- Kabel aus 0,2-mm-Kupfer-Lackdraht
- Entmantelung des Supercaps + Kürzen der Beine bis auf 5-10 mm

Propellerbau

Die Luftschraube sollte möglichst leicht sein, am besten unter 0,3 Gramm. Hierfür eignen sich Balsablätter aus 0,5-mm-Quartergrain, die auf einer Flasche von ca. 80 mm Durchmesser gefertigt werden. Als Schaft hat sich ein 0,7-mm-CFK-Stab bewährt. Die Propeller-Nabe kann z.B. ein Stück Polyamid-Röhrchen (Bowdenzugröhrchen) sein. Abb. 17.6 zeigt einen Balsa-Propeller auf einer Pitchlehre, die dem genauen Einstellen des Blattwinkels (hier 13 Grad an der Blattspitze) dient. Die Antriebswelle muss dabei

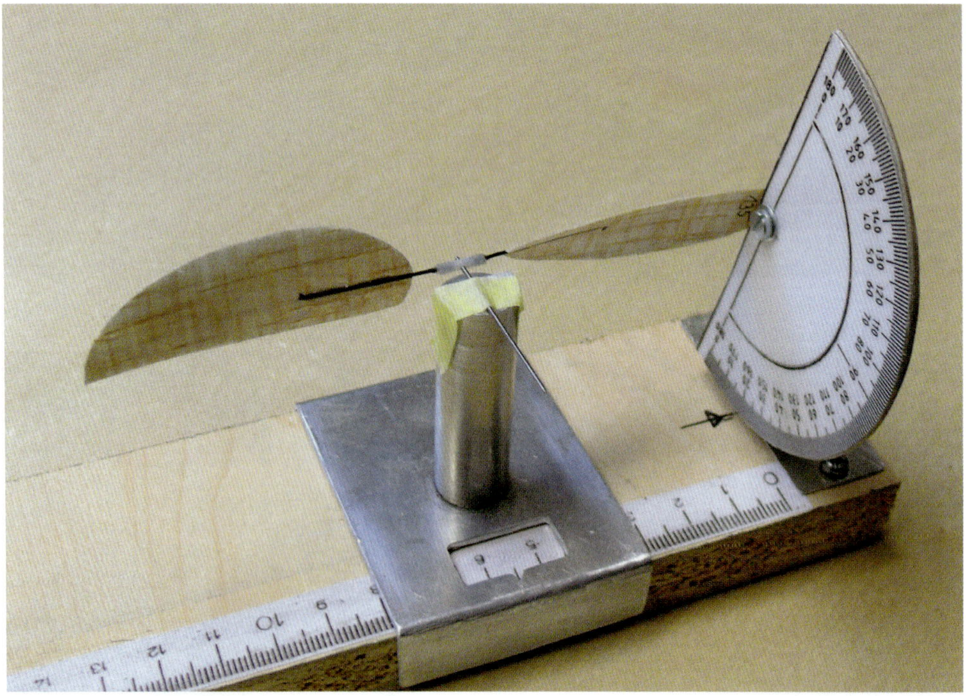

Abb. 17.6: Die Propellerschäfte werden unter Verwendung der Pitchlehre in das Mittelstück aus Polyamid-Rohr eingeklebt (z.B. mit Pattex Ultragel).

auf der horizontalen Lagerfläche exakt fixiert werden.

Sehr effektive Propeller erhält man aus größeren Joghurtbechern mit ca. 9 cm Durchmesser (am oberen Rand), Abb. 17.7. Die Blätter werden auf den Mantel unter 20 bis 22° Neigung aufgezeichnet und mit einer Figurenschere ausgeschnitten. Das Kleben der Blätter an den Propellerholm aus 0,7-mm-CFK erfolgt mit Kontaktkleber oder auch Pattex Ultragel (vorher Klebeprobe durchführen!). Am besten werden die Blätter vor dem Zusammenbau des Propellers einzeln an die Holmhälften geklebt, diese im richtigen Winkel auf einer Pitchlehre in die Nabe (Polyamidröhrchen von Bowdenzug mit Innendurchmesser 0,8 mm) eingesteckt und mit Cyanokleber fixiert. Ein so gebauter Propeller wiegt etwa 0,3 Gramm und ist robuster als ein Balsa-Propeller.

Bei den Getriebelösungen ist es wichtig, dass alle Zahnräder, Ritzel und die Propellernabe fest auf den Wellen sitzen. Wenn eines dieser Teile Schlupf hat, ist die Leistung dahin! Test: bei festgehaltenem Propeller darf sich der Motor unter Spannung nicht drehen. Ansonsten etwas Cyanokleber in die Bohrungen geben, trocknen lassen und die Teile auf die Achsen pressen. Falls das Loch dann zu eng ist, mit einer Mini-Reibahle aufweiten.

Direktantrieb

Versuche mit einem 6-mm/10-Ohm-Motor und Direktantrieb verliefen sehr erfolgversprechend. Mit 5 Farad sind Flugzeiten bis drei Minuten erreichbar. Als Propeller stehen eine Reihe Ersatzpropeller für Minidrohnen zur Verfügung. Mit einem Motorprüfstand zur Standschubmessung kann man die Schub-Zeitkurve ermitteln. Man entlädt dazu einen auf 3,3 Volt aufgeladenen 5-Farad-Greencap über den Motor und zeichnet die Schub-Zeitkurve auf. Die besten Flugzeiten erreichten wir mit dem 40-mm-Minidrohnen-Propeller

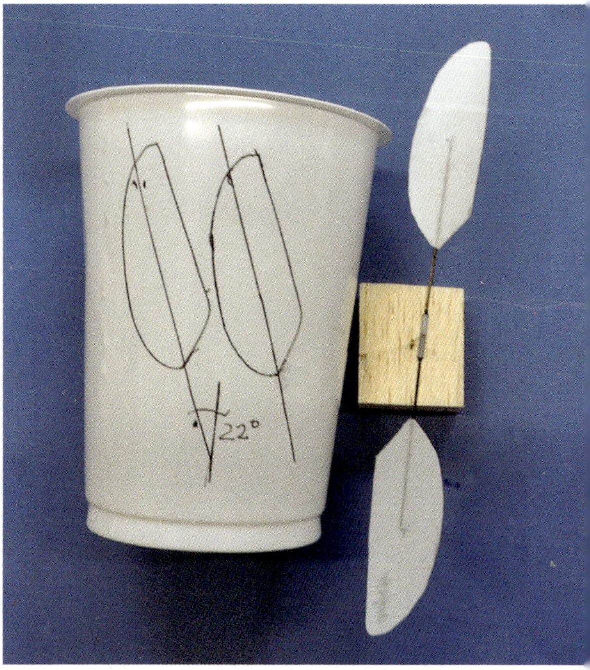

Abb. 17.7: Herstellung von Propellerblättern aus einem großen, dünnwandigen Joghurtbecher. Der Propellerholm besteht aus 0,7-mm-CFK.

(Conrad Best. Nr. 1760622). Das anfängliche Steigen ist mit dem kleinen Prop geringer, dafür bleibt das Modell länger auf konstanter Höhe und kommt nur langsam herunter.

Modell „Cap Basic" (Plan im Anhang)

Mit dem „Cap Basic" steht ein einfach zu bauendes Leistungsmodell mit Direktantrieb zur Verfügung. Mit dem 6-mm/10-Ohm-Motor und 5 Farad sind Flugzeiten bis drei Minuten erreichbar (Abb. 17.8). Als günstigster Propeller hat sich der 40-mm-Minidrohnen-Propeller (s.o.) herausgestellt. Das Fluggewicht mit einem leichten Rumpfstab liegt nur wenig über 5 Gramm. Das Modell zeigt daher eine Fluggeschwindigkeit, die etwa der Saalflugklasse F1M entspricht (Abb. 17.9).

Abb. 17.8: Direktantrieb des „Cap Basic“.

Abb. 17.9: Das Modell Cap Basic im Flug.

RC-Saalflugmodelle

Die Miniaturisierung der RC-Komponenten Empfänger, Steller, Servos, Aktuatoren und Akkus macht es möglich, auch RC-Saalflug zu betreiben. Der Bau eines RC-Saalfliegers ist zunächst eine Herausforderung wie bei jedem Saalflugmodell, schließlich muss mit dem Gewicht überall gegeizt werden! Unproblematischer dagegen ist das Fliegen, denn die hohen Drehmomente, wie beim Gummiantrieb, treten hier nicht auf, so dass das ganze sehr gemächlich abläuft. Solche Modelle lassen sich z.T. auch im Wohnzimmer fliegen.

RC-Komponenten

Mit Einführung der WLAN-Übertragungstechnik (2,4 GHz) bestehen die Empfänger praktisch nur noch aus einem Chip, wie z.B. der DelTang-Empfänger. Diesen gibt es in verschiedenen Ausführungen, z.B. für den Anschluss von Servos oder für Aktuatoren. Das Gewicht (ohne Kabel) liegt bei 0,23 g. Der Empfänger enthält auch einen Bürstenmotor-Steller und ist mit allen Sendern nach dem DSMX- und -2 Standard kompatibel.

Die Aktuatoren bestehen aus einer Spule mit Innenwiderstand von ca. 100 Ohm und einem drehbar gelagerten Magneten, der sich bei Stromfluss ausrichtet und ein Drehmoment erzeugt. Häufig ist der Magnet mit Hilfe eines Kunststoff-Scharniers direkt mit dem Ruder verbunden. Solche Scharniere sind auch fertig käuflich erhältlich. Die leichtesten Aktuatorspulen wiegen 0,03 g (Plantraco). Es gibt auch Aktuatoren, die mit einem Scharnier gekoppelt sind (Plantraco: Hinge Act, Gewicht 0,23 g, Micron Wings: Micro White 0,17 g).

Als Stromquelle dient eine LiPo-Einzelzelle, die schon ab 10 mAh verfügbar ist. Die extrem kleinen Zellen arbeiten jedoch oft nicht zuverlässig, so dass 20-mAh-Zellen mit 0,9 g zu empfehlen sind. Der Anschluss des Empfängers ist nicht unproblematisch. Das Löten an den SMD-Lötpunkten ist nur unter Benutzung einer Lupe bzw. Montagemikroskop möglich. Einige der derzeit kleinsten Mikrokomponenten zeigt Abb. 18.1.

Für das Saalflugmodell reicht eine Steuerung des Seitenruders und des Motorstellers völlig aus. Ein gut getrimmtes Modell kommt damit prima zurecht.

Gewichtsbilanz des RC-Saalfliegers:

Struktur, bespannt	1,0 g
Empfänger DelTang	0,23 g
Aktuator mit Scharnier	0,17 g
LiPo 20 mAh	0,96 g
4 mm Motor mit Getriebe	1,20 g
Kabel, Lötstellen	0,30 g
Summe	3,86 g

Abb. 18.1: RC-Mikrokomponenten für den Saalflug.

DC-Motoren

Als Antrieb dienen meist kleine Glockenankermotoren (Corelessmotoren), wie z.B. in Handys und Kameras eingesetzt werden. Brushlessmotoren ziehen dagegen oft zu hohe Ströme und sind für den Dauer-Saalflug weniger geeignet. Bei den Coreless-Motoren stehen Motorgrößen mit 4 und 6 bzw. 7 mm Durchmesser zur Auswahl. Die 6-mm-Typen bringen es immerhin auf einem maximalen Wirkungsgrad von ca. 50 %, im Betriebspunkt sind es etwas weniger, s. Grafik Abb. 18.2. Entscheidend ist auch der geringe Leerlaufstrom von ca. 20 mA. Die DC-Corelessmotoren sind in dieser Kleinheit bezüglich Stromaufnahme den Brushless-Motoren überlegen. Der berechnete bzw. gemessene Gesamtwirkungsgrad des Antriebs einschl. Luftschraube und Getriebe liegt um 20 %, da die Luftschrauben bei diesen kleinen Re-Zahlen Wirkungsgrade von lediglich ca. 50 % haben.

Der Wirkungsgrad des Motors ist ein wichtiges Kriterium für die Antriebe von Dauerflugmodellen. Abb. 18.2 zeigt die Kennlinien eines 6-mm-DC-Motors. Der beste Betriebspunkt liegt etwa bei einem Drittel des Festhalte-Stromes, in diesem Fall bei ca. 110 mA. Dabei liegt der Wirkungsgrad immer noch bei rd. 48 %, wie das Diagramm zeigt.

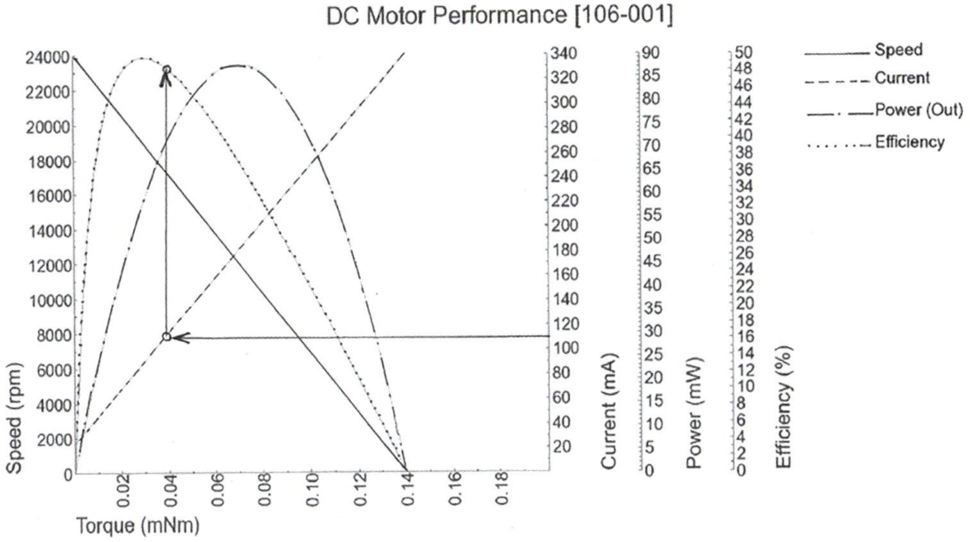

Abb. 18.2: Kennlinien eines 6-mm-Coreless-Motors.

RC-Saalflugmodelle - minimalistisches Konzept

Hier handelt es sich um Modelle in klassischer Saalflugbauweise, die mit elektrischem Antrieb und Microempfänger/Motorsteller ausgerüstet sind. Die Struktur wird in gleicher Weise wie beim Saalflugmodell hergestellt (Abb. 18.3). Vorzugsweise sollte aus Gewichts- und Festigkeitsgründen ein Balsa-Rohrrumpf Verwendung finden, der z.B. aus 0,4-mm-C-grain gewickelt wird. Alternativ kann bei einem Vollrumpf auch sehr leichtes Holz mit Dichte 0,07 g/cm³ verwendet werden. Die Holme können bei Bedarf mit Borfäden oder Kohlefasern beidseitig verstärkt werden - das zusätzliche Gewicht ist sehr gering. Die leichteste Version eines RC-Saalflugmodelles mit kommerziellen Komponenten besitzt eine Flugmasse von weniger als 4 g und ist daher mit den Gummi-betriebenen Modellen vergleichbar.

Die Steuerung beschränkt sich in der Regel auf Seitenruder und Motorsteller. Der Steller ist im Empfänger bereits integriert. Das Ruder wird durch einen Spulenaktuator angelenkt, wobei die Spule am festen Teil des Seitenleitwerks angebracht ist. Die Magnete befinden sich beidseitig an einem kleinen Fortsatz der beweglichen Ruderfläche (z.B. 0,2-mm-Alublech). Die Alulasche mit den beiden Magneten taucht in die Spule ein (Abb. 18.4). Die Ruderkräfte reichen bei den geringen Fluggeschwindigkeiten vollständig aus. Im Bereich der Spule dürfen sich jedoch keine magnetisierbaren Teile befinden, sonst kommt es zu Fehlfunktionen.

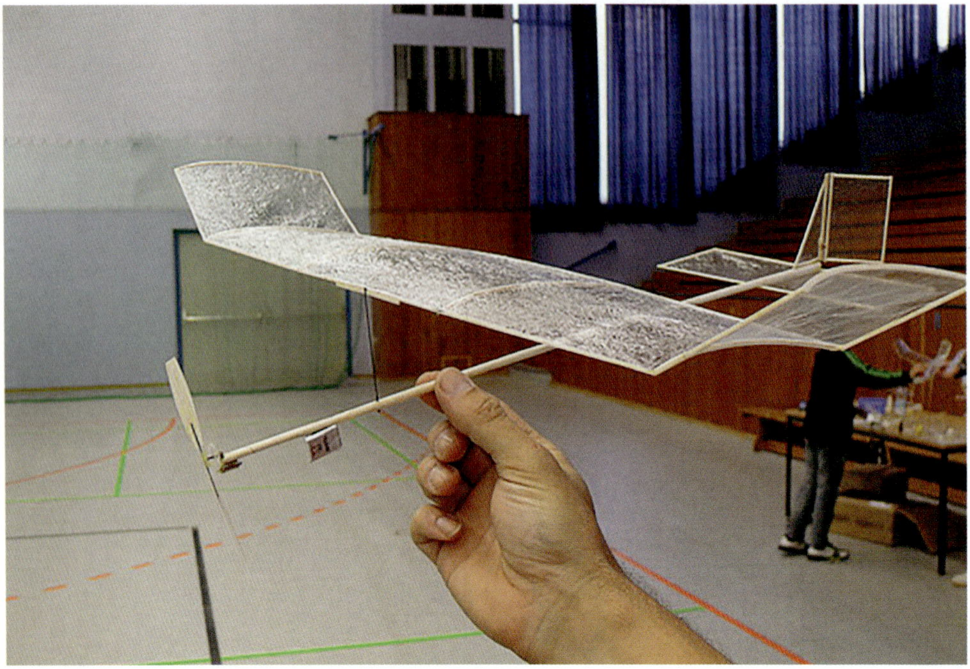

Abb. 18.3: Minimalistisches RC-Saalflugmodell mit Aktuator im Seitenruder, 30 mAh LiPo, 4-mm-DC-Motor und 1:6 Getriebe. Gesamtgewicht 4 Gramm. Flugzeit ca. 20 Minuten.

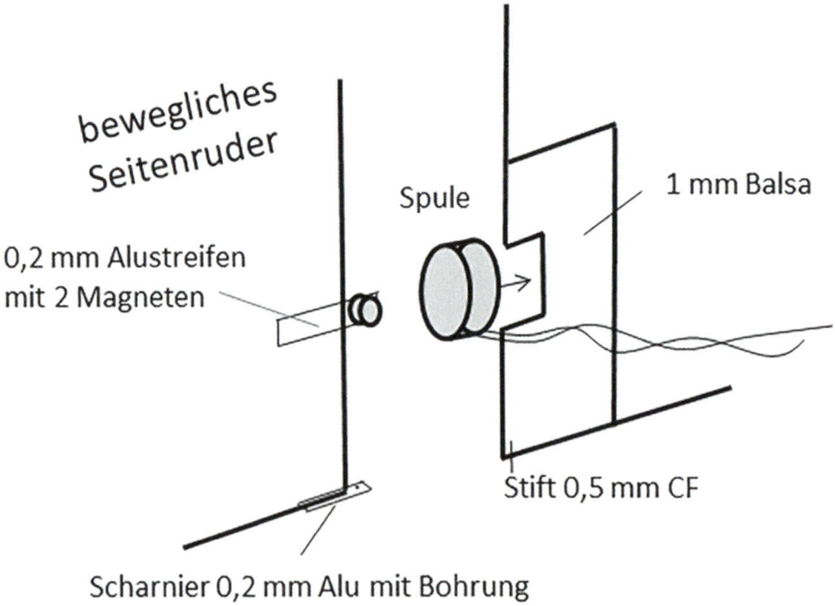

Abb. 18.4: Prinzipskizze des im Seitenleitwerk integrierten Aktuators für den Selbstbau.

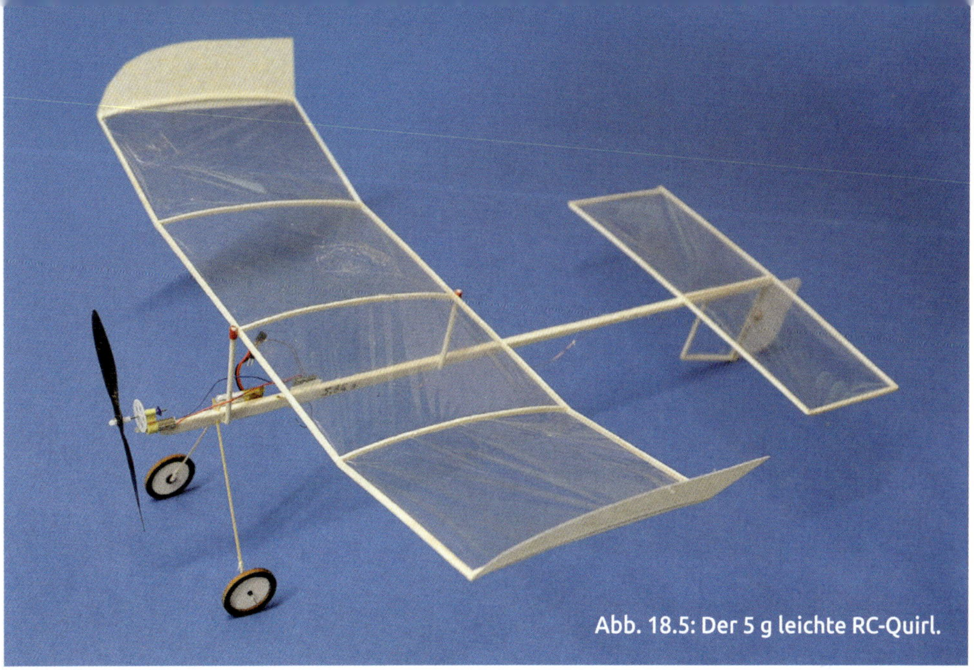

Abb. 18.5: Der 5 g leichte RC-Quirl.

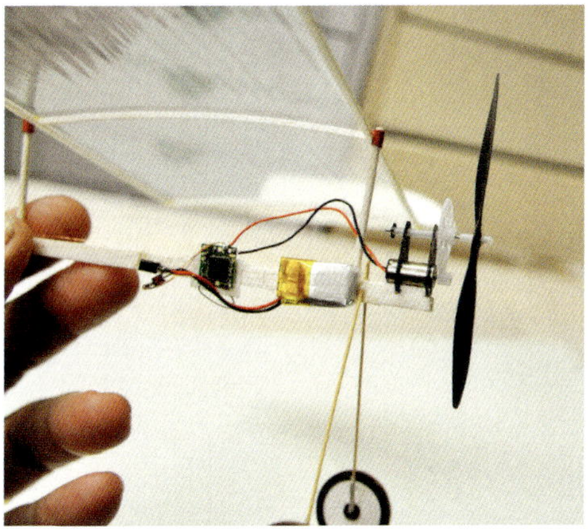

Abb. 18.6: Vorderpartie des RC-Quirls.

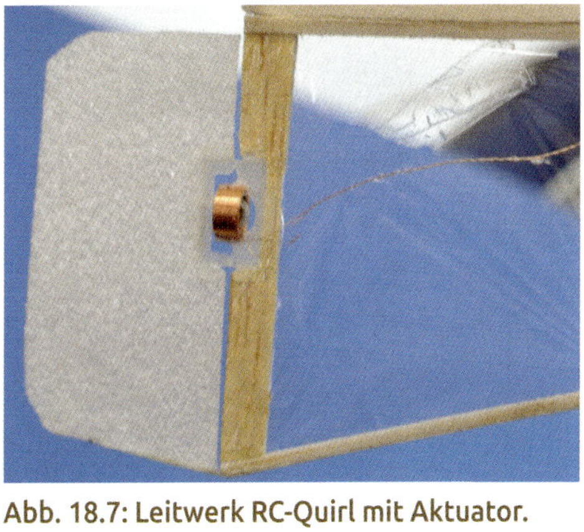

Abb. 18.7: Leitwerk RC-Quirl mit Aktuator.

Wohnzimmerflieger RC-Quirl (Plan im Anhang)

Wer speziell im Wohnzimmer fliegen will, benötigt ein kleines Modell mit ca. 30 cm Spannweite. Dazu wurde das Modell RC-Quirl entwickelt. Es ist mit RC-Mikrokomponenten ausgerüstet (Bauplan im Anhang). Mit einem 30-mAh-Akku und einem 6-mm-Coreless-Motor sowie einem Getriebe 1:6,6, Propeller 80 mm von Reely oder 100 mm von Microinvent, kann das Modell um den Wohnzimmerleuchter kreisen (Abb.18.5, 18.6).

Schleppzug

Der RC-Quirl kann einen Segler mit max. 2 g Gewicht auf Höhe schleppen. Die Schleppleine ist ein ca. 3 m langer Faden mit einem kleinen Drahtring. Der Segler aus Styropor wird im Abschnitt „Hallengleiter“ beschrieben. Der Faden wird am Bug des Seglers eingehängt und unter leichter Spannung gehalten. Mit großen Kreisen unter der Hallendecke angekommen, fliegt man mit

Abb. 18.8: Schleppzug aus RC-Quirl und Styropor-Segler (Pläne im Anhang).

der Schleppmaschine eine enge Gegenkurve, was zum Abfall der Schleppleine am Segler führt. Der Segler gleitet dann mit weiten Kreisen die Hallenhöhe ab. Die Kreisrichtung beim Schleppen sollte derjenigen des Seglers entsprechen.

Peanut- und Pistachio-Scale-Modelle

Klassischer Gummi-Antrieb

Peanut-Scale-Modelle sind vorbildähnliche Flugmodelle mit einer Spannweite von max. 33 cm (13“) *oder* einer Rumpflänge von max. 22,86 cm (9“). Das bedeutet, dass z.B. Modelle mit einer Rumpflänge von max. 22,86 cm durchaus eine größere Spannweite als 33 cm haben können - z.B. als Motorsegler. Antrieb ist primär ein Gummistrang. Es werden Balsapropeller oder Plastikpropeller verwendet. Plastikprops - z.B. von Peck Polymer - sind jedoch erheblich schwerer.

Die Zellengewichte von guten Peanut-Modellen liegen bei 7 bis 9 Gramm. Bei Pistachio-Modellen ist die Spannweite max. 203 mm mit Gewichten von 4 bis 7 g (Abb. 19.1). Leider ist bei käuflich zu erwerbenden Peanut-Bausätzen (z.B. über SAMS Models) meist zu hartes, d.h. zu schweres Balsaholz enthalten, so dass höhere Fluggewichte erreicht werden. Diese Modelle brauchen einen breiteren Gummistrang und fliegen viel schneller. Sie wirken im Flugstil unauthentisch.

Die Flugzeiten schwerer Modelle liegen um 20 s, während ein Modell mit 7 Gramm Flugzeiten bis zu 60 s oder mehr erreicht. Daher ist - wie generell im Saalflug - die

Abb. 19.1: Eine Bücker-133 in Pistachio-Größe mit Gummiantrieb. Fluggewicht ca. 7 g.

sorgfältige Holzauswahl von besonderer Bedeutung. Ideal ist Balsa mit der Dichte 0,08 bis 0,09 g/cm³. Nur für einzelne Bauteile mit hoher Belastung, z.B. für die Längsgurte des Rumpfes, ist festeres Holz mit 0,10 bis 0,11 g/cm³ erforderlich. Das hintere Gummilager besteht meist aus einem Bambusdübel mit 1 oder 1,5 mm Durchmesser. Alternativ kann auch ein dünnes Alurohr verwendet werden, durch das beim Aufdrehen des Gummis ein Stahldraht geschoben wird.

Ein leicht gebautes Modell benötigt auch weniger Gummi für den Antrieb. Während Modelle mit deutlich über 10 Gramm Stränge bis zu 3 mm (1/8") erfordern, kommt ein 7-Gramm-Modell mit einer Schleife aus 1/16 Zoll aus. Diese Gummibreite gibt es fertig zu kaufen, s. Bezugsquellen.

Verbreitung

Peanut-Scale-Modelle mit Gummiantrieb werden traditionsgemäß noch in einigen Ländern wie Tschechien, Frankreich, Spanien, Niederlande, Schweden sowie den USA mit Enthusiasmus gebaut und geflogen, wobei die Herausforderung für das bei Wettbewerben darin liegt, neben möglichst authentischem Aussehen einen sicheren Bodenstart, einem stetigen Steigflug und eine schöne Landung zu erreichen. Zu sehen ist das regelmäßig bei den Indoor Interscale Events (IIFI) in Nimwegen/Holland. Der Reiz liegt hier in der Schönheit dieser Modelle und ihrem eigenstabilen Flug.

Bautechnik

Die Bautechnik von Peanuts entspricht derjenigen von Saalflugmodellen, insbesondere wie sie für die Klasse Sainte Formule beschrieben wurde. Vom Rumpf werden üblicherweise erst die beiden Seitenteile in Leiterbauweise hergestellt, diese dann ausgerichtet und mit Querstegen versehen (Abb. 19.2). Der Zusammenbau geschieht unter Beistellung rechtwinkliger Kulissen, um die Winkeltreue zu gewährleisten. Der Rumpf muss wegen der Zugbelastung durch den Gummistrang etwas fester gebaut werden. Alle Klebungen müssen zuverlässig halten.

Das Bespannen erfolgt z.B. mit 14-g-Kashmirpapier (s. Bezugsquellen). Dieses Papier ist sehr schmiegsam, was es auch für faltenfreie Randbögen und Übergänge brauchbar macht. Eine Alternative ist ESAKI-Japanpapier, das aber etwas steifer und knittriger als Kashmirpapier ist.

Abb. 19.2: Vorbildlich gebauter Peanut-Rumpf.

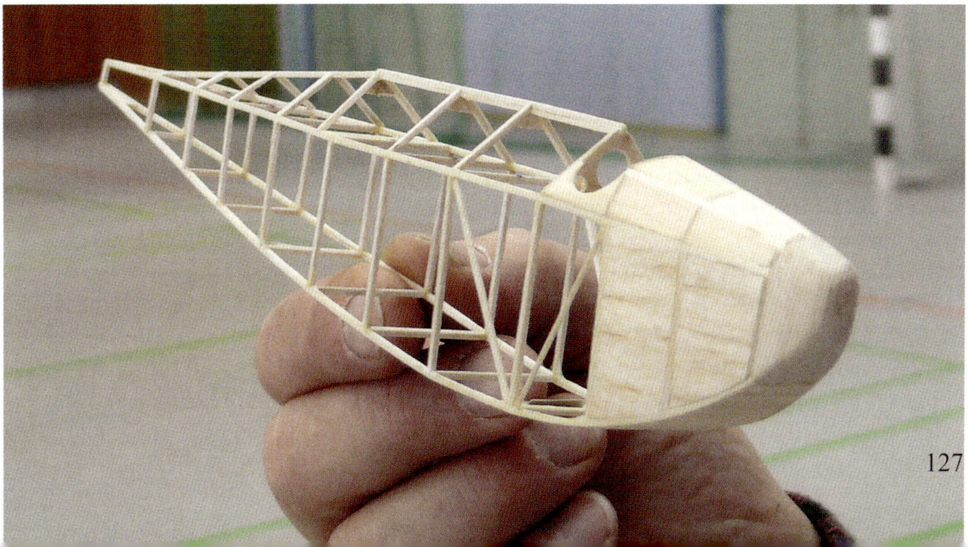

Das Papier wird mit Papierklebestick an den Außenrändern aufgeklebt und anschließend mit einem Parfümzerstäuber aus größerer Entfernung nur leicht übersprüht. Nach dem Trocknen erfolgt ein Anstrich mit stark verdünntem Spannlack (1 Teil Spannlack zu 2-3 Teile Verdünnung) oder mit Zaponlack aus der Spraydose (z.B. von Clou). Der Spannlackanstrich gewährleistet auch ein Ankleben der Bespannung dort, wo kein Klebestick verwendet wurde.

Beschriftung und Dekor können mit dem Tintenstrahl- oder Laserdrucker aufgebracht werden. Hierfür muss das Papier ggf. schon vorher mit Zaponlack behandelt und gebügelt werden. Der Papierbogen wird an der Einzugskante an ein Blatt Druckerpapier geheftet (z.B. mit Papierkleber) und mit diesem in den Drucker eingezogen. Stellen mit nicht abgedecktem Kleber vermeiden, da der Drucker sonst unbrauchbar wird! Es gibt käufliche hauchdünne Dekor-Klebefolien, die nach Vorlagen von Flugzeugmustern individuell hergestellt werden. Auch Transferfolien für Wasserschiebebilder, die mit dem Tintenstrahler bedruckt wurden, sind eine gute Möglichkeit für Dekors. Wasserschiebebilder müssen vor dem Wässern mit Acryllack o.ä. fixiert werden. Das Wässern in lauwarmem Wasser sollte dabei nur so lange erfolgen, bis sich die bedruckte Schicht vom Papier gerade zu lösen beginnt.

Detaillierung

Bei Peanuts spielen die Details, wie Räder, Zylinder, Kühler, Pilotensitz usw. eine große Rolle für die Bewertung bei Wettbewerben. Die Details müssen stimmig sein, dürfen aber so gut wie nichts wiegen. Häufig werden sie aus Hartschaum hergestellt (z.B. Zylinderköpfe) oder neuerdings mit 3D-Druckern und anschließend bemalt. Für weitergehende Informationen seien die Bücher von Bill Hannan (Bezug SamsModels.

Abb. 19.3: Herstellung von Leichträdern aus Balsa und Depron mit Hilfe von Kernlochbohrern.

com) empfohlen, in denen die Herstellung von Modellen sehr detailliert beschrieben wird. Eine besondere Herausforderung sind Speichenräder. Die Speichen bestehen meist aus Faden oder Zwirn, der auch silberfarben lackiert werden kann. Das Einziehen der Speichen erfolgt mit einer Vorrichtung, mit der die Felge zum Reifen zentriert wird. Die Radreifen werden aus zwei Lagen Balsa gedrechselt oder mit einer Sandpapierfeile unter Rotation geschliffen. Die Herstellung von Speichenrädern ist detailliert in Peanuts & Pistachios Vol. 3 von Bill Hannan beschrieben.

Zur Herstellung von Scheibenrädern können zwei Lagen 0,8-mm-Balsa und dazu Radreifen (Ringe) aus dünnem Depron hergestellt werden (Abb. 19.3). Die Reifen und Radscheiben werden mit Kernlochbohrern (dünnwandige Rohre mit Schneide) mit der

Bohrmaschine ausgestochen und anschließend verleimt. Auch durch Einschlagen in das Material oder Drehen unter Druck von Hand ist möglich. Die Nabe besteht z.B. aus einem Pyolyamid-Bowdenzugröhrchen, die Achse aus 0,5- oder 0,6-mm-Stahldraht. Das Gewicht dieser Räder liegt bei nur 0,12 g.

Das Lackieren des Modells sollte zu keiner wesentlichen Zunahme des Modellgewichtes führen. Deshalb die Lacke verdünnen und allenfalls 2× sprühen. Fast kein Zusatzgewicht bringt eine Farbgebung mit Permanent-Filzstiften!

Für Verspannungen des Flügels kann unsichtbare Angelschnur (z.B. Black Magic sinking line) verwendet werden. Diese ist schwarz und ergibt bei ca. 0,15 mm Dicke ein sehr authentisches Aussehen.

Pläne von Peanut Modellen findet man im Netz z.B. bei Hip Pocket Aeronautics. Hier sei auf die detaillierten Pläne bekannter Modelle von Walt Mooney hingewiesen.

Fliegen

Das Aufdrehen des Gummis erfolgt bei Peanut Scale Modellen direkt im Modell. Dazu ist eine Haltevorrichtung erforderlich. Wahlweise kann auch ein Helfer das Modell am hinteren Splint, an dem das Gummiband eingehängt ist, festhalten (Abb. 19.4). Der Haltesplint ragt beidseitig einige mm aus dem Rumpf heraus und wird in eine fest verankerte Gabel eingehängt. Dieses Widerlager muss beim Aufdrehen des Gummis dem Zug standhalten. Zu Beginn wird der Gummistrang auf ca. 4-fache Länge gedehnt und dann etwa die halbe Umdrehungszahl aufgezogen. Danach verringert man die Ausziehlänge sukzessive und testet immer wieder durch Tasten mit den Fingern, ob der Gummistrang schon hart wird. Bei Vollaufzug ist der Gummistrang zu schmieren sowie ein geschlitztes Schutzrohr

Abb. 19.4: Haltevorrichtung (Gabel) zum Aufdrehen des Gummistranges. Meist wird auch ein Schutzrohr eingeführt, das dem Schutz des Rumpfes bei Gummiriss dient.

zu empfehlen, das sich nach Erreichen der gewünschten Aufdrehzahl ohne Hilfsmittel leicht entfernen lässt. Für den Fall des Gummirisses würde das Rohr Schlimmeres verhindern. An den Kanten muss der Schlitz mit Klebeband abgeklebt werden, um eine Beschädigung des Gummis zu verhindern.

Die ersten Starts erfolgen bei halber Aufdrehzahl. Das hohe Drehmoment des Gummis erfordert es, dass der kurveninnere Flügel etwas positiver als der Gesamtflügel angestellt ist (stützendes Moment). Manchmal wird auch der kurvenäußere Flügel leicht negativ eingestellt. Manche Modelle wollen überhaupt keine Linkskreise drehen. Dann versucht man es eben mit Rechtskreisen. Im Wesentlichen gibt es die folgenden Einstellmöglichkeiten:

- Flügelanstellung positiv/negativ (rechter oder linker Flügel)
- Motorsturz
- Motor-Seitenzug
- Seitenruder
- Höhenruder

Bei dem unten beschriebenen Peanut-Basic-Modell haben wir herausgefunden, dass es lieber rechts herum kreist. Dabei ist der rechte Flügel leicht negativ eingestellt.

Modelle, die überhaupt nicht kreisen wollen, wurden schon mit einer Hochauftriebsklappe am kurveninneren Flügel versehen (40-45 Grad Ausschlag nach unten). Diese bremst den kurveninneren Flügel und stützt zugleich das Drehmoment ab. Um eine anfängliche Experimentierphase wird man bei diesen Modellen nicht herumkommen. Zu empfehlen ist auch ein reines Übungsmodell, bei dem auf Aussehen und Dekor weniger Wert gelegt wird.

Peanut Basic-Modell (Plan im Anhang)

Das Basic-Modell dient nur dem Üben der Bautechnik und dem Erwerben von Flugerfahrungen. Der Aufbau geht aus dem Plan und den Fotos hervor - s. Anhang. Man be-

Abb. 19.5: Peanut-Basic-Modell für Workshops und Übungszwecke.

ginnt wieder mit den beiden Rumpfleitern und fügt dann die Querstege hinzu. Hier ist mittels Kulissen die absolute Rechtwinkligkeit sicherzustellen. Die Flügelrippen können im Block hergestellt oder gefräst werden. Die Räder sind Balsascheiben, die aus zwei Teilen kreuzweise verleimt werden. Das Lager besteht aus einem Polyamid-Bowdenzugröhrchen. Je nach Gewicht kann der Gummistrang auf einen Querschnitt von 1,6×1 mm reduziert werden.

Antrieb mit Superkondensatoren

Als Antrieb erscheint alternativ zum Gummi ein kleiner Coreless-E-Motor mit einem Superkondensator als Energiequelle geeignet (siehe auch Box). Superkondensatoren sind Energiespeicher, die eine schnelle Speicherung und Energieabgabe zulassen. Bis zu 500.000 und mehr Ladezyklen sind möglich. Die Nennspannung beträgt z.B. 2,7 Volt, wobei Typen mit hoher Energiedichte (d.h. auf das Gewicht bezogener Energieinhalt), wie z.B. der Samwha Greencap mit 7 Wh/kg, zu bevorzugen sind.

Beim Ersetzen des Antriebs durch einen E-Motor mit Superkondensator stellt sich zunächst die Gewichtsfrage: Ein Gummistrang für ein Peanut wiegt etwa 1 Gramm. Die elektrische Antriebseinheit setzt sich beispielsweise aus einem 6-mm-Motor mit 1,4 g, einem 1:5 Getriebe mit 0,5 g und einem 5-Farad-Supercap mit 2 g zusammen. In der Summe macht das ca. 4 g ohne Luftschraube. Ein Fluggewicht von 8 bis 9 g erscheint also realisierbar. Mit einem 4-mm-Motor + Getriebe, einem 3-Farad-Cap und extremer Leichtbauweise sind auch 6 bis 7 g zu erreichen.

Um an ein komplettes Triebwerk zu kommen, kann man ein Hallen-RC-Fertigmodell (z.B. Piper Cup von Reely) ausschlachten. Es gibt im Modellbauhandel auch Bezugsquellen für einzelne Getriebe, Motoren und Zahnräder (z. B. Plantraco, Didel). Für viele

Abb. 19.6: Udet Flamingo mit einen 5-Farad-Supercap als Stromquelle. Fluggewicht ca. 9 g, Flugzeit ca. 50 s.

kleine Schaumwaffel-Modelle sind auch Antriebe als Ersatzteile (replacement parts) zu bekommen (z.B. E-flite, Parkzone, Silverlit, Kyosho, Reely). Der komplette Antrieb sollte aber nicht über 4 bis 5 g liegen.

Als Schalter kann ein SMD-Mikroschalter eingesetzt werden. Eine Alternative wäre ein Drahtkontakt aus zwei dünnen Stahldrahtschenkeln (z.B. 0,3-mm-Gitarrensaite), die nach außen geführt werden. Ein Schenkel wird mit etwas Vorspannung über den anderen gelegt - einfacher geht es nicht. Ein bewährter Antrieb für übliche Peanuts besteht aus einem 4,5-Ohm-6-mm-Coreless-Motor, 5-Farad-2,7-V-Greencap, 1:6,6 Getriebe und 80-mm-Reely Luftschraube. Abb. 19.6 zeigt einen Udet Flamingo mit Kondensatorantrieb. Die Flugzeit mit 5 Farad ist etwa 50 s.

Laden

Für das Laden gibt es keine Einschränkungen hinsichtlich Vorwiderstand, Ladezeit usw. Man kann jedes Netzgerät verwenden (siehe auch Kap. Kondensatormodelle). Die Ladeströme sind zu Beginn der Ladung recht hoch und liegen bei ca. 1 Ampere. Nach ca. 20 s ist die Sollspannung bereits erreicht, der Ladestrom fließt jedoch noch weiter. Erst wenn dieser nach ca. 40 s unter 20 mA abgefallen ist, ist der Cap ganz voll. Für die 2,7-Volt-Typen ist eine Ladespannung bis 3,7 Volt ohne weiteres verkraftbar. Kapazitätseinbußen wurden bis zu einigen hundert Ladungen nicht beobachtet. Langfristig dürfte die Lebensdauer aber doch reduziert werden. Die aktuelle Ladespannung sollte sich nach der Hallenhöhe richten. Ideal ist es, wenn die Decke gerade nicht berührt wird. Alternativ zum Netzgerät lässt sich ein kleiner DC-DC-Controller verwenden, der mit einer 9-Volt-Batterie gespeist wird.

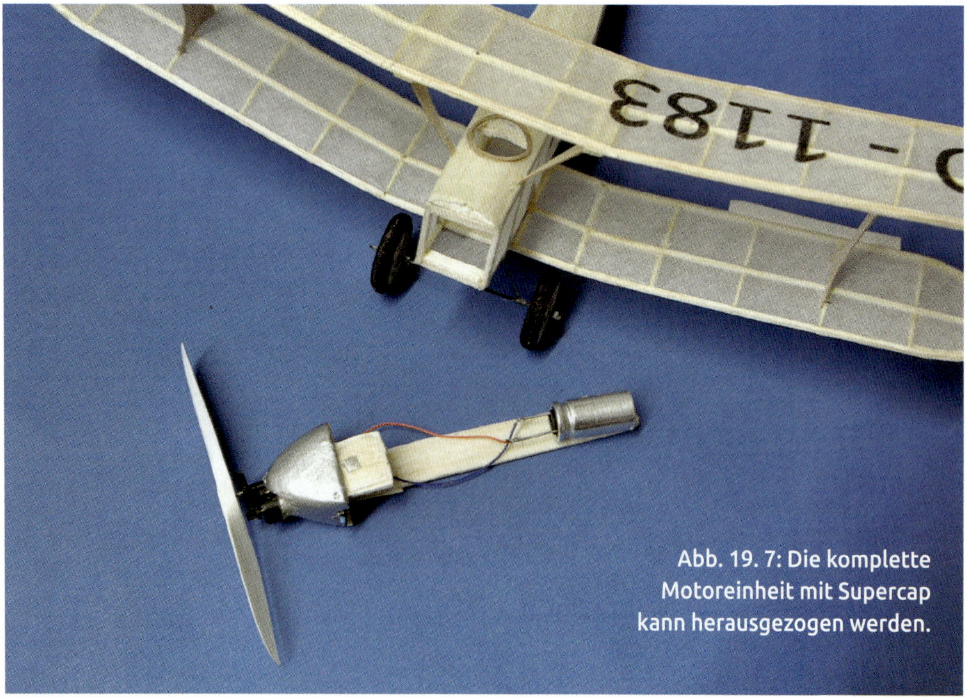

Abb. 19. 7: Die komplette Motoreinheit mit Supercap kann herausgezogen werden.

Abb. 19.8: Eine Fokker DrI mit 5-F-Supercap „onboard", Spannweite 25 cm, Fluggewicht 10 g.

Fliegen

Das Einfliegen sollte bei Windstille auf einer Wiese mit hohem Gras erfolgen. Die Flugrichtung ist normalerweise links herum. Das Seitenruder wird also leicht nach links eingestellt. Der Schwerpunkt liegt bei etwa 30 % der Flügeltiefe und muss meist sukzessive erflogen werden. Der Motorsturz beträgt in der Regel 3 Grad und die Zugrichtung 2 bis 3 Grad nach rechts (!) um das Drehmoment zu kompensieren. Man beginnt mit einer geringen Spannung von 2,5 bis 2,8 Volt und steigert dann bis max. 3,5 Volt. Wegen des Drehmoments tendiert das Modell normalerweise ohnehin von selbst zu einem Linkskreis. Wird dieser zu eng, muss die Zugrichtung des Motors nach rechts etwas erhöht werden. Auch eine Hochauftriebsklappe am linken Flügel (in Flugrichtung gesehen) oder ein etwas höherer Einstellwinkel des linken Flügels kann helfen um ggf. ein Spiralen zur Kurveninnenseite zu vermeiden.

RC-Peanuts

Für kleine Modelle reichen Aktuatoren völlig aus: das sind Spulen mit 60 bis 100 Ohm Widerstand, in deren Zentrum sich ein kräftiger kleiner Magnet befindet. Sobald Strom durch die Spule fließt, richtet sich der Magnet nach dem Feld aus und erzeugt ein Drehmoment in der Größenordnung 0,4 bis 0,8 gcm. Die Kraft kann mit Hilfe einer Schubstange aus 1×1-mm-Balsa oder 0,5-mm-CFK auf ein Ruder übertragen werden. Bei den kleinen Kräften ist es erforderlich, dass die Ruder aerodynamisch gut ausgewuchtet und vor allem leicht sind. Die Gewichte der Aktuatoren liegen bei 0,07 bis 0,5 Gramm. Es gibt auch fertigte Scharniere mit integrierter Spule, die einen direkten Einbau in das Ruder erlauben. Aktuatoren besitzen in der Regel keine aktive Nullpunktkontrolle. Der Nullpunkt muss sich durch Windfahnenwirkung des Ruders selbst einstellen.

Falls mehr Rudermoment gefordert ist, sind Magnetservos zu empfehlen, die eine aktive Nullpunktkontrolle mit seitlich aufgesetzten Magneten besitzen. In der Nähe von Magnetservos bzw. Aktuatoren dürfen sich keine Eisenteile befinden, sonst können die Magneten irritiert werden. Spindelpoti-Servos erzeugen mit ca. 15 gcm Drehmoment bei einem Eigengewicht von 1,5 g schon erheblich höhere Ruderkräfte. In jedem Fall sollten verformbare Elemente wie biegsame Drahtschleifen in die Kraftübertragung zum Ruder eingebaut werden, einmal, um das Servo vor zu großen Kräften zu schützen und zum andern, um eine zusätzliche Nullpunkt-Verstellmöglichkeit zu haben.

Empfänger

Die Empfängergewichte sind in letzter Zeit dramatisch gesunken. Einer der leichtesten Bausteine ist der 0,23 g schwere DelTang-Empfänger Rx31, der auch einen Bürstenmotor-Steller enthält. Der Empfänger ist auch mit einem Brushless-Steller erhältlich. Eine oft verwendete Lösung ist der mit 3,3 g deutlich schwerere „Vapor"-Baustein, der den Empfänger, den Bürstenmotor-Steller und zwei Spindelservos beinhaltet.

RC-Einbau

Viel unnötiges Gewicht kann man mit zu dicken Kabeln erzeugen. Bei den hier benötigten geringen Strömen von einigen 100 mA, genügt 0,2-mm-Cu-Lackdraht. Von den Haltekräften her ist es ausreichend, wenn man Empfänger und Servos mit Doppelklebe-Montageband im Rumpf fixiert. Die benötigten Ruder-Anlenkhebel kann man aus dünnem GFK/CFK fräsen. Die Schubstangen bestehen aus Kohlestäben d=0,7 mm oder 1,5×1,5-mm-Balsaleisten. Längere Schubstangen müssen mindestens einmal geführt werden, so dass sie bei Druckbelastung nicht ausweichen können. Für die Verbindungen Schubstange/Ruderhebel sind 90 Grad Kröpfungen zweckmäßig, die mit Schrumpfschlauch aufgeschrumpft werden (Abb. 19.4). Als Ruderscharniere haben sich gekreuzte Streifen aus Polyestervlies bewährt. Sie sind leichtgängig und besitzen eine gewisse Rückstellkraft, was für Aktuatoren notwendig ist. Abb. 19.5 zeigt den RC-Einbau mit Aktuatoren für Seiten und Höhenruder in ein Peanut-Modell aus 0,7-mm-Depron („Blackburn").

Fliegen

Das Fliegen der RC-Kleinmodelle ist nicht unproblematisch, da sie auf kleine Steuerausschläge wegen der geringen Massen schnell und unmittelbar reagieren. Wer sich das Fliegen nicht auf Anhieb zutraut, sollte besser mit einem quasi unzerstörbaren „Fertigschaumflieger" üben. Grundvoraussetzung für den Erfolg ist auch hier, dass das Modell sorgfältig gebaut ist, d.h. insbesondere keine Unsymmetrien bzw. Verzüge besitzt. Da lohnt es sich schon einmal vor dem Erststart von allen Seiten genau durchzuvisieren.

Ebenso ist die Schwerpunktlage und Einstellwinkeldifferenz vor dem ersten Flug genau zu kontrollieren. Ggf. muss mit einem höheren oder geringeren Akkugewicht nachgeholfen werden. Ruderspiele dürfen partout nicht vorhanden sein, sonst ist das Modell in der Regel unfliegbar.

Der Motor sollte einen Sturz von 2 bis 3 Grad besitzen (je nach Modell, Motorisie-

Abb. 19.9: In die Rumpf-Unterseite der „Blackburn" integrierte Aktuatoren mit Schubstangen aus 0,7-mm-CFK. Die Ruderhebel sind aus 0,3-mm-GFK gefräst.

Abb. 19.10: RC-„Blackburn", hergestellt aus 0,7-mm-Depron, das mit dem Tintenstrahl-Drucker bedruckt wurde. Antrieb: Micro-Brushless von Microinvent.

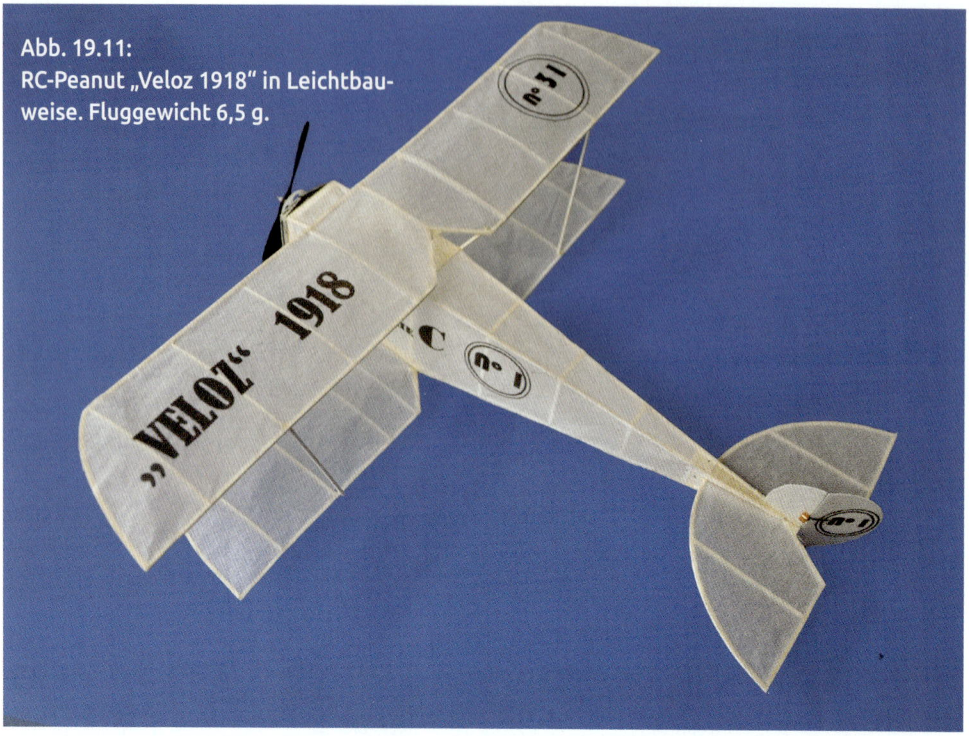

Abb. 19.11:
RC-Peanut „Veloz 1918“ in Leichtbauweise. Fluggewicht 6,5 g.

Abb. 19.12 Einbau der Aktuatorspule in das Seitenruder aus 0,7-mm-Depron.

rung und Flügelprofil). Hochauftriebsprofile erfordern einen höheren Sturz. Ein Seitenzug von 1 bis 3 Grad rechts ist ggf. zu empfehlen, um das Drehmoment der Luftschraube auszugleichen. Spätestens beim Anrollen und Gas geben wird man merken, dass ein Modell mit zu wenig Seitenzug sich um die eigene Achse zu drehen beginnt!

Das Einfliegen sollte mit Rollversuchen und kleinen Hopsern beginnen. Erst wenn das Modell von selbst horizontal und geradeaus fliegt, ist Kurvenflug angesagt. Das Einfliegen auf einer Wiese bei abendlicher Windstille ist zu empfehlen und aus Beschädigungsgründen oft sogar der bessere Weg. Ein Höhenruder ist normalerweise entbehrlich, wenn das Modell im Geradeausflug leicht schwanzlastig getrimmt wird. Normalerweise werden ohnehin Kreise geflogen, wobei sich dann automatisch die richtige Trimmung einstellt.

Allgemeines zu Bespannung und Dekor (von R. Gaggl)

Die Dekorierung der Modelle erfolgt durch prägnante Details und entsprechende Farbgebung, um den Charakter des Fliegers darzustellen. Schöne Details sind z.B. aus dünnen Alublechen gezogene/getriebene Motorhauben und Abdeckungen. Diese werden über Lindenholzklötzen durch Ziehen mittels Holzstäben etc. geformt.

Dabei muss man das Blech immer wieder z.B. mit einer Spiritusflamme erweichen, wenn dieses durch das Ziehen hart geworden ist. Als Bleche eignen sich welche aus dem Bastelbedarf, z.B. 0,05 mm dick zum Weihnachtssternbau oder 0,1 mm Alublech.

Für die Bespannung eignet sich besonders Mitsumata Japanpapier 17 g/m^2 von Japico. Dieses Papier wird aus den Holzfasern des Mitsumata-Strauchs geschöpft und ist sehr geschmeidig. Im Vergleich dazu ist das bekannte Gampi- oder Esaki-Papier etwas leichter, lässt sich jedoch etwas widerspenstiger um Rundungen legen. Die Bespannung wird mit Papierklebe-Stick auf den Rohbau aufgeklebt, Spannen des Papiers dann mit Sprühnebel aus Alkohol-Wassergemisch. Für Peanuts lackiere ich dann 1-2× verdünnten Spannlack (50 % Spannlack, 50 % Aceton).

Zur Farbgebung:

Die Art der Farbgebung hängt stark vom Charakter des Flugzeugs ab. Für modernere Flieger eignet sich die Airbrush-Technik, da man damit schöne gleichmäßige Flächen erzielen kann.

Wichtig ist es hier recht trocken zu sprühen, damit das Papier nicht wellig wird und die Farbe in den Falten zusammenrinnt. Hierzu ist es meist nötig, mehrere ganz dünne Schichten zu sprühen und dazwischen die Farbe immer auftrocknen zu lassen.

Ganz anders bei Modellen alter, stoffbespannter Flugzeuge: Hier wird die Farbe in Wischtechnik auf das Papier aufgetragen. Dazu nimmt man ein Stück fusselfreie Küchenrolle und faltet diese mehrmals zusammen. Dann tropft man etwas Airbrushfarbe drauf und wischt die Farbe damit (in Flugrichtung) auf das Papier. Auch hier ist es wichtig, nicht zu nass zu arbeiten und eher die Farbe in mehreren Durchgängen aufzutragen. Man kann auch etwas mit dem Farbton spielen - mit hellem Cremeweiß anfangen und dann zum Schluss etwas mehr Braun dazu - so bekommt man ein schönes, leinenartiges Dekor, das durchaus etwas fleckig sein kann. Auch Auspuff- oder Schmierspuren kann man so aufbringen.

Für Kennzeichen, Dekore etc. eignet sich auch die Airbrush-Technik. Die Maskierungen hierzu auf der dünnen Bespannung sind etwas anspruchsvoll, klassischer Maskierfilm für Airbrush mit kleiner Klebekraft (low tack film) geht hier so einigermaßen. Auch

Masken aus Papier sind geeignet, die an der Rückseite mit Sprühkleber leicht eingesprüht werden (z.B. 3M Photo Mount). Den Sprühkleber vor dem Auflegen auf die Bespannung etwas antrocknen lassen.

Als Maskenpapier hat sich saugendes Papier bewährt (Zeichenpapier), damit die Farbe nicht unter die Maske läuft. Auch hier gilt: trocken sprühen, eventuell mehrere Durchgänge und dazwischen antrocknen lassen.

Als Airbrushfarben eignen sich bevorzugt jene von „Schmincke-Airbrushfarben" auf Wasserbasis, die sehr fein pigmentiert sind und in vielen Farbtönen erhältlich sind. Dazu noch Leerfläschchen, um sich eigene Farbtöne daraus zu mischen.

Für Vorversuche sollten unbedingt kleine, etwa 5×10 cm große „Bilderrahmen" aus Holzleisten angefertigt werden, die mit Bespannpapier bespannt werden. Darauf kann man dann wunderbar die verschiedensten Dinge ausprobieren, die dann bei Gelingen am neuen Flieger angewandt werden können. Den Proberahmen kann man immer wieder neu bespannen.

Nach einigen „Peanuts" entwickelt wohl jeder Modellbauer seinen eigenen Stil oder „Handschrift" in der Gestaltung der Modelle - seien diese nun aufwendig und detailreich oder eher minimalistisch und leichtgewichtig gestaltet. Schön ist, was gefällt!

Saalflugmodelle aus Styropor

Allgemeines

Wegen seines geringen spezifischen Gewichtes (s. Tabelle) eignet sich expandiertes Polystyrol (Markenname Styropor) zum Bau von Saalflugmodellen aller Art, insbesondere mit Elektroantrieb. Dazu werden - je nach Anwendung - mit dem Hitzdraht-Scheidegerät dünne Platten hergestellt. Bei Styropor gibt es große Dichteunterschiede: Das in großen Blasen geschäumte Material besitzt ein Raumgewicht von ca. 12 kg/m³ und das dichter geschäumte ca. 20-25 kg/m³. Das locker geschäumte Material findet man z.B. als Beilagen bei Möbelverpackungen. Das dichter geschäumte Material dient ebenso für Verpackungen, wird aber auch zum Schneiden von Styroporkernen verwendet. Es dient in Schichtdicken von ca. 1,5 mm für den Flügelbau von Saalflugmodellen. Für kleine Modelle ist auch Depron oder Styrodur in sehr dünnen Schichten von 0,6 bis 0,8 mm geeignet. Industriell hergestellte Platten besitzen - im Gegensatz zu selbst geschnittenen - eine verdichtete Oberfläche, die das Gewicht deutlich erhöht. Die Tabelle zeigt die Dichten der dem Autor derzeit zur Verfügung stehenden Materialien.
Als Kleber eignen sich Weißleim, UHU por oder auch andere Spezialkleber für Schaumstoffe.

Hitzdraht-Schneidgerät

Ein einfaches Hitzdraht-Schneidgerät wird wie folgt hergestellt (Abb. 20.1). Material:

- Basisplatte 20-mm-Multiplex o.ä. ca. 14 cm Breite und 40 cm Länge mit Kunststoffbeschichtung oder Gleitschicht aus Paketklebeband
- Schneidedraht 0,35 mm (z.B. Conrad Widerstandsdraht 5 Ohm/m Best. Nr. 429909- 62)
- Steckernetzgerät, 5 V, 3 A
- Kabel mit Steckern, Krokodilklemme
- Kräftige Zugfeder, Schrauben, Metallrolle (Umlenkung)
- Beilagen (Blechfolien) zur Herstellung der gewünschten Schneiddicke

Material	Dichte kg/m³	Quadratmetergewicht einer 1 mm dicken Platte (Gramm)
Balsaholz leicht	85	85
Styropor locker geschäumt	12	12
Styropor dicht geschäumt	20	20
Depron	31	31
Styrodur	35	35

Aufbau

Die Grundplatte, soweit sie nicht kunststoffbeschichtet ist, wird mit gleitfähigem Material (z.B. Paketklebeband) beklebt. Der Schneidedraht wird auf einer Plattenschmalseite an einer Schraube zusammen mit der Zuleitung fixiert, auf der gegenüberliegenden Seite wird er zur Zugfeder umgelenkt. Die Umlenkung sollte wegen der temperaturabhängigen Dehnung des Drahtes wenig Reibung haben - ggf. eine Messinghülse oder besser Kugellager als Umlenkrolle verwenden. Der Schneiddraht wird an der Feder durch mehrfaches Umwickeln festgemacht. Ab Feder wird eine freie Drahtlänge von ca. 30 cm stehen gelassen. Diese Strecke dient zum Anklemmen der Krokodilklemme. Durch die Lage der Anklemmstelle wird die Schneidtemperatur bestimmt. Bei meinem Schneidgerät beträgt die gesamte stromdurchflossene Drahtlänge (einschl. Schneidstrecke) etwa 30 cm. Die Schneidtemperatur sollte nicht zu hoch sein, um eine glatte Schnittfläche zu erzeugen. Styrodur und Depron erfordern etwas höhere Schneidtemperaturen als Styropor. Die Dicke der geschnittenen Schicht wird durch Beilagen aus dünnen Metallplättchen o.ä. bestimmt. Hier sind unbedingt Versuche notwendig, um die gewünschte Solldicke zu erzielen. Man kann nicht davon ausgehen, dass bei einer Beilage von 1 mm die Platte genau 1 mm dick wird (Abbrand!). Wenn man die richtige Einstellung ermittelt hat, ist das Schneiden der Platten ein Kinderspiel.

Flügelherstellung

Nachdem man eine dünne Platte entsprechender Größe zugeschnitten hat, wird die Wölbung mit Hilfe eines Rohres (z.B. Staubsaugerrohr) eingebracht, siehe Abbildung.

Abb. 20.1: Hitzdraht Schneidegerät mit Steckernetzteil, 5 Volt, 3 Ampere. Mit der Drahtlänge bis zur Klemmstelle (rote Klemme) wird die Schneidtemperatur eingestellt.

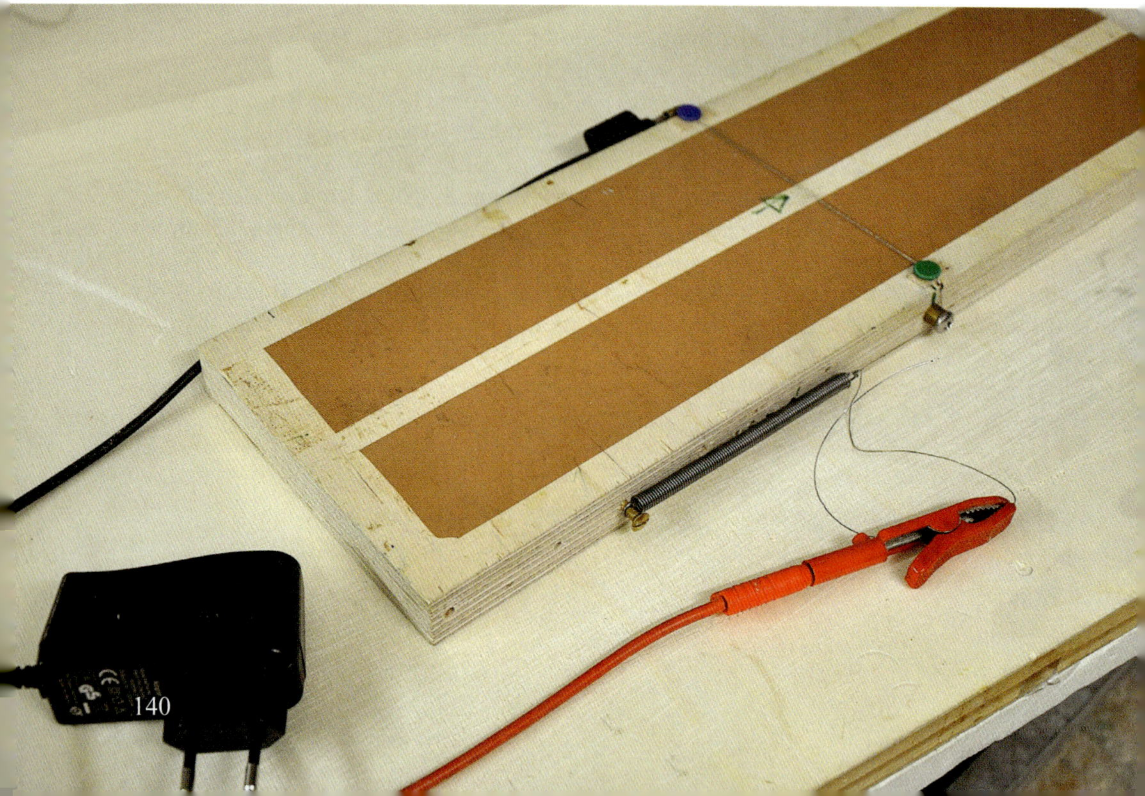

Abb. 20.2: Zum Biegen wird das Styroporblatt zusammen mit einem flexiblen Karton um ein Rohr gewickelt.

Die Platte wird zusammen mit einem flexiblen Karton um das Rohr gewickelt (Abb. 20.2). Sollte die Wölbung zu stark sein, kann man sie durch gleichmäßigen Druck wieder reduzieren. Wichtig ist eine gleichmäßige Wölbung auf der ganzen Länge. Die Wölbung der Platte sollte auf der Unterseite etwa 4-5 % der Flügeltiefe betragen. Diese Wölbung ist für Saalflugzwecke ideal.

Der Styroporflügel wird durch zwei Maßnahmen stabilisiert: zum einem mit einer Nasenleiste, ca. 1,5×1,5 mm aus härterem Balsa und zum anderen mit einem Holm aus Balsa oder Kohle auf der Unterseite an der Stelle mit der größten Wölbung. Für leichte Modelle ist ein Balsaholm mittlerer Härte von ca. 3×1,5 mm (flach liegend eingebaut) ausreichend. Größere Modelle mit Spannweiten bis 1 m benötigen ein Kohleröhrchen, ca. 1,5/1 mm.

Die so gebauten Flügel behalten unter normaler Beanspruchung problemlos ihre Form und Wölbung. Ein Flügel mit 70 cm Spannweite wie er z.B. für die Saalflugente HES-17E verwendet wird, wiegt knapp 3 Gramm! An den Auflagestellen des Flügels sollten Verstärkungen aus dünnem Sperrholz oder 0,2-mm-GFK angebracht werden. Die Knicke müssen bei Balsaholmen mit einigen Harz-getränkten Kohlefäden auf der Unterseite verstärkt werden. Bei Kohleröhrchen ist am Knick ein Winkel-Verbindungsstück aus 0,5-mm-Strahldraht ausreichend.

Schneiden von dünnem Styropor

Hier eignen sich in erster Linie scharfe (neue) Rasierklingen. Die jeweilige Klinge wird flach in einem Winkel von ca. 20-30 Grad zur Auflage geführt um ein Ausfransen des Styropors zu vermeiden. Unscharfe Klingen führen unweigerlich zum Ausfransen bzw. Reißen des Materials.

Herstellung von Gehrungen

Eine besondere Herausforderung stellen bei geknickten Flügeln die Gehrungen dar, die einen fugenfreien Knick gewährleisten

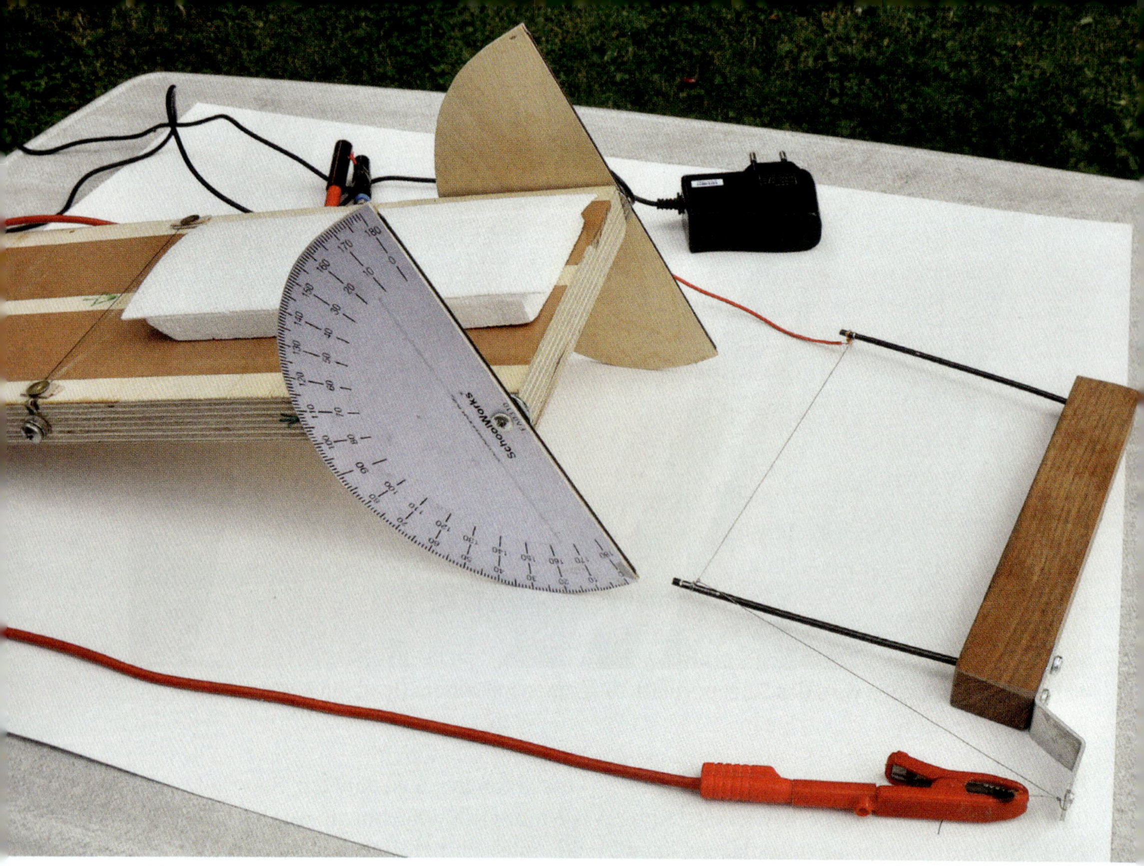

Abb. 20.3: Herstellen der Gehrung für den Flügelknick mit Hilfe einer drehbaren Winkellehre zur Führung des Schneiddrahtes. Rechts die Styroporsäge (Plan im Anhang), hinten das Steckernetzgerät. Die Gleitbahnen haben eine Auflage aus 0,8-mm-Stahldraht.

sollen. Dazu dient eine Schneidvorrichtung (Abb. 20.3, Bauplan im Anhang). Das gewölbte Styroporblatt (z.B. Flügel) wird auf einen Formklotz, der die Wölbung der Profil-Unterseite besitzt, aufgelegt und dann mit der Styroporsäge im gewünschten Winkel geschnitten. Die beiden Flügelteile müssen sich an der Knickstelle fugenfrei zusammenfügen lassen.

Ruderscharniere

Zur Herstellung leichter, präziser Ruderscharniere empfehle ich, kreuzweise schmale Streifen aus Polyestervlies-Bespannmaterial (ca. 20 g/m²). Das Aufkleben der Scharnierstreifen erfolgt bei Depron/Styropor z.B. mit UHU por, das etwas mit Feuerzeugbenzin verdünnt wurde. Beim Festkleben der Scharnierstreifen sollte das Ruder dicht anliegen, damit kein Spiel entsteht. Diese Art von Ruderscharnieren ist bei geringstem Gewicht leichtgängig und präzise. Im Übrigen sind Luftspalte bis 0,5 mm Breite unkritisch und verstärken sogar die Ruderwirkung (Spaltprofil).

Modellbeispiele „Wiegt Nix" (Konstr. Martin Meyr)

Das Modell „Wiegt Nix" wurde inzwischen dutzende Male gebaut und hat sich zum „Standard-Rentnermodell" entwickelt (Abb. 20.4). Mit 10-15 Gramm Fluggewicht einschl. Fahrwerk fliegt es im Schritttempo. Flügel und Leitwerk bestehen aus 1,5 mm dicht geschäumten Styropor, wie oben beschrieben. Das Flügelmittelteil besitzt vorne eine Stoßkante aus härterem Balsa, jedoch keinen extra Holm. Infolge der starken Wölbung und der beiden Knicke ist der Flügel auch ohne Holm relativ formtreu. Die Gehrungsschnitte wurden mit einer Vorrichtung nach Abb. 20.3 hergestellt.

Die Flügel-Befestigung erfolgt mit einem dünneren Gummiring (z.B. aus Fliesenlegergummi), wobei die Auflagerstellen des Gummis verstärkt werden sollten. Die Unterseitenwölbung des Flügels beträgt bei einer Flügeltiefe von 12 cm ca. 8 mm (7 %). Die RC-Ausrüstung einschl. Antrieb, Aktuatoren und Akku stammt aus einem Reely Modell (Cessna o.ä), das ausgeschlachtet wurde. Mit knapp 40 Euro ist dies die kostengünstigste Lösung für die komplette Elektronik + Fernsteuerung.

Saalflugente HES-17E (Bauplan im Anhang)

Technische Daten „HES-17E“ (Abb. 20. 5, 20.6, 20.7)

- Spannweite 665 mm
- Fluggewicht 10 g
- Motor 4-mm-Coreless mit 1:5 Getriebe (GB05 von Plantraco)
- RX31 DelTang 0,24 g
- Spindelservo 1,5 g
- LiPo 35 mAh

Flügel und Leitwerk werden wie oben beschrieben aus 1,5-mm-Styropor hergestellt und mit dünnen Gummiringen auf ihren

Abb. 20.4: Das Modell „Wiegt Nix“ aus Styropor. Rumpfstab aus 3×5 mm Balsa.

Unterlagen befestigt. Auch hier keine Bürogummis, sondern dünnen Fliesenlegergummis oder elastischen Nähfaden benutzen. Der Flügel besitzt auf der Unterseite einen Balsaholm 2×5 mm. Das Triebwerk ist ein GB05 von Plantraco mit dem zugehörigen 100-mm-CF-Propeller von Microinvent. Das Triebwerk, das auf dem Seitenruder sitzt, wirkt als Vektorantrieb und unterstützt die Kurvenwirkung. Diese ist ziemlich heftig und muss dosiert eingesetzt werden.

Das Seitenruder wird mit einem Spindelservo (ca. 1,5 g) betätigt. Als Empfänger dient ein DelTang-Servoempfänger Rx31 mit ESC (0,24 g). Um den Schwerpunkt nach vorne zu bringen, wird der 35-mAh-Akku ganz an der Spitze des Modells unter dem Leitwerk eingebaut. Auch das Servo wird soweit wie möglich nach vorne in Richtung Schwerpunkt gerückt. Der Flugstil der Ente ist absolut gutmütig. Wichtig ist eine leicht schwanzlastige Trimmung. Damit ist ein Höhenruder entbehrlich und Kurven können ohne Spiraltendenz geflogen werden.

Micro Magnum (Abb. 20.8, 20.9)

Technische Daten:

- Spannweite 250 mm
- Fluggewicht mit RC: 4,5 Gramm
- RX: DelTang
- Antrieb: 4-mm-Motor, 1:5 Getriebe (GB05)
- Propeller: CFK, 80 mm von Microinvent
- LiPo 20 mAh
- Seitenruder-Aktuator aus Reely-Modell „Cessna"

Hier wurde die bekannte RC-Magnum als Micromodell mit weniger als 5 Gramm Fluggewicht gebaut. Der Plan der Magnum ist im WWW frei verfügbar. Er wurde auf eine Spannweite von 25 cm herunterskaliert.

Die Styroporteile sind 1,5 mm dick und mit Hitzdraht aus Abfällen von der Styrokern-Fertigung geschnitten. Das Aktuatorgelenk für das Seitenruder wurde einer Reely Cessna entnommen und durch Entfernen von Rahmenmaterial wesentlich leichter gemacht.

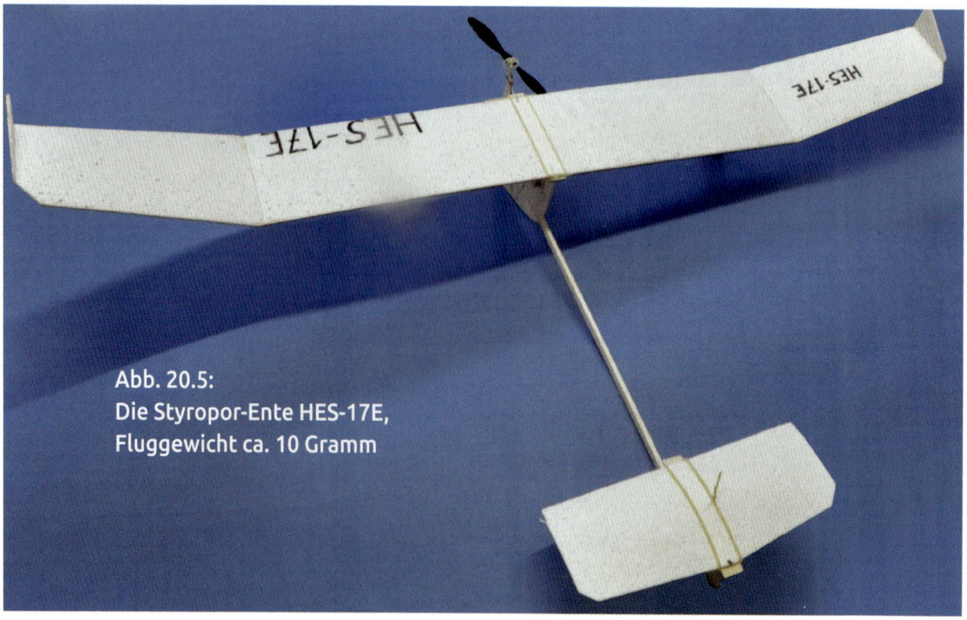

Abb. 20.5:
Die Styropor-Ente HES-17E, Fluggewicht ca. 10 Gramm

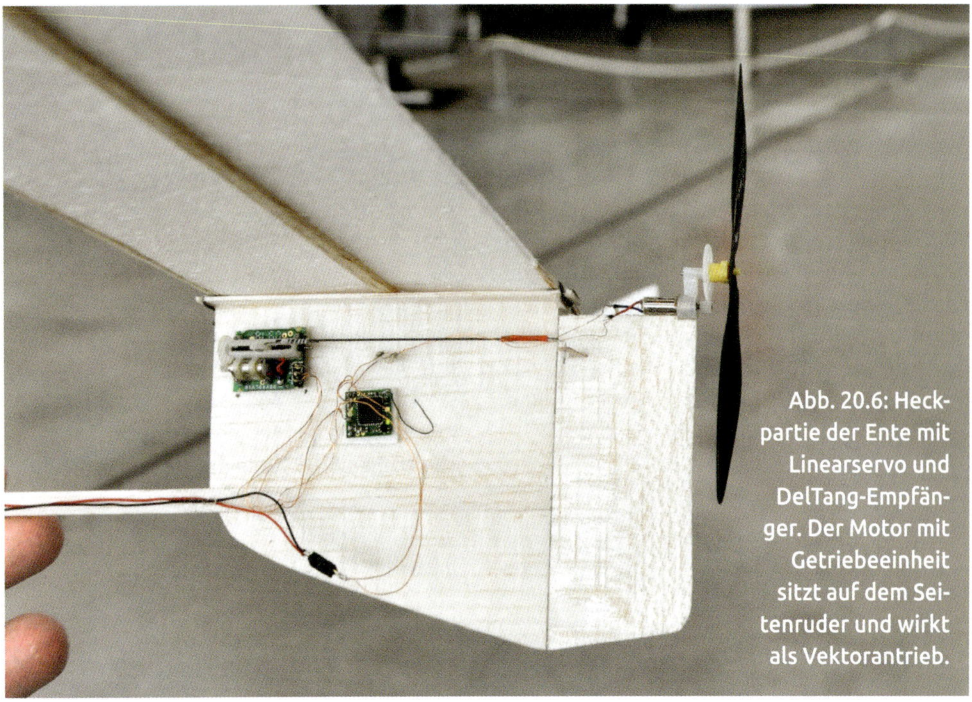

Abb. 20.6: Heckpartie der Ente mit Linearservo und DelTang-Empfänger. Der Motor mit Getriebeeinheit sitzt auf dem Seitenruder und wirkt als Vektorantrieb.

Abb. 20.7: Die Saalflugente HES 17E im Vorbeiflug neben der Solair I-Ente in der Flugwerft des Deutschen Museums.

Der Rumpf ist mit Streifen von 0,4-mm-Balsa beidseitig verstärkt. Die Fahrwerksbeine aus Styropor sind ebenso mit 0,4-mm-Balsasteifen verstärkt und mit 0,5-mm-CF-Stäben zum Rumpf hin abgestrebt. Das Flügelprofil wird wie oben beschrieben durch Biegen über ein Rohr hergestellt und besitzt auf der Unterseite ca. 5 % Wölbung. Die Flügelohren sind eben, ohne Profilierung. Die Herstellung der Gehrungen für die Flügelohren erfolgt mit der Winkellehre wie oben beschrieben. Auf die exakte Symmetrie der beiden Flügelohren hinsichtlich V-Form und Einstellwinkel ist zu achten.

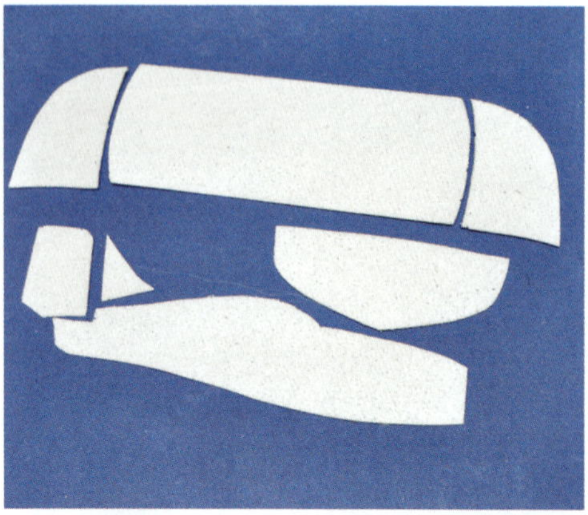

Abb. 20.8: Die aus 1,5-mm-Styropor ausgeschnittenen Einzelteile der „Micro-Magnum".

Abb. 20.9: Die Micro Magnum findet auf einer Hand Platz.

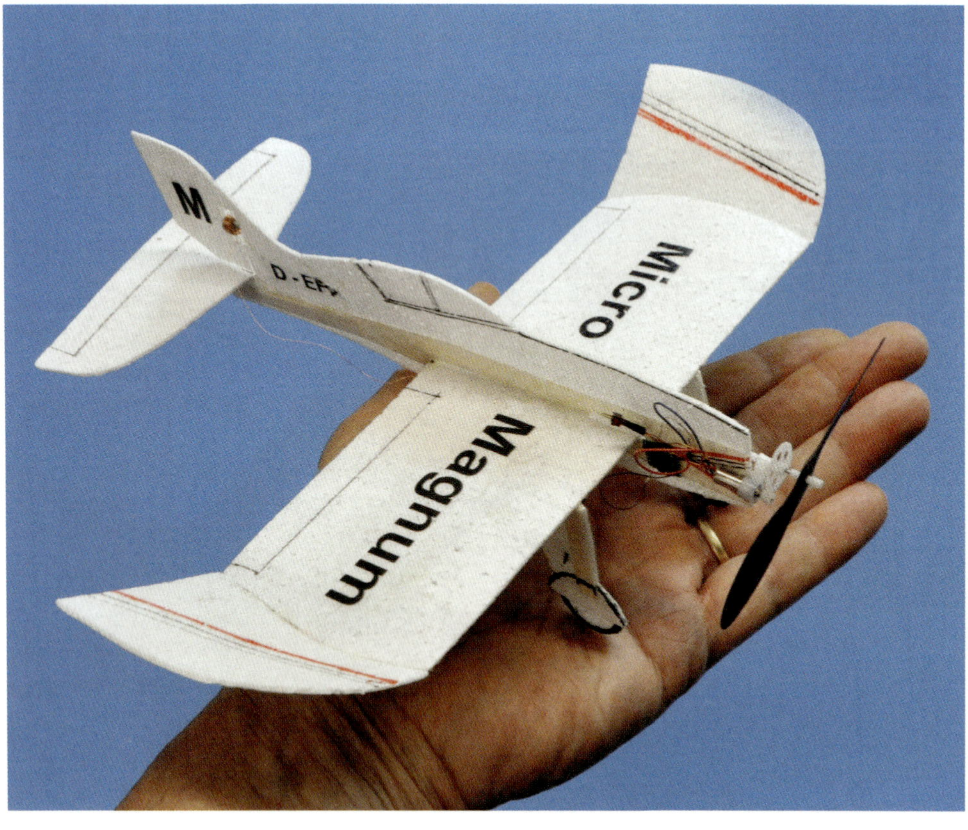

Wettbewerbsklasse TH 30

Die TH30-Modelle besitzen eine maximale Spannweite von 300 mm und ein Minimalgewicht von 1,6 g. Der Propeller ist ein einfaches Paddel mit 160 mm maximaler Länge ohne Verdrehung der Propellerblätter. Die Klasse hat sich seit ihrer Einführung im Jahr 2015 sehr gut entwickelt und ist äußerst beliebt. Die Flugzeiten liegen maximal zwischen fünf und sechs Minuten, so dass Wettbewerbe, z.B. in Verbindung mit Baukursen, zügig abgewickelt werden können. Um 1,6 Gramm Gewicht nicht zu überschreiten, ist das Balsaholz sorgfältig auszuwählen. Der Gummimotor ist frei wählbar. Üblich sind Schleifen mit ca. 1×1×350 mm.

„Quirl TH30-N" (Bauplan im Anhang)

Neu ist bei diesem Modell die Schrägrippe, die bewirkt, dass der linke Außenflügel einen höheren Einstellwinkel (Wash-in) besitzt. Das Modell hat einen teilbaren Rumpf, der folgende Vorteile besitzt: 1. bessere Transportfähigkeit, 2. durch Kippung des Höhenleitwerks kann man den Kurvenradius beeinflussen. Die Trimmung erfolgt durch ein mit einem Gleitstift verstellbares Höhenleitwerk. Der Schwerpunkt wird fest eingestellt und liegt 10 mm vor dem hinteren Pfosten. Da die Gewichtsverteilung bei jedem Modell etwas anders ist, sollte man zur Einstellung der richtigen Schwerpunktlage wie folgt vorgehen: Das Auswiegen des Modells erfolgt mit Gummimotor, jedoch noch ohne Flügel. Mit dieser Anordnung ermittelt man den Hilfsschwerpunkt und markiert ihn am Rumpf. Der Flügel wird nun so montiert, dass der hintere Pfosten genau beim Hilfsschwerpunkt zu liegen kommt. Nach Montage des Flügels liegt der endgültige SP dann etwa an seiner Sollposition ca. 10 mm vor dem hinteren Pfosten. Im Folgenden sind einige Bilder zu Details beim Bau des Modells gezeigt (Abb. 21.1 bis 21.5).

Abb. 21.1: Justieren der Propellerblätter mit 40°-Winkellehre.

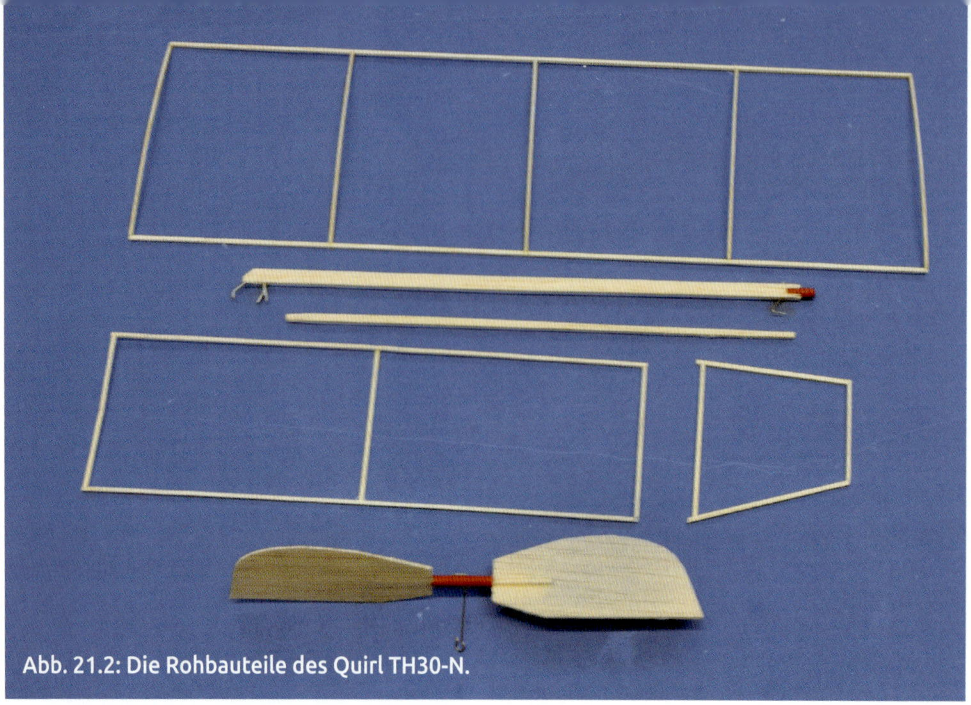

Abb. 21.2: Die Rohbauteile des Quirl TH30-N.

Abb. 21.3: Der Einstellwinkel des Höhenleitwerks kann verändert werden.

Abb. 21.4: Die Knicke werden unten mit Papierstreifen verstärkt.

Abb. 21.5: „Quirl TH30-N" mit teilbarem Rumpf.

Abb. 21.6: TH 30 „Dow Cup“.

TH30 „Dow Cup“ (Bauplan im Anhang)

Der Dow Cup wurde als minimalistisches Konzept entwickelt (Abb. 21.6). Der Flügel hat keine Knicke und ist deshalb besonders leicht herstellbar. Der Paddelpropeller mit 45 Grad wird durch eine quadratische Leiste realisiert, an die die Propellerblätter geklebt werden. Voraussetzung ist eine exakt diagonale Bohrung durch die Leiste für die Propellerwelle. Hierfür ist ein 45-Grad-Prisma notwendig. Für maximale Flugzeiten sollte jedoch besser ein Propeller mit 40°-Blattwinkel verwendet werden. Die Winglets müssen sehr leicht sein, um das Gesamtgewicht von 1,6 Gramm nicht zu überschreiten. Am günstigsten ist Styrodur mit ca. 0,4 mm Dicke, das man mit Hitzdraht aus Verpackungsmaterial etc. schneidet (siehe Kap. Modelle aus Styropor).

TH30 von Philipp Stengele (Bauplan im Anhang)

Das Modell mit den elliptischen Formen sieht aus wie ein „Mini-F1D-Modell“. Es ist eines der stilistisch schönsten TH 30-Modelle, die mir bekannt sind. Interessante Details: kein Flügelverzug und kein Flügel-Offset (Asymmetrie). Flügel und Leitwerk sind fest montiert, der Rumpf ist teilbar. Gerin-

Abb. 21.7: Zwei formschöne TH 30-Modelle, Konstrukteur: Philipp Stengele.

ge Trimmkorrekturen werden durch leichtes Verbiegen des Rumpfes vorgenommen. Die Flugverhalten und Flugleistungen sind hervorstechend. Das Leistungspotenzial liegt zwischen fünf und sechs Minuten. Hier bewahrheitet sich erneut: „Was gut aussieht, fliegt auch gut".

CO2-Modelle

Der Antrieb von Saalflugmodellen aller Art (Dauerflugmodelle, Peanuts und Profile-Scale-Modelle) mit CO2-Motoren ist eine ist eine sehr lohnende Sache, da an Authentizität (Aussehen, Sound) kaum zu übertreffen. Das markante Geräusch des Motors erweckt das Gefühl von Echtheit. Bezüglich Technik und den Betrieb von Motoren wird auf das Buch „CO2 Motoren und ihr Einsatz“ von Klaus Jörg Hammerschmidt (Neckar Verlag 1992) hingewiesen. Dort werden auch die Sicherheitsaspekte besprochen. Der Umgang mit Druckgas ist nicht ungefährlich. Der Tankdruck kann bis zu 70 bar betragen! Es müssen alle Sicherheitshinweise der Hersteller beachtet werden.

Gasparin-Motoren als aufgearbeitete Exemplare oder Restbestände sind immer noch erhältlich (Old Engine Models). Die Motoren dürfen nur mit viel und vor allem geeigneten Öl betrieben werden, sonst nutzen sich die Kolben-O-Ringe schnell ab. Je ein Tropfen Öl wird vor dem Lauf mit einer Mini-Spritze in die Auslassöffnungen und in das Kurbelgehäuse eingespritzt. Empfohlen wird geeignetes Synthetiköl nach den Empfehlungen des Herstellers. Beim Kauf der Motore sollte man vor allem eine Portion Kolben-O-Ringe, aber auch sonstige Ersatzteile (Dichtungen, Ventilkugeln) mitbestellen.

Tank füllen

Wer ernsthaft CO2-Modelle betreibt, kommt ohne eine CO2-Tauschflasche, z.B. von Sodastream, die in vielen Geschäften (z.B. Rossmann) getauscht werden kann, nicht aus. Zum Füllen des Tanks ist ein käuflicher Adapter nötig (Hersteller KP Aero oder Old Model Engines, Abb. 22.1). Auch die Adapter bedürfen der Wartung und Inspektion, denn das explosionsartige Ausströmen des Gases im Falle des Verschlussversagens kann sehr gefährlich werden! Insbesondere muss der feste Sitz der Kugel im Ventil gewährleistet sein. Ein Austausch der Kugel darf nur gegen eine solche mit dem gleichen Durchmesser erfolgen!

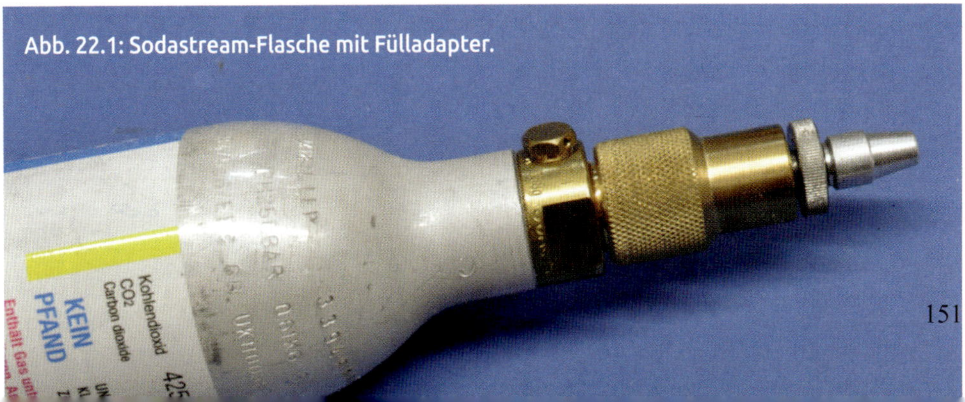

Abb. 22.1: Sodastream-Flasche mit Fülladapter.

Beim Befüllen des Tanks unterscheidet man zwischen Gasfüllung und Flüssigfüllung. Wenn der Tank flüssig gefüllt wird, sind die Flugzeiten erheblich länger. Flüssigfüllung erfolgt unmittelbar nach einem Lauf mit normaler Gasfüllung, wenn der Tank schon etwas vorgekühlt ist. Dazu wird die Flasche senkrecht gehalten und der Füllstutzen ca. 10 s in das Ventil gedrückt, so dass das Gas flüssig in den Tank läuft. Ich verwende für das Andrücken des Füllstutzens als Hilfsmittel eine kleine Flachzange, die man allerdings gefühlvoll einsetzen muss! Man kann den Tank auch mittels Kältespray vorkühlen, um die Flüssig-Füllmenge zu erhöhen. Probleme kann es jedoch durch Vereisen des Motors, bis hin zum Stillstand geben.

Fliegen

Die Drehmomente der CO2-Motoren sind relativ hoch, so dass man relativ große Luftschrauben benutzen kann. Bezüglich der Motorisierung ist das Modellgewicht entscheidend. Für ein leicht gebautes Peanut-Modell reicht ein G-5- oder G-6-Motor aus (Abb. 22.2). Für größere Modelle ist der G-10 bzw. der Zweizylinder G10T eine gute Wahl. Bei Zweizylindern müssen die Einzelmotoren so abgestimmt werden, dass sie etwa gleiche Beiträge zur Leistung liefern. Das erreicht man über das gefühlvolle Ein/Ausdrehen der Zylinder. Man merkt sofort, wenn beide Motoren auf gleiche Leistung/Drehzahl abgestimmt sind. Natürlich wird man die Leistung soweit möglich drosseln, um möglichst lange Flüge auf etwa konstanter Höhe zu erreichen.

Abb. 22.2: Der Gasparin G5-Motor eignet sich hervorragend für Peanut-Modelle.

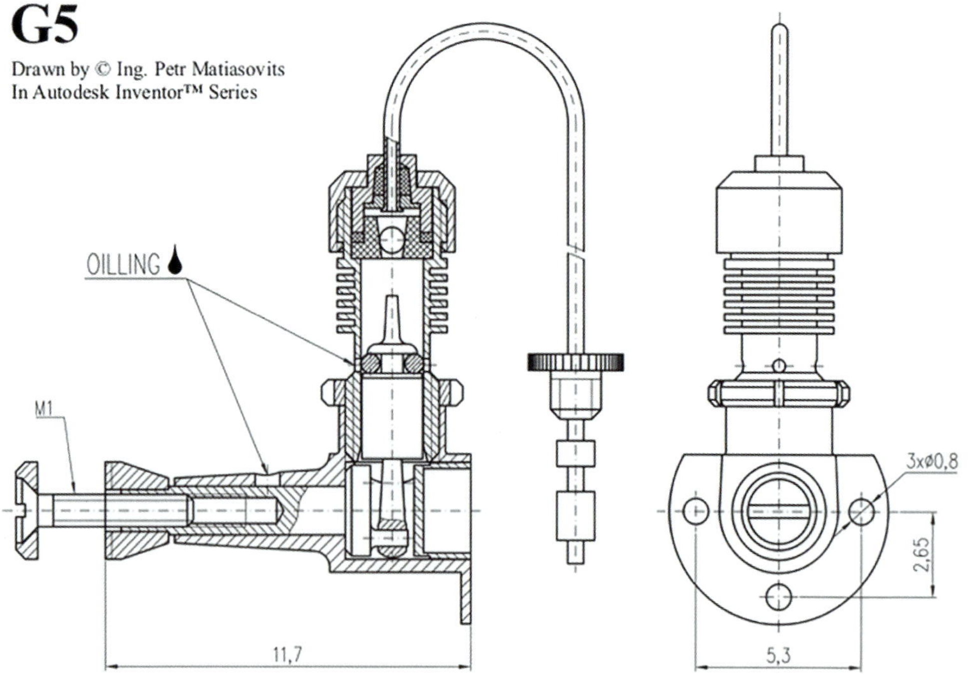

Abb. 22.3: Pou du Ciel-Peanut-Modell, Gewicht 9 g, mit Gasparin G6T-Motor. Das Modell besitzt die original Hungerford Speichenräder und ist in der Saalflug-Vitrine der Flugwerft Schleißheim ausgestellt.

Modelle

Hier wird das Peanut Modell "Pu du Ciel" vorgestellt, das mit einem G6T (Zweizylinder) betrieben wird (Abb. 22.3 und 22.4). Der Bau erfolgte nach einem Aeromodeller Peanut-Bauplan, wobei die extrem dicken Profile auf eine 15 % geringere Dicke reduziert wurden. Das Fluggewicht liegt bei 9 Gramm. Das Modell fliegt mit Flüssigfüllung ca. 10 Runden mit einem faszinierenden Flugbild.

Abb. 22.4: Die Rohbauteile der Pu du Ciel.

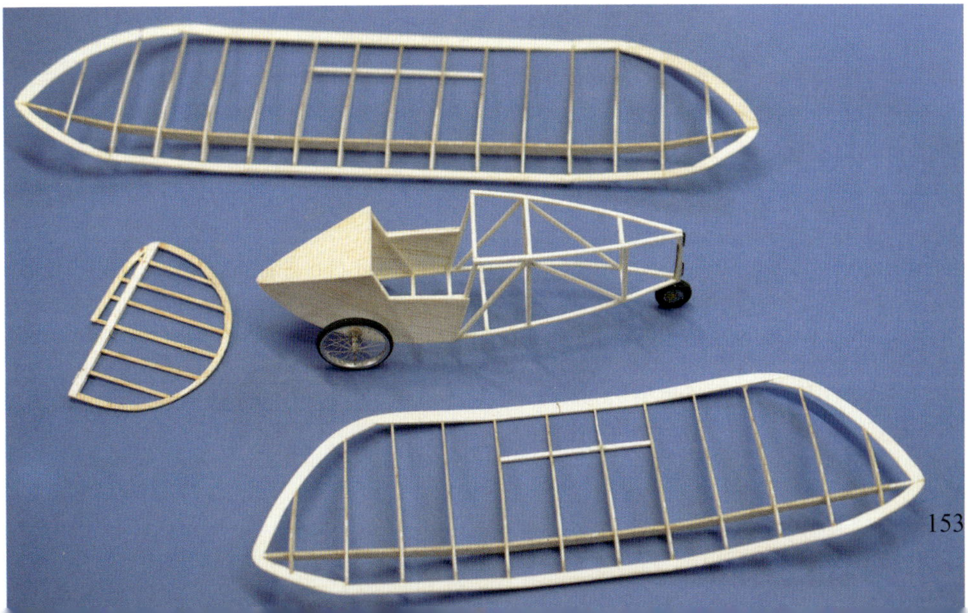

Das Schulprojekt "Lillström"

Abb. 23.1: Start des Modells „Lillström" in der Turnhalle. Flugzeiten bis zwei Minuten werden erreicht.

Das Schulprojekt „Lillström" (Bauplan im Anhang) wurde zusammen mit dem G-Quirl Gleiter und weiteren Saalfliegern in der FMT 02/19 ausführlich vorgestellt. Es soll mit einfachen, leicht erhältlichen Mitteln für Schulen durchführbar sein. Der Bau orientiert sich an dem schwedischen Beginner-Modell „Lillflygarn" und wird in Youtube unter „Bauanleitung Lillflygarn`n" erklärt.

Kondensator statt Gummi

Der klassische Saalflug benutzt als Energiequelle speziellen Hochleistungsgummi, der aus den USA bezogen werden muss. All das wird mit dem „Superkondensator", der „von der Stange" gekauft werden kann, vermieden. Supercaps (vom Englischen „super capacitor") mit 5 Farad kosten heute unter

1 Euro und lassen Flugzeiten von mehreren Minuten zu. Auch die DC-Mikromotoren sind für wenige Euro erhältlich. Sie stecken in vielen elektronischen Geräten wie Handys (als Rüttelmotor), Kameras oder Minidrohnen. Das Laden der Kondensatoren erfordert eine Spannung von 2,5 bis 3,5 Volt, die jedes einfache Netzgerät liefert.

Konzept eines Schülermodells

Das Motormodell, dessen Energie der Supercap liefert, setzt gewisse Vorkenntnisse voraus, die mit dem Gleiter erarbeitet wurden. Das Grundkonzept des „Lillström"-Kondensatormodells ist erprobt und beinhaltet keine grundsätzlichen Schwierigkeiten. Das Baumaterial ist unten aufgeführt. Balsaholz hat sehr unterschiedliche Dichten von 70 bis 250 kg/m³. Hier wird eine Dichte von ca. 90 bis 100 kg/m³ benötigt. Eine kleine Milligramm-Waage (Goldwaage ca. 25 Euro) ist dabei von Vorteil, denn sie fördert von vorne herein das Gefühl für das Gewicht, das ja beim Fliegen immer entscheidend ist.

Materialbedarf:

- Balsabrett 1,5 mm Dicke, Dichte ca. 90 kg/m³ (Modellbauhandel, Thoma-Balsa, Heerdegen Balsa)
- Plastikfolie 5 g/m² (die dünnste, die erhältlich ist, z.B. 20 m² für 99 Cent im Obi- oder Toom-Baumarkt etc., auch Gemüsetüte vom Supermarkt), aufkleben mit Sprühkleber, z.B. 3M-Spraymount
- Alternativ: dünnes Seidenpier, aufkleben mit Papier-Klebestick
- DC-Motor 6×12 mm, 10 Ohm (z. B. Didel.com, Micron Wings)
- Luftschraube: Drohnen-Ersatzpropeller, ca. 45 mm Durchmesser mit 0,8 mm Loch (z. B. Corrad Best. Nr. 1760622), Premium Modellbau)
- Superkondensator Samwha Greencap 5 Farad (z. B. Conrad.de)
- Weißleim, Papierklebestick

Abb. 23.2: Das flugbereite Kondensator-Modell „Lillström". Der Kondensator ist am Rumpf verschiebbar und kann zur Feintrimmung benutzt werden.

Fliegen

Man beginnt mit Probeflügen bei niedriger Spannung (etwa 2,8 Volt). Das Modell sollte Kreise von ca. 4 bis 5 m Durchmesser fliegen. Zu enge Kreise kosten Leistung! Mit Hilfe der Papierfahne am Seitenleitwerk kann man den Kreisdurchmesser exakt einstellen. Die Trimmung lässt sich durch Verschieben des Kondensators verändern. Das Modell muss mit 3 Volt stetig steigen. Mit 3,3 Volt werden Flughöhen von ca. 10 m bei Flugzeiten um zwei Minuten erreicht.

Profile für den Saalflug

Re-Zahl-Abhängigkeit

Im Saalflug werden überwiegend schwach gewölbte bzw. ebene Platten eingesetzt, weil sie für diesen Re-Zahlbereich (< 10.000) am besten geeignet sind. Seit F. W. Schmitz wissen wir, dass ein Profil umso dünner bzw. spitznasiger sein muss, je kleiner die Reynoldsche Zahl ist. Das hat mit dem Strömungszustand zu tun. Bei einem Großsegler sind Profildicken von 20 % aerodynamisch kein Problem. Beim Saalflugmodell kommen aus strömungsphysikalischen Gründen dagegen nur dünne Profile zur Anwendung. Am besten eigenen sich Profile, die nur aus einer gewölbten Platte bzw. Bespannhaut bestehen, sogenannte Skelettprofile. Man sehe sich in der Natur um: Ein Schmetterling mit einer Re-Zahl von 3000 besitzt als Profil ausschließlich eine dünne mit Schuppen bedeckte Haut und fliegt damit hervorragend. Entsprechendes gilt für alle Hautflügler (Bienen, Hummeln, Fliegen usw.).

Profilcharakteristik

Die bisher bekannten Profilmessungen haben ergeben, dass die Profilform in diesem Re-Bereich nur relativ geringe Leistungsunterschiede zur Folge hat. Wölbungen zwischen 3 und 6 % sowie die Lage der größten Wölbung zeigen kaum Unterschiede. Interessant ist, dass die früheren Weltrekorde im Saalflug mit stärker gewölbten Profilen erzielt wurden. So hatte Max Hacklinger`s Weltrekordmodell 1962 ein Profil mit 8 % Wölbungshöhe! Damals hatte man allerdings noch ausreichend Flughöhe zur Verfügung, wie z.B. in der Luftschiff-Halle von Cardington mit ca. 40 m!

Bei heutigen Saalflugmodellen findet man überwiegend Kreisbogenprofile mit Wölbungen von 3 bis 5 %. Sie haben den Vorteil, dass man sie leicht mit dem Zirkel konstruieren kann. Ähnliche Wölbungen verwendet man auch bei den Propellerprofilen. Eine Wölbung von 3 bis 4 % ist für minimalen Leistungsbedarf in der Schwebeflugphase ausgelegt. Eine lange Schwebeflugphase ist bei niedrigen Hallen sehr wichtig, um hohe Flugzeiten zu erzielen.

In Abbildung 24.1 sind die Ergebnisse von Wasserkanalmessungen (Sunada et al.) bei Re = 4000 für die ebene Platte sowie für Kreisbogen mit 5 % Wölbung dargestellt. Mark Drela hat Platten mit unterschiedlichen Wölbungen berechnet. Die Polare der mit 4 % gewölbten Platte bei Re = 5000 ist ebenfalls dargestellt. Bei allen Messergebnissen ist der induzierte Widerstand abgezogen, d.h. sie sind korrigiert auf Streckung „unendlich".

Zusammenfassend kann man sagen, dass alle gewölbten Platten mit 3 bis 6% Wölbung prinzipiell für den Saalflug geeignet sind. Die Wölbungsrücklage hat nur einen geringen Einfluss. Der nutzbare Maximalauftrieb wächst mit zunehmender Wölbung. Eine stärker gewölbte Platte wird also eine kleinere Fluggeschwindigkeit, aber auch einen größeren Widerstand zur Folge haben.

Wenn man die Kurven von Abb. 20.1 auf gleiche Re-Zahl (z.B. Re = 4000) korrigiert, ergibt sich für alle Profile eine maximale Gleitzahl C_a/C_w von 8 bis 10 - allerdings bei unterschiedlichem Auftriebsbeiwerten C_a. Falls das Rechenergebnis von Drela stimmt, hätte die mit 4 % gewölbte Platte das beste Verhältnis Auftrieb/Widerstand von etwa 11. Allerdings wird diese Gleitzahl nur in einem sehr engen C_a-Bereich erreicht, nämlich bei Maximalauftrieb genau im Knickpunkt der Polare. Die *nutzbare* Gleitzahl wird also auch hier in der Regel bei 8 bis 10 liegen.

Das beste Gleiten ist in erster Linie von der Reynoldszahl abhängig und weniger von der Profilform. Beim Saalflugmodell mit Flügel-

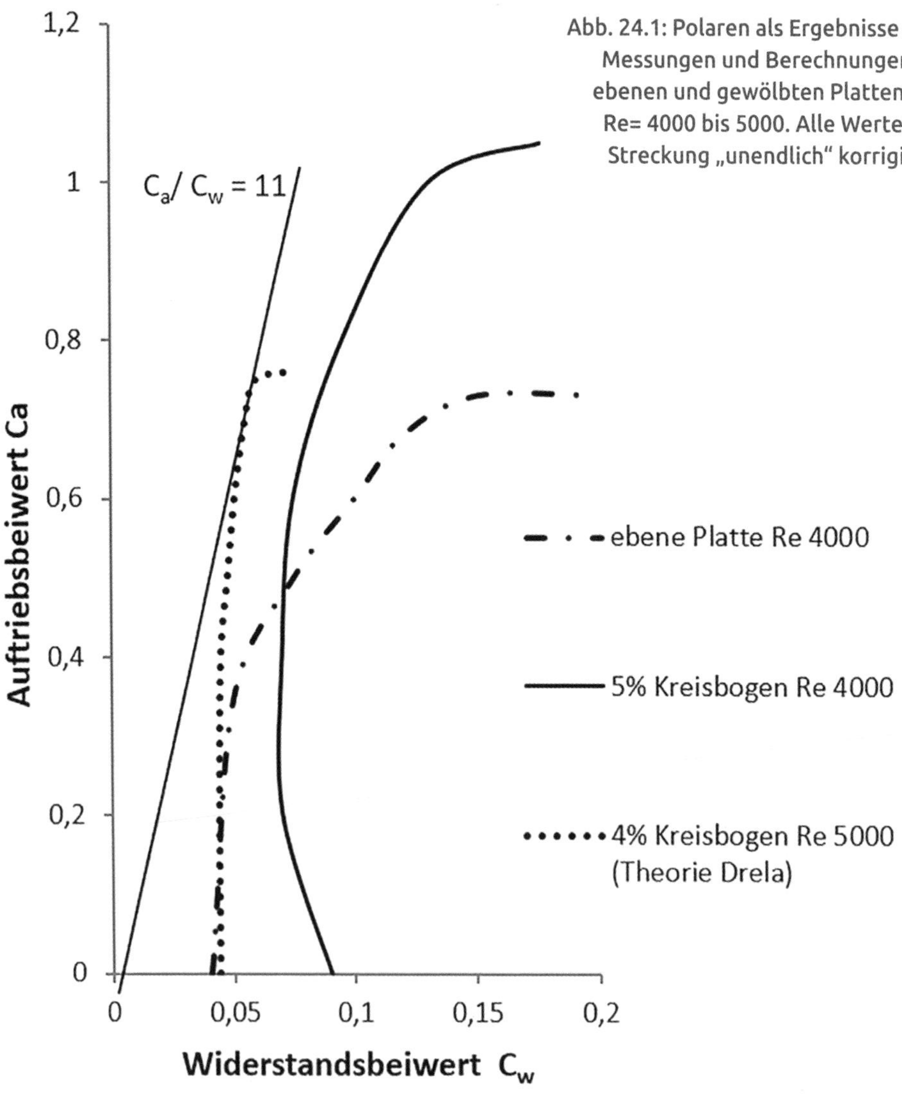

Abb. 24.1: Polaren als Ergebnisse von Messungen und Berechnungen an ebenen und gewölbten Platten bei Re= 4000 bis 5000. Alle Werte auf Streckung „unendlich" korrigiert.

streckung 5 und entsprechenden Zusatzwiderständen von Rumpf und Leitwerken sowie dem induzierten Widerstand kann man gemäß Rechenbergs Versuchen mit einer Gleitzahl von etwa 5 rechnen. Der Gesamtwiderstand beim Saalflugmodell beträgt also ca. 20 % des Auftriebs, bzw. des Modellgewichtes (umgerechnet in die Einheit Newton).

Peanut-Profile

Im Gegensatz zum Leistungs-Saalflug hat man hier aus Gründen der Vorbildähnlichkeit keine dünnen Platten, sondern Flugzeug-ähnliche Vollprofile. Die typischen Re-Zahlen liegen mit 15.000 meist im unterkritischen Bereich. Häufig sind deshalb die verwendeten Profile zu dick. Die Profildicke sollte bei diesen Re-Zahlen nach F. W. Schmitz höchstens 6 bis 7 % betragen. In Verbindung mit Turbulenz-Erzeugern (Störkanten, wie Nasenleiste, Holme) ist eine Profildicke bis zu 8 oder 9 % verwendbar. Von Profilen mit über 10 % Dicke wird man jedoch keine guten Leistungen erwarten können.

Wenn aus optischen Gründen möglich, sollten auch bei Peanuts dünne Profile oder gewölbte Platten eigesetzt werden. Aus Scale-Gründen sind meist relativ kleine Leitwerke vorhanden. Das Flügel-Moment nimmt mit der Wölbung und Profildicke zu, so dass größere Profildicken auch ein entsprechend größeres Leitwerk erfordern. Ein Beispiel eines geeigneten Peanut-Profils ist in Abb. 20.2 dargestellt. Das Höhenleitwerksprofil eines Peanut-Modells sollte als dünne ebene Platte ausgebildet sein, da diese Re-Zahl-unabhängig ist.

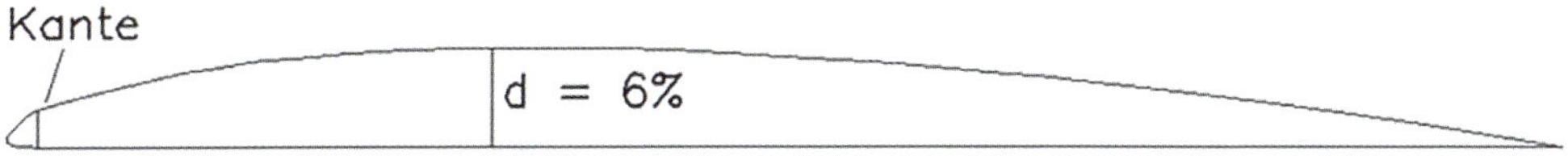

Abb. 24.2: Geeignetes Peanut-Profil mit einer Dicke von 6 %. Störkanten wirken sich positiv aus, weil sie Turbulenz erzeugen.

Bezugsquellen Saalflug

MicronWings.com: Motore, Getriebe, Aktuatoren, Luftschrauben, Lipo-Zellen usw.
Micron Radio Control: DelTang Empfänger, Aktuatoren, Motore, Getriebe, Lipo-Zellen
Freeflight supplies: (Mike Woodhouse): FAI Gummi, Gummi-Aufdrehkurbel, Gummischneidmaschine, OS-Film, Mylarfilm, Esaki Papier usw.
Thoma Balsa, Balsabar, Heerdegen Balsa: Saalflug-Balsaholz
Flight-Depot.com: Kavan Leistenschneider
SAMS Models: Peanut Pläne, Profile Scale-Pläne, Gummi, Kondensatorpapier, Balsa usw.
Indoor Model Specialties: (Ray Harlan, USA): Gummischneider, Mikrometer Leistenschneider, Alulager, Borfasern
Hobby Specialties: (USA): OS Film
Microflight.com (Plantraco): Aktuatoren, Propeller, Motore
Conrad.de: Supercaps, LiPo-Zellen, Drohnenpropeller
Ivan Treger: Prop-Verstellmechaniken für F1M und F1D ivan.treger@zoznam.sk
Nick Aikman: Selektiertes C-Grain Balsa für Rohre usw. nickaikman@hotmail.com
Japico.eu: Kashmirpapier
Lipopower.de: Li-Polymerzellen ab 8 mAh
Old engine models: (CZ): Gasparin CO2-Motore, Synthetiköl, Sodastream Adapter
Bausatzpackungen: für Workshops, Schulen (je 5 oder 10 Modelle) eder-h@arcor.de
Rocailles (Mikroperlen): verschiedene Anbieter im WWW
Alibaba.com: DC coreless Micromotore
Banggood: Kondensatorlader https://www.banggood.com/DC-DC-Step-Down-Power-Supply-Adjustable-Module-With-LCD-Display-With-Housing-Case-p-1038740.html?rmmds=myorder&cur_warehouse=CN
Weitere Bezugsquellen: siehe Thermiksense/Infothek/Saalflug

Literatur

Plansammlung Saalflug: eder-h@arcor.de
Freiflugzeitschrift: Thermiksense.de (Sparte Saalflug in der Infothek)
Indoor-Zeitschrift: Le Cahiers du Cervia, Jaques Cartigny jicar@wanadoo.fr
Internet-Idoorzeitschrift: Indoor news and views
CO2-Motoren und ihr Einsatz: Klaus Jörg Hammerschmidt, Neckar Verlag 1992
Peanut Pläne: Hip Pocket Aeronautics
Peanuts & Pistachios, Models & Methods: Bill Hanan

Anhang

Styroporsäge

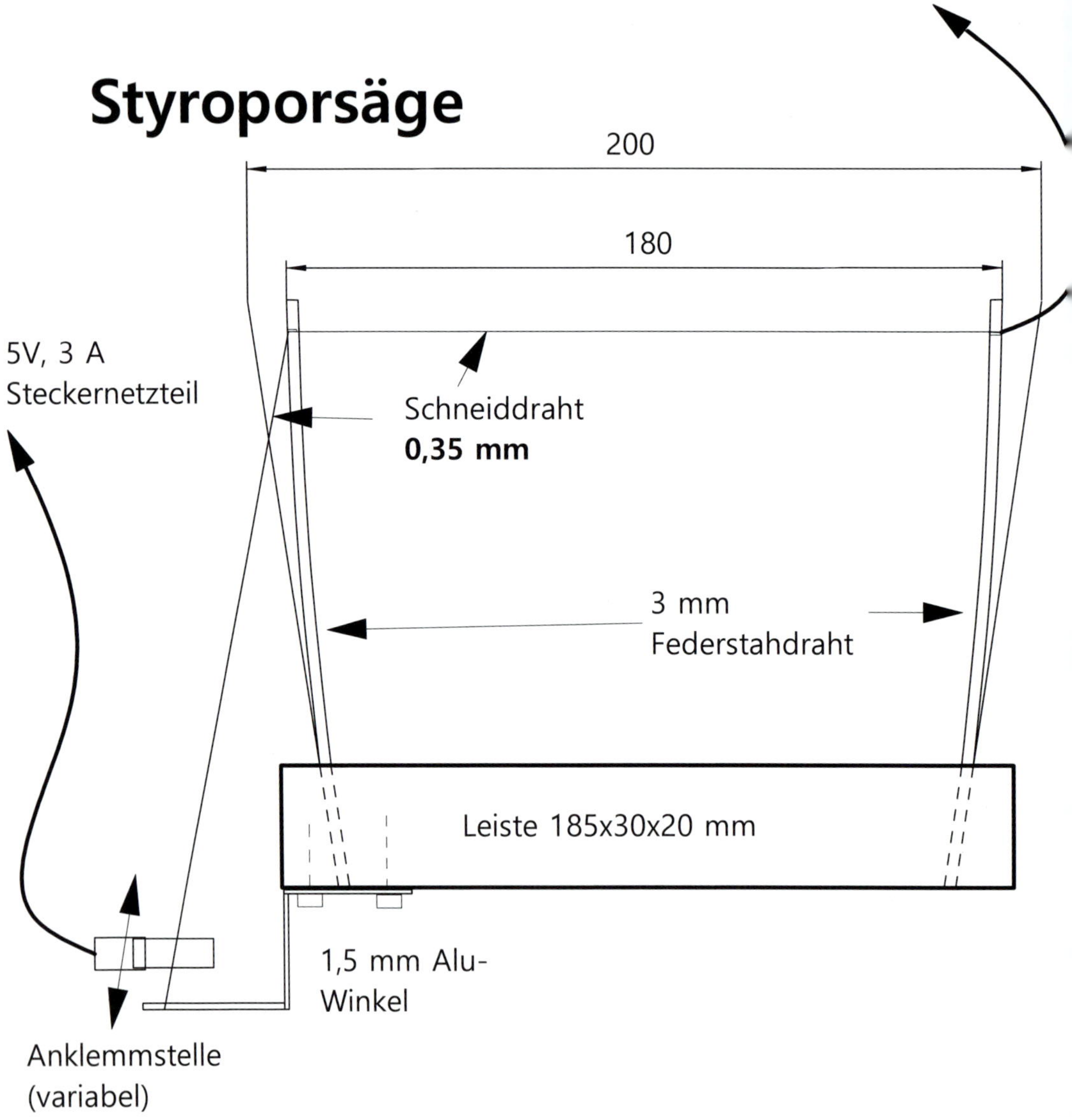

Bauplan Drehmomentmesser

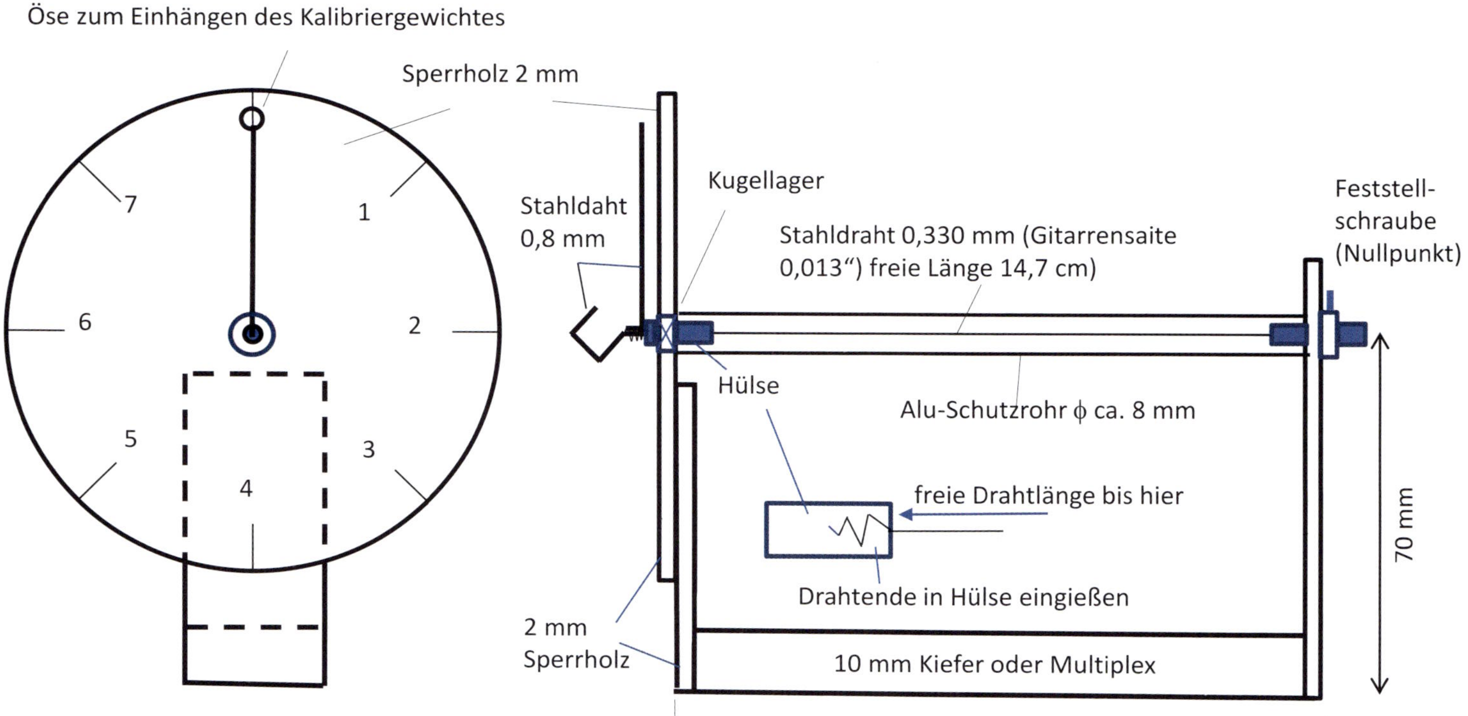

Herstellung eines Alu-Lagers (Maße in mm)

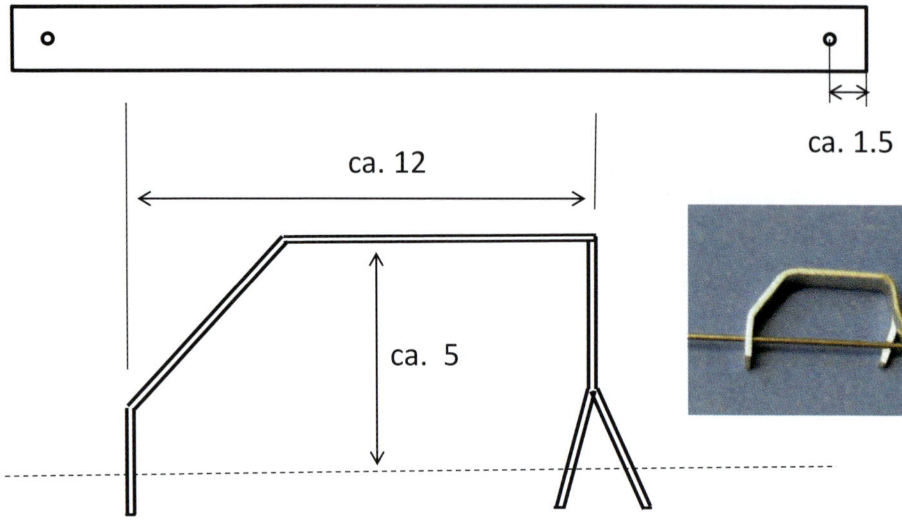

- Material: 0,5 mm Hart-Aluminium
- Alu-Streifenbreite ca. 2,2 mm, Streifenlänge ca. 22 mm
- Bohrungen ca. 0,1 mm größer als Wellendurchmesser
- Welle muss sich leicht drehen lassen
- Schlitz mit Goldschmiedeschere einschneiden

Herstellung eines Pigtail-Lagers (nach T. Merkt)

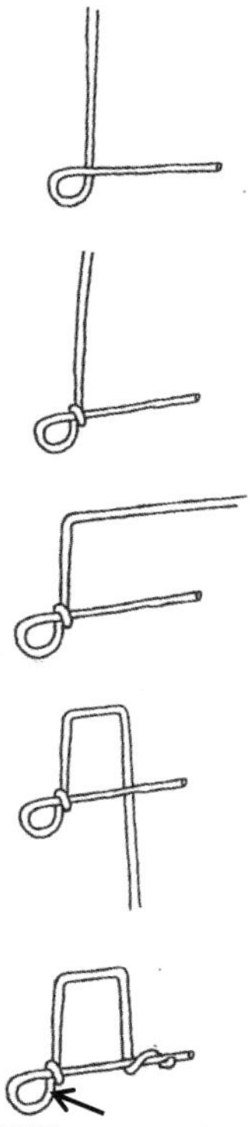

1. Einen Schenkel 270°nach oben biegen, so dass eine Schleife entsteht

2. Schleife mit der Flachzange fassen und den vertikalen Schenkel um den Führungsdraht herumwickeln - es entsteht eine Öse!

3. Vertikalen Schenkel 90 Grad nach hinten und dann nach unten biegen.

4. Das Kreuz schräg mit der Flachzange fassen und nach unten weisenden Schenkel spiralig ca. eine Windung um den horizontalen Schenkel herumwickeln

5. Führungsdraht vorne knapp unter der Öse (Pfeil) abzwicken und herausziehen

6. Die Propellerwelle wird erst von vorne in Gegenrichtung und dann durch Drehen das Hakens am hinteren Ende (pigtail) eingefädelt

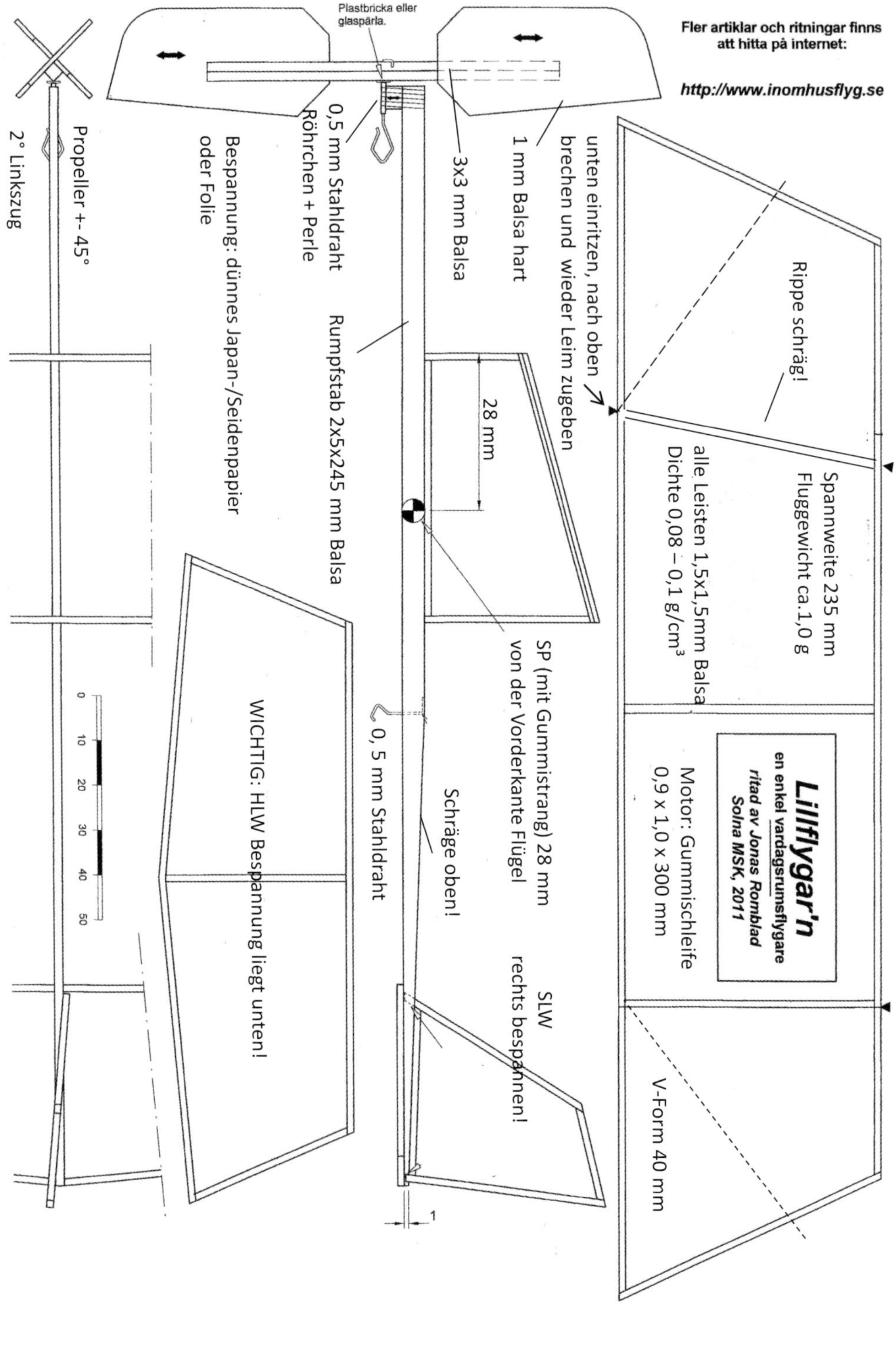
Plastbricka eller glaspärla.
Fler artiklar och ritningar finns att hitta på internet:
http://www.inomhusflyg.se
Rippe schräg!
unten einritzen, nach oben brechen und wieder Leim zugeben
1 mm Balsa hart
3x3 mm Balsa
0,5 mm Stahldraht Röhrchen + Perle
Bespannung: dünnes Japan-/Seidenpapier oder Folie
Propeller +- 45°
2° Linkszug
Rumpfstab 2x5x245 mm Balsa
28 mm
Spannweite 235 mm
Fluggewicht ca.1,0 g
alle Leisten 1,5x1,5mm Balsa
Dichte 0,08 – 0,1 g/cm³
SP (mit Gummistrang) 28 mm von der Vorderkante Flügel
Lillflygar'n
en enkel vardagsrumsflygare
ritad av Jonas Romblad
Solna MSK, 2011
Motor: Gummischleife 0,9 x 1,0 x 300 mm
0, 5 mm Stahldraht
Schräge oben!
WICHTIG: HLW Bespannung liegt unten!
SLW rechts bespannen!
V-Form 40 mm
0 10 20 30 40 50
1

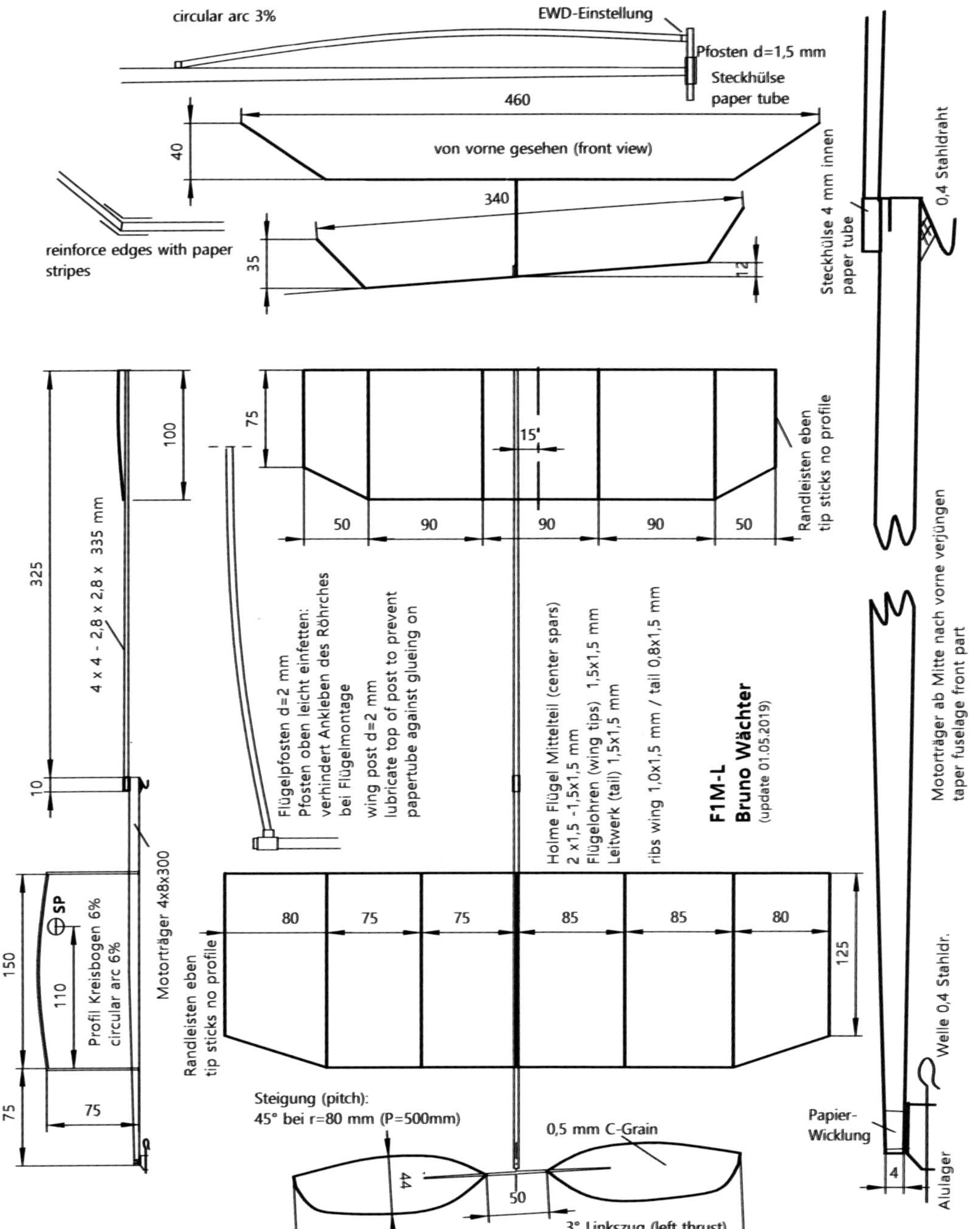
circular arc 3%
EWD-Einstellung
Pfosten d=1,5 mm
Steckhülse
paper tube
460
40
von vorne gesehen (front view)
340
35
12
reinforce edges with paper stripes
0,4 Stahldraht
Steckhülse 4 mm innen
paper tube
75
100
325
15'
50
90
90
90
50
Randleisten eben
tip sticks no profile
4 x 4 - 2,8 x 2,8 x 335 mm
Flügelpfosten d=2 mm
Pfosten oben leicht einfetten:
verhindert Ankleben des Röhrches
bei Flügelmontage
wing post d=2 mm
lubricate top of post to prevent
papertube against glueing on
Holme Flügel Mittelteil (center spars)
2 x1,5 -1,5x1,5 mm
Flügelohren (wing tips) 1,5x1,5 mm
Leitwerk (tail) 1,5x1,5 mm
ribs wing 1,0x1,5 mm / tail 0,8x1,5 mm
F1M-L
Bruno Wächter
(update 01.05.2019)
Motorträger ab Mitte nach vorne verjüngen
taper fuselage front part
10
Motorträger 4x8x300
150
110
SP
Profil Kreisbogen 6%
circular arc 6%
75
75
80
75
75
85
85
80
125
Randleisten eben
tip sticks no profile
Welle 0,4 Stahldr.
Steigung (pitch):
45° bei r=80 mm (P=500mm)
0,5 mm C-Grain
44
50
3° Linkszug (left thrust)
350
Papier-
Wicklung
4
Alulager

F1M-L Propeller

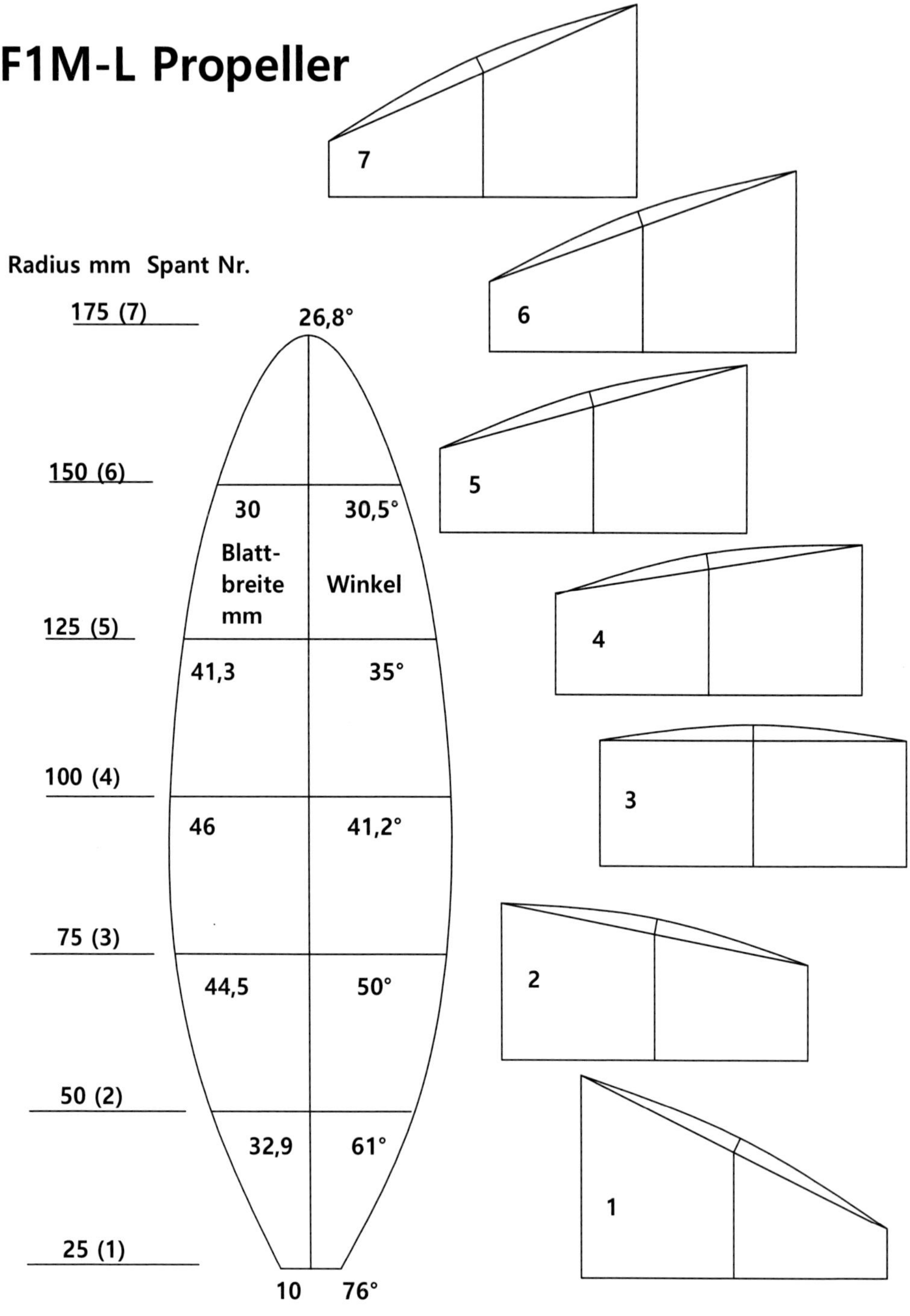

Propellerdaten: d=350 mm p=550 mm Eta=79,4%

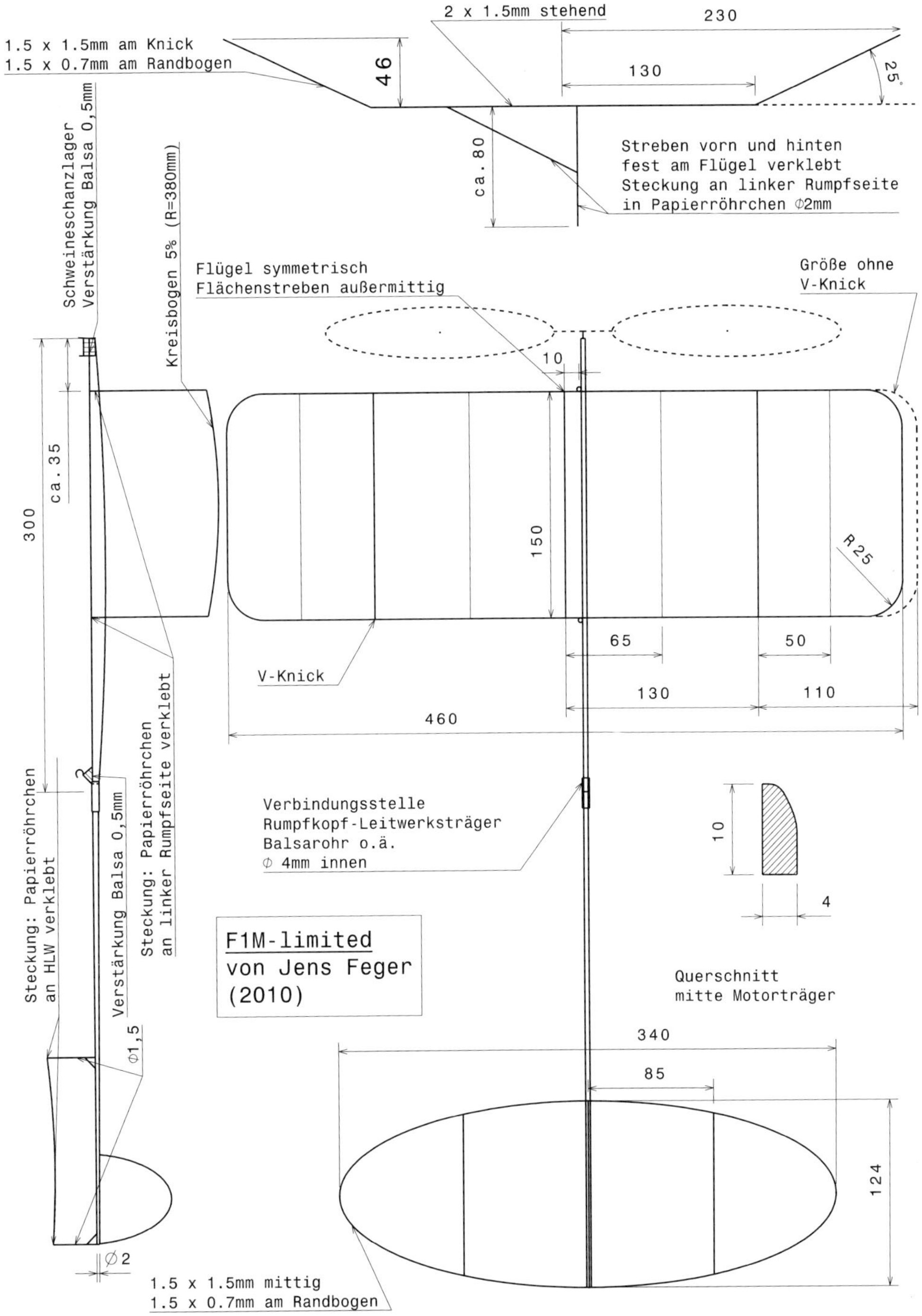

1.5 x 1.5mm am Knick
1.5 x 0.7mm am Randbogen
2 x 1.5mm stehend
46
230
130
25°
ca. 80
Streben vorn und hinten
fest am Flügel verklebt
Steckung an linker Rumpfseite
in Papierröhrchen ∅2mm
Schweineschanzlager
Verstärkung Balsa 0,5mm
Kreisbogen 5% (R=380mm)
Flügel symmetrisch
Flächenstreben außermittig
Größe ohne
V-Knick
10
300
ca. 35
150
R25
65
50
V-Knick
130
110
460
Steckung: Papierröhrchen
an HLW verklebt
Verstärkung Balsa 0,5mm
Steckung: Papierröhrchen
an linker Rumpfseite verklebt
Verbindungsstelle
Rumpfkopf-Leitwerksträger
Balsarohr o.ä.
∅ 4mm innen
10
4
F1M-limited
von Jens Feger
(2010)
Querschnitt
mitte Motorträger
∅1,5
340
85
124
∅2
1.5 x 1.5mm mittig
1.5 x 0.7mm am Randbogen

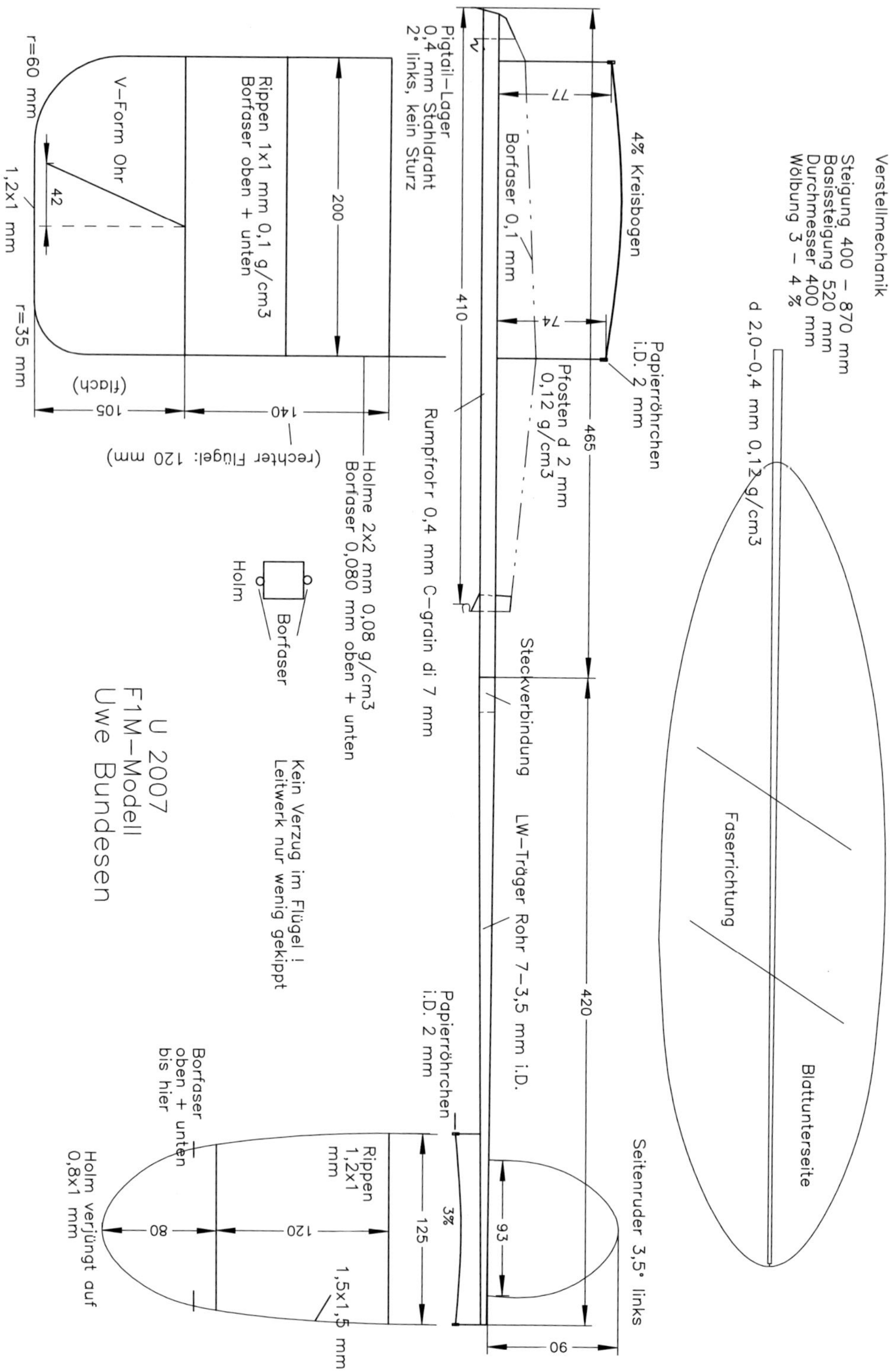
Verstellmechanik
Steigung 400 – 870 mm
Basissteigung 520 mm
Durchmesser 400 mm
Wölbung 3 – 4 %
d 2,0–0,4 mm 0,12 g/cm3
Faserrichtung
Blattunterseite
4% Kreisbogen
Papierröhrchen i.D. 2 mm
77
74
Borfaser 0,1 mm
Pfosten d 2 mm 0,12 g/cm3
465
420
Steckverbindung
LW-Träger Rohr 7–3,5 mm i.D.
Papierröhrchen i.D. 2 mm
Seitenruder 3,5° links
93
90
3%
125
Pigtail-Lager
0,4 mm Stahldraht
2° links, kein Sturz
410
Rumpfrohr 0,4 mm C-grain di 7 mm
Rippen 1x1 mm 0,1 g/cm3
Borfaser oben + unten
200
V-Form Ohr
42
r=60 mm
1,2x1 mm
r=35 mm
(flach)
105
140
(rechter Flügel: 120 mm)
Holme 2x2 mm 0,08 g/cm3
Borfaser 0,080 mm oben + unten
Holm
Borfaser
Kein Verzug im Flügel !
Leitwerk nur wenig gekippt
U 2007
F1M-Modell
Uwe Bundesen
Rippen 1,2x1 mm
Borfaser oben + unten bis hier
80
120
1,5x1,5 mm
Holm verjüngt auf 0,8x1 mm

F1M- Propeller

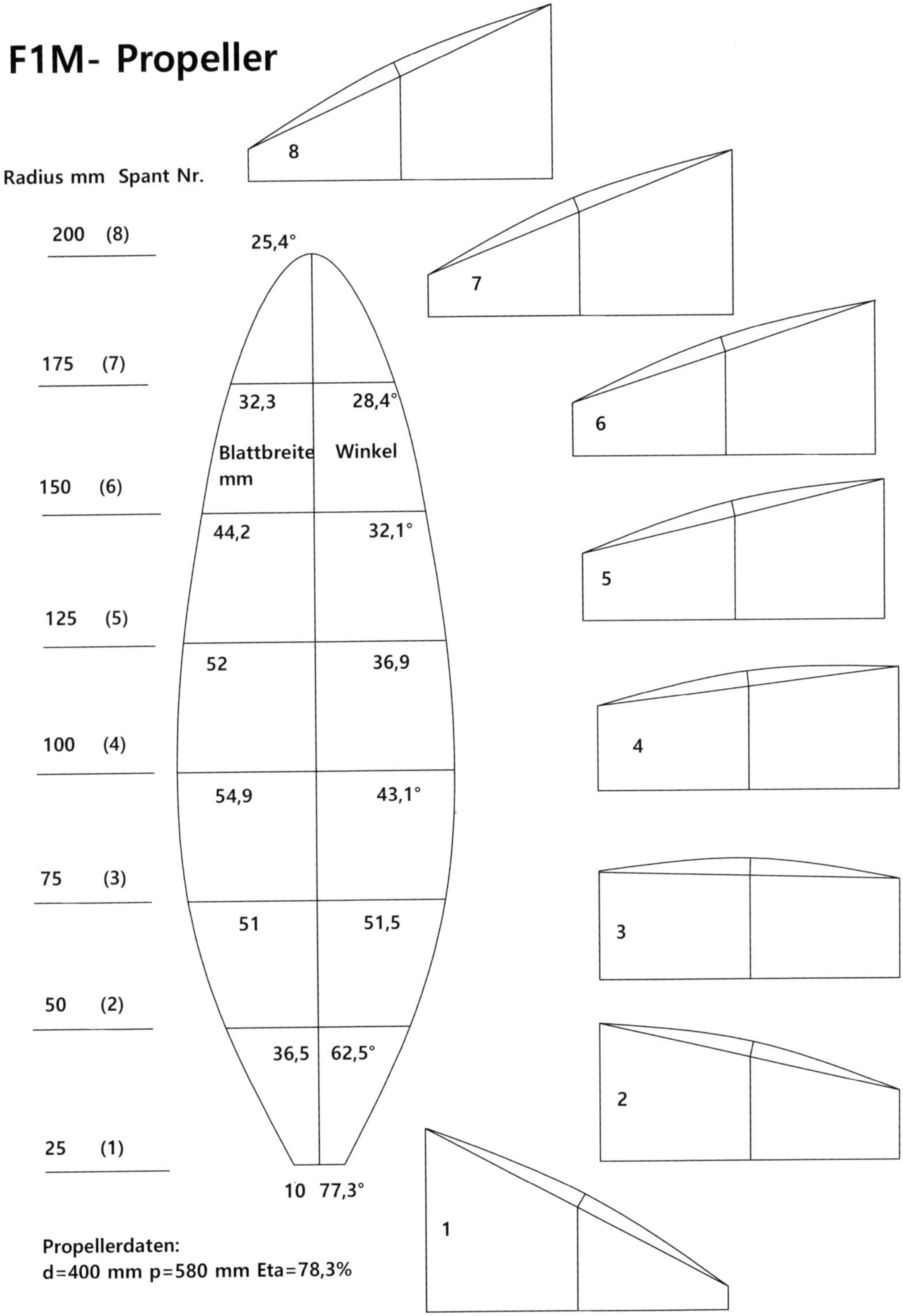

Propellerdaten:
d=400 mm p=580 mm Eta=78,3%

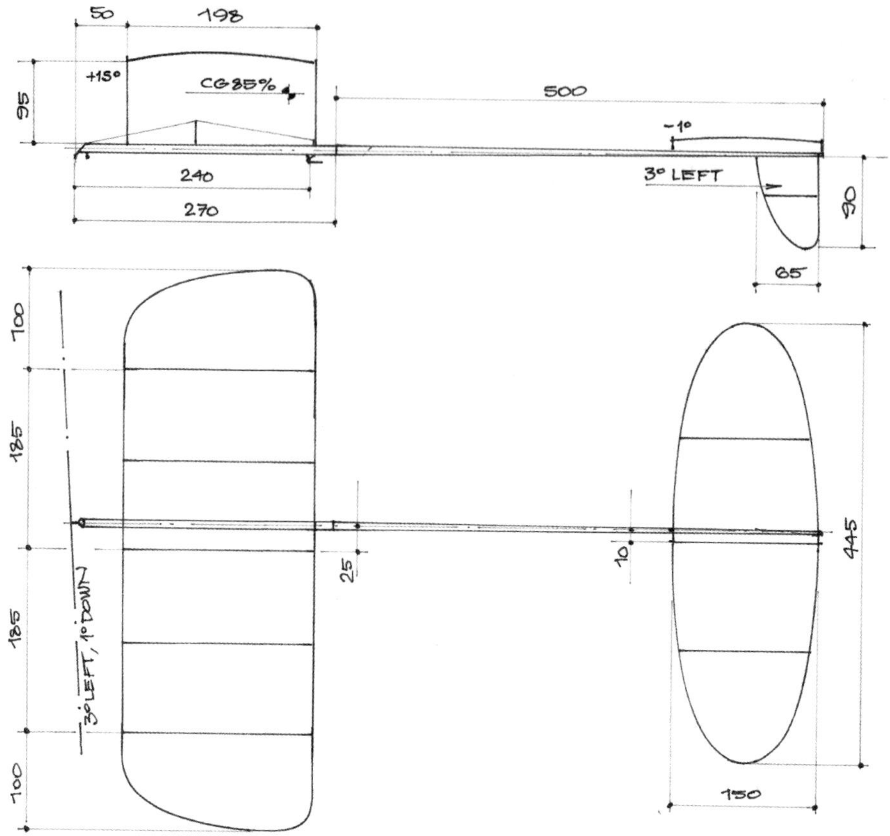

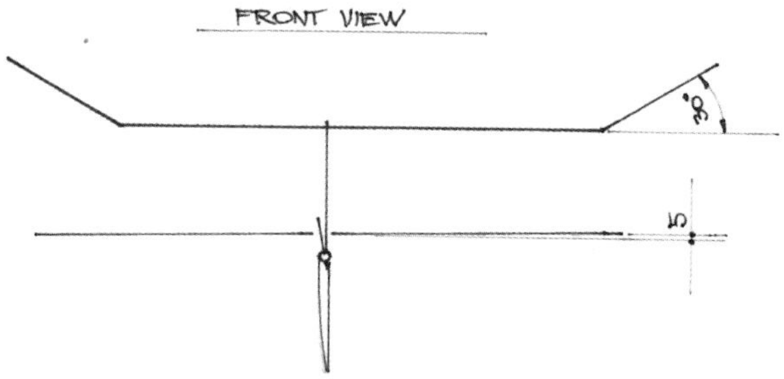

WEIGHTS (mg)

STICK	400
BOOM + RUDDER	220
STAB	140
WING	350
PROP	250
SPACER	60
TOTAL	1420

1st. PLACE, EUROCHAMPS 2019 IN SVETCE • CZECH REPUBLIC

Best.flight: 23.38 Rubber: Tan II 5/99 1.27gm^{-1}

F1D MODEL

IVAN TREGER, SLOVAKIA

PROP, SIZE 1:1

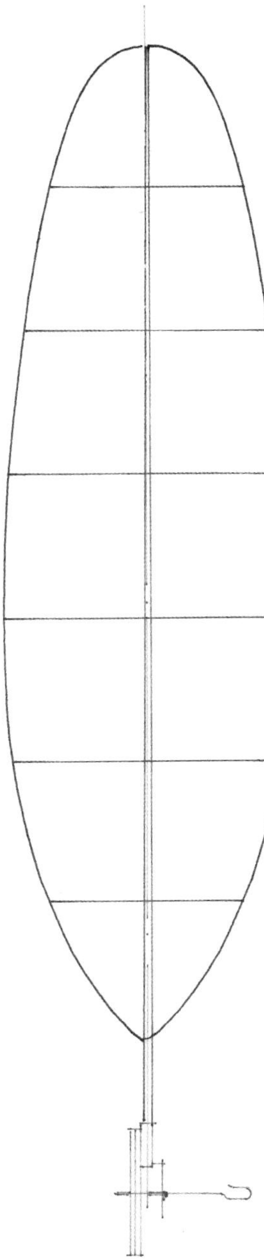

DESCRIPTION OF MODEL

PARTS	Sizes in mm, Tubes ⌀ inside dia,	Density $kg m^{-3}$

MOTOR STICK

SHEET	0,35, 2×BORON 0.08 – 3,8 O'CLOCK, ⌀6.3	65
BEARING	HARLAN ALUMINIUM	
REAR HOOK	MUSIC WIRE 0,35	
WEBS	FRONT 1 mm, REAR 0.6 mm	100
BR. POST	1.5×1.5 > 1×1 ×38	150
BR. WIRE	TUNGSTEN 0.025 (HARLAN)	
POSTS	HM CARBON ⌀1, INSERT IN GLASS FABR. TUBES ⌀1,2	
EXTENSION	0,3 + CARBON PAPER $4 g m^{-2}$, L=40	65

BOOM

SHEET	0,25, 3×BORON 0.08, 12,4,8 O'CLOCK, ⌀6,3>3,5	62
POSTS	1×1,5×15	120
RUDDER	OUTLINE: SANDWICH 0,5×0,5 RIBS: SANDWICH 0,5×0,25, 5% CAMBER	

STAB

2% CAMBER ARC

OUTLINE	SANDWICH: 0.6×0,7 (CARBON ON SIDES)
RIBS	SANDWICH: 0,7×0,25
TUBES	1×1,5 GLASS FABRIC

WING

4% CAMBER ARC

SPARS	SANDWICH: 0,7×1,5 > 0.7 (CARBON TOP + BOTTOM)
TIPS	SANDWICH: 0.7×0,6 (CARBON ON SIDES)
RIBS	SANDWICH: 1.2×0,35 – COMPRESSION RIBS 1×0,3 – MIDDLE RIBS
TUBES	1×1,5 GLASS FABRIC

PROP

⌀470×610/1200

OUTLINE	0,5×0,5	120
SPAR	1,6×1,6>0,5×0,5 + 4×BORON 0.08	70
RIBS	SANDWICH 0,5×0,25, 5% CAMBER	

COVERING

OS FILM – ALL SURFACES

SANDWICHES

All made in vacuum!

BALSA A-GRAIN ($65 kg m^{-3}$) + CARBON TAPES $30 g m^{-2}$ (FROM IMS 65 CARBON SPREAD TOW FABRIC $60 g m^{-2}$) – LAMINATED IN A FORM, THEN CUT TO THICKNESS WITH DIAMOND WHEEL IN A JIG.
CARB FABRIC: ASPRO, TEXTREME ....

CARB. POSTS

HM CARBON – CARBON TAPES FROM SPREAD TOW FABRIC $100 g m^{-2}$ (PYROFIL, TEXTREME ...) + 2 × GLASS FABRIC $17 g m^{-2}$

GL. TUBES

2 × GLASS FABRIC $17 g m^{-2}$ WINDING ON THE FORM (⌀1, ⌀1,2, 1×1,5)

F1D-Propeller

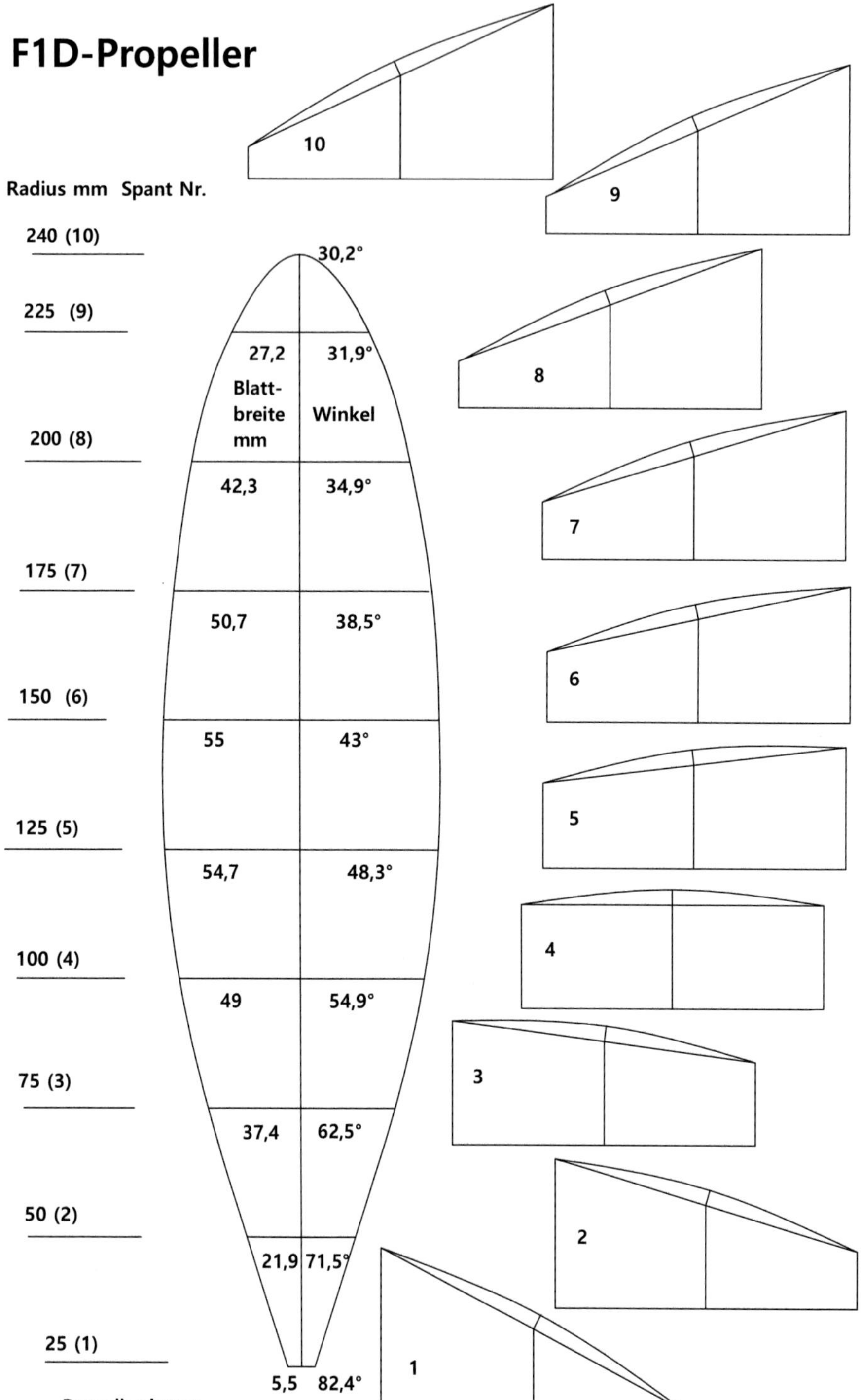

Propellerdaten:
d=480 mm p=850 mm Eta=81,7%

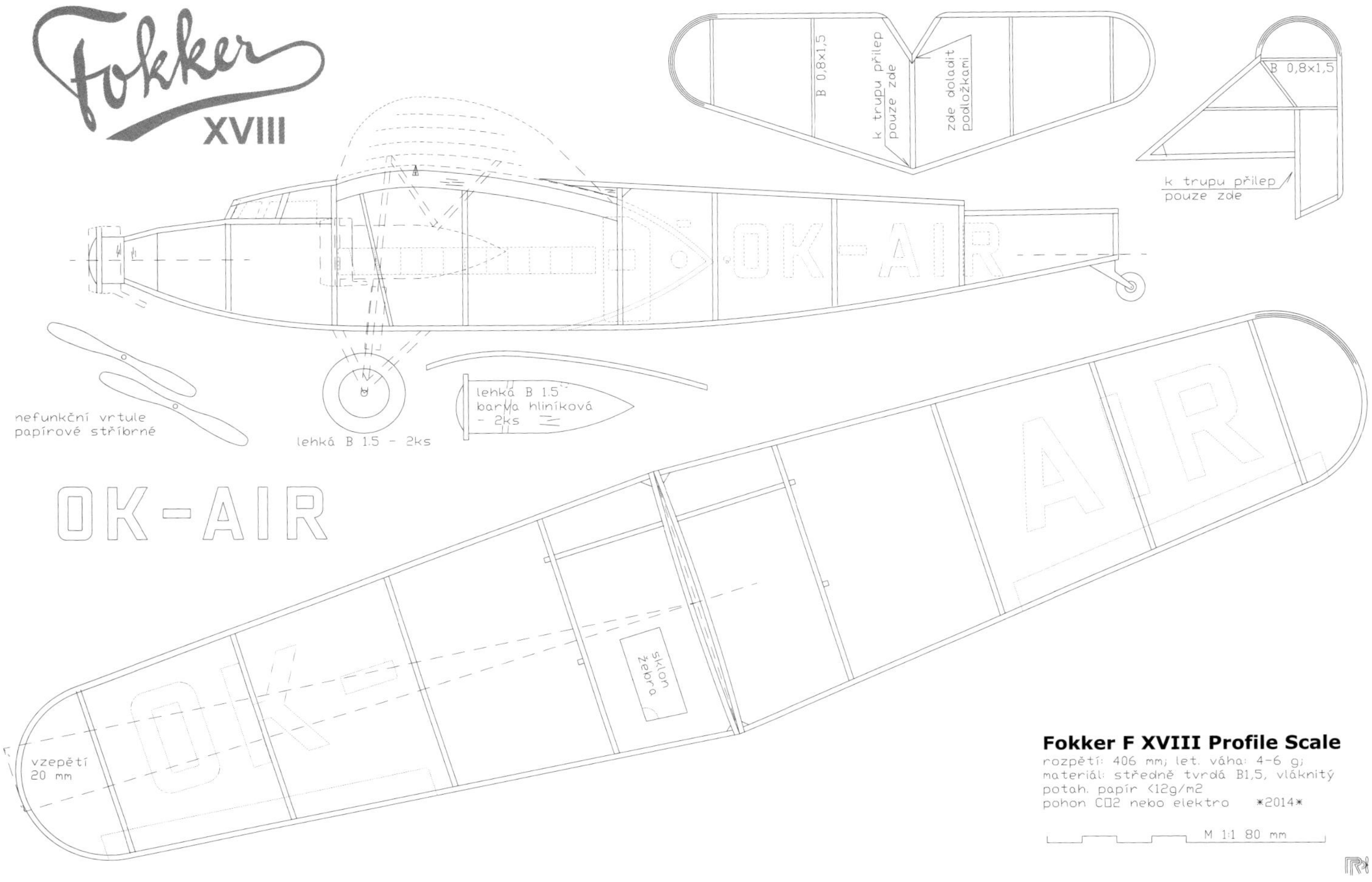

Fokker F XVIII Profile Scale

rozpětí: 406 mm; let. váha: 4-6 g;
materiál: středně tvrdá B1,5, vláknitý
potah. papír <12g/m2
pohon CO_2 nebo elektro *2014*

M 1:1 80 mm

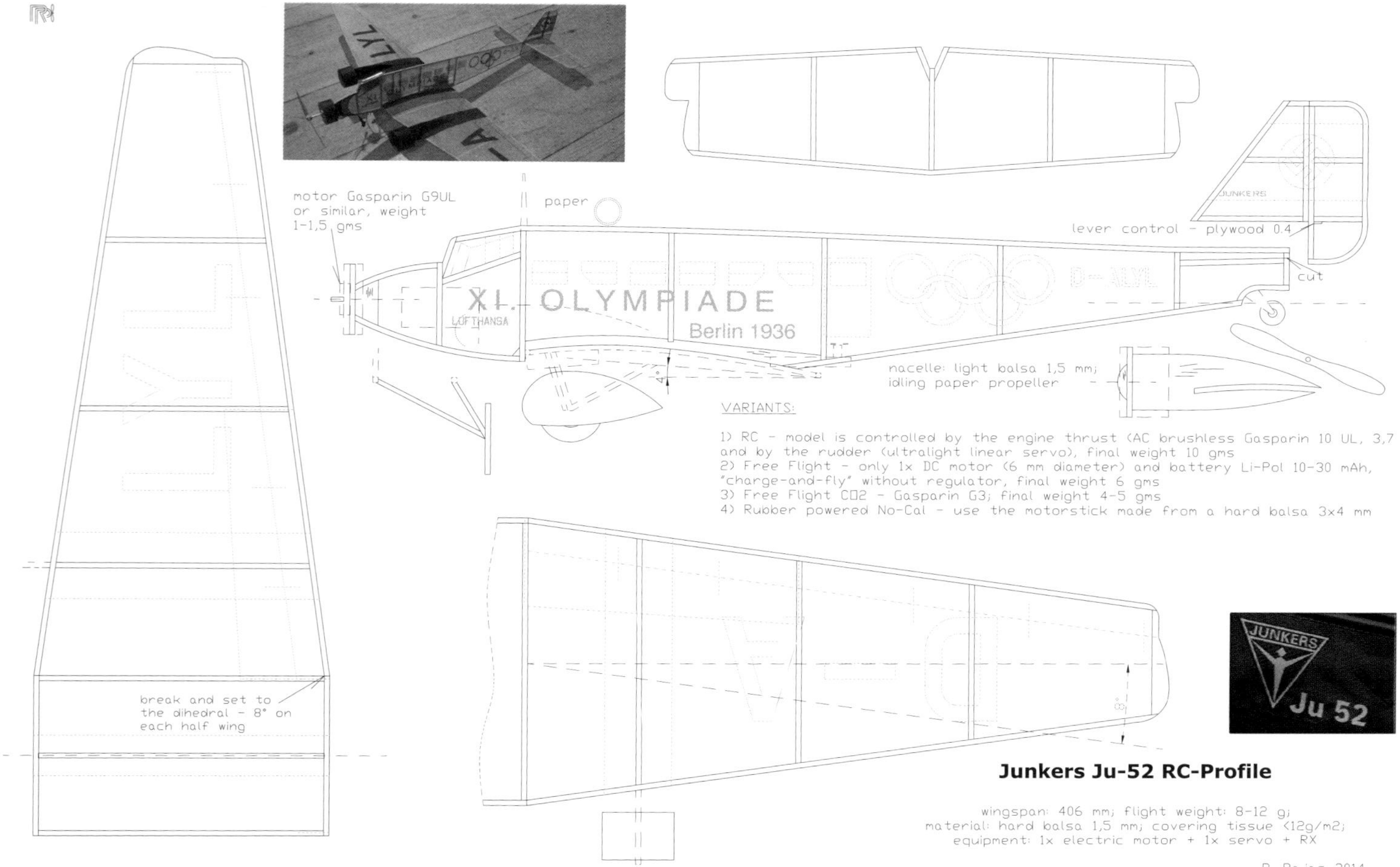

VARIANTS:

1) RC - model is controlled by the engine thrust (AC brushless Gasparin 10 UL, 3,7 V) and by the rudder (ultralight linear servo), final weight 10 gms
2) Free Flight - only 1x DC motor (6 mm diameter) and battery Li-Pol 10-30 mAh, "charge-and-fly" without regulator, final weight 6 gms
3) Free Flight C□2 - Gasparin G3; final weight 4-5 gms
4) Rubber powered No-Cal - use the motorstick made from a hard balsa 3x4 mm

Junkers Ju-52 RC-Profile

wingspan: 406 mm; flight weight: 8-12 g;
material: hard balsa 1,5 mm; covering tissue <12g/m2;
equipment: 1x electric motor + 1x servo + RX

R. Pajas 2014

M 1:1 80 mm

VIDE□: you can see the flight video on www.youtube.com, user hugofly21, published on Jun 8, 2014

Saal-Gleiter "G-Quirl"

H. Eder 2018, Gewicht ca. 2 g

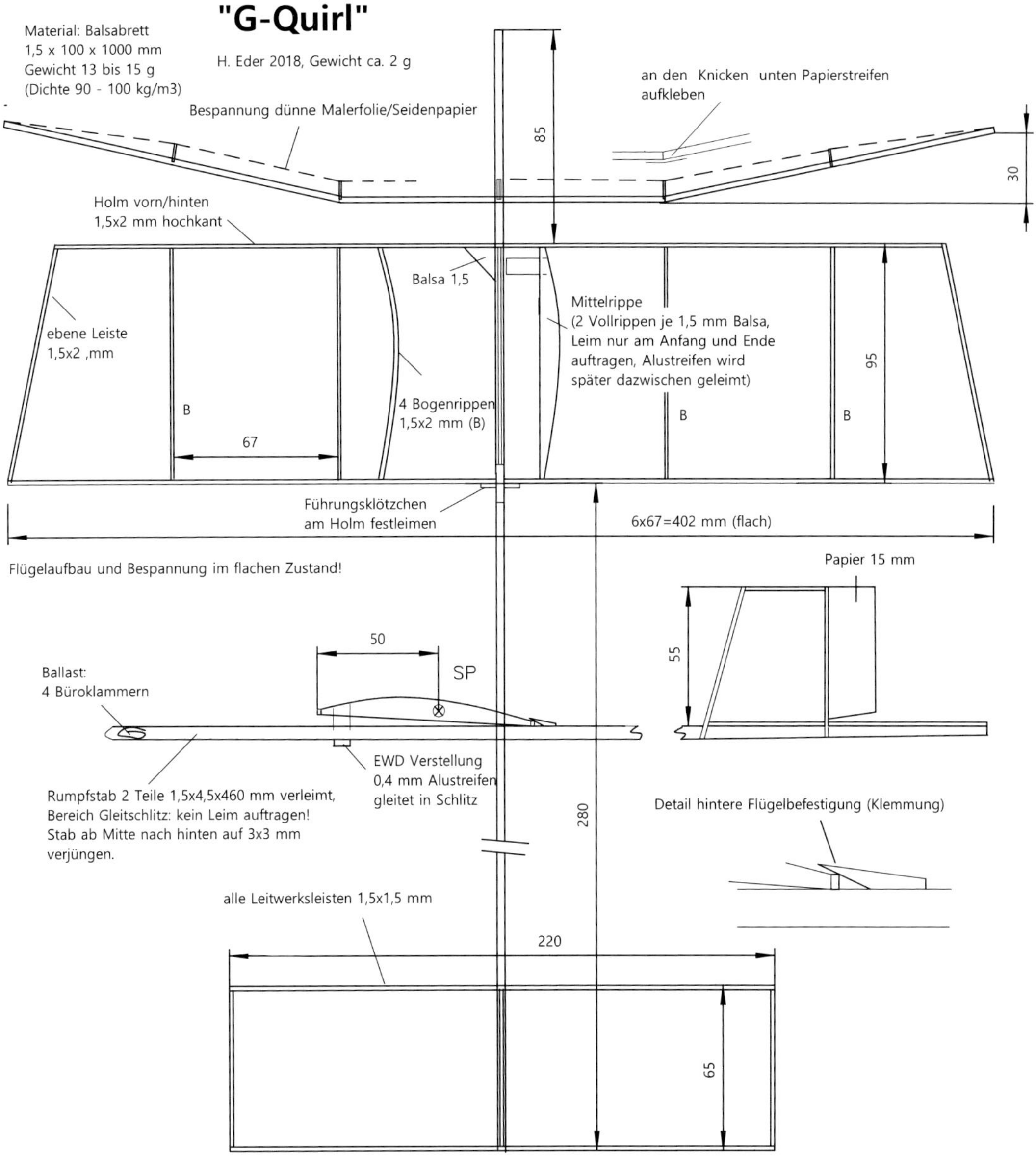

Gleiter zum Schleppzug

Alle Teile 1,5 mm Styropor
Fluggewicht 2g

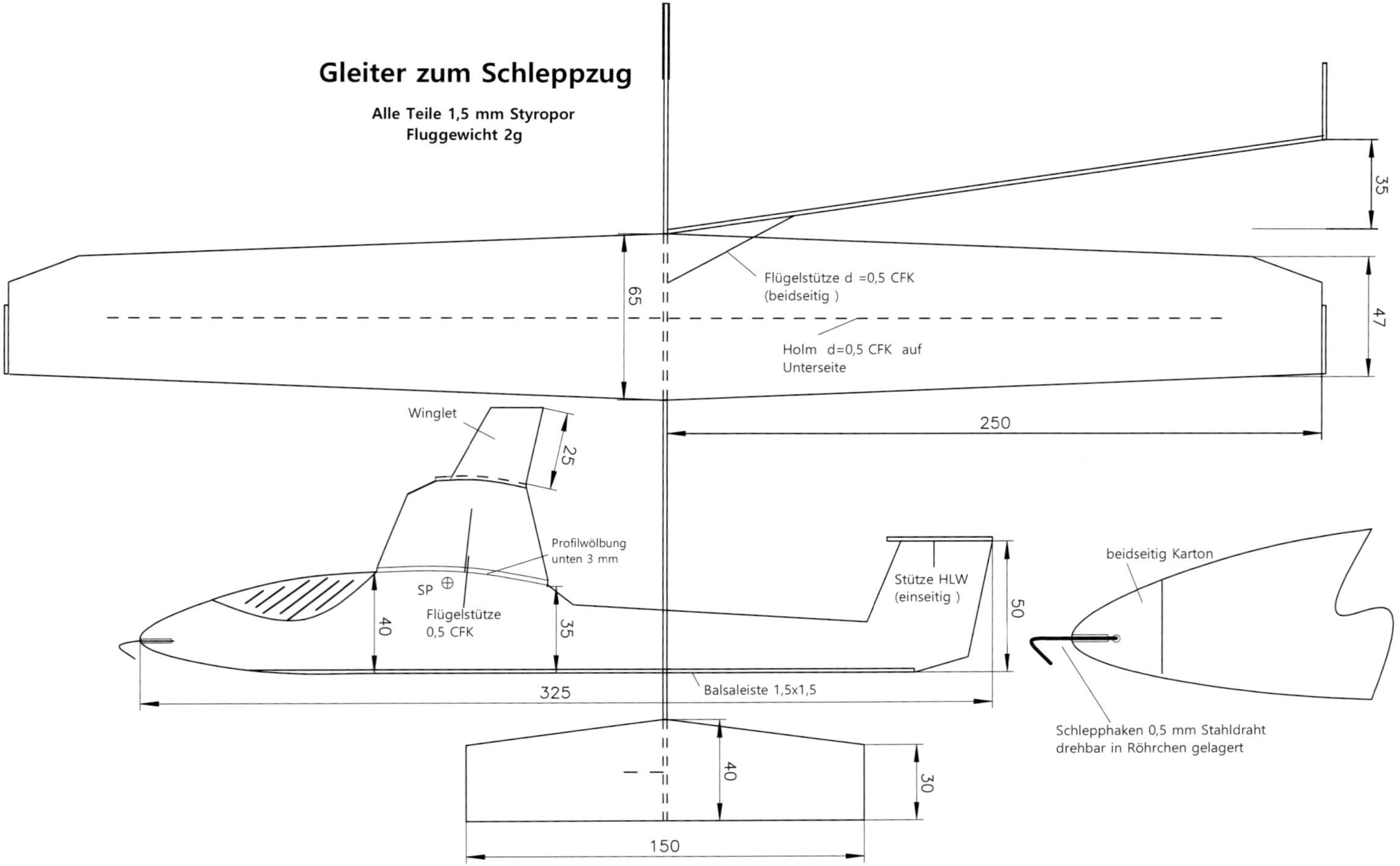

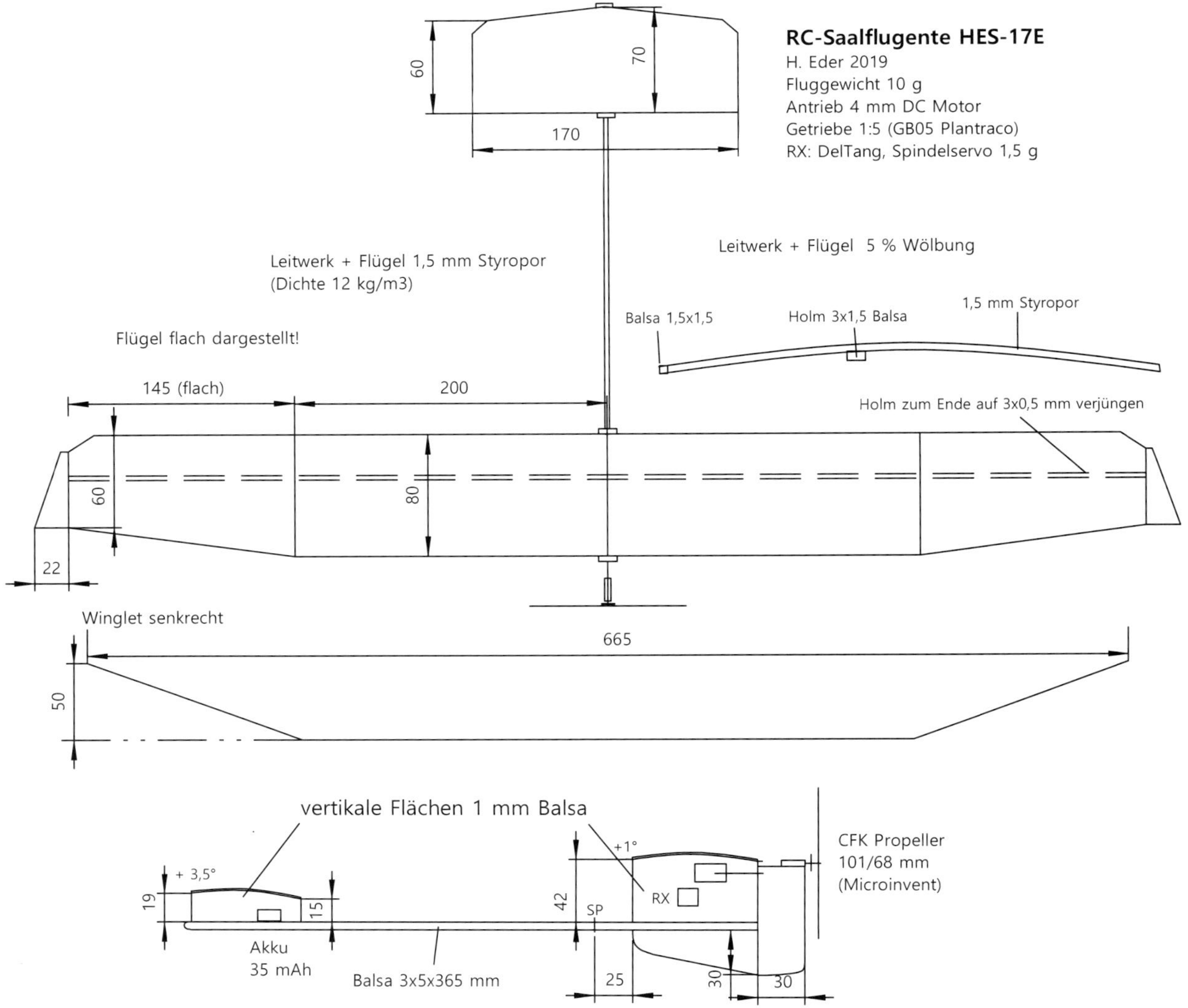
RC-Saalflugente HES-17E
H. Eder 2019
Fluggewicht 10 g
Antrieb 4 mm DC Motor
Getriebe 1:5 (GB05 Plantraco)
RX: DelTang, Spindelservo 1,5 g
60
70
170
Leitwerk + Flügel 1,5 mm Styropor
(Dichte 12 kg/m3)
Leitwerk + Flügel 5 % Wölbung
Balsa 1,5x1,5
Holm 3x1,5 Balsa
1,5 mm Styropor
Flügel flach dargestellt!
145 (flach)
200
Holm zum Ende auf 3x0,5 mm verjüngen
60
80
22
Winglet senkrecht
665
50
vertikale Flächen 1 mm Balsa
+ 3,5°
19
15
Akku
35 mAh
Balsa 3x5x365 mm
+1°
42
SP
RX
25
30
30
CFK Propeller
101/68 mm
(Microinvent)

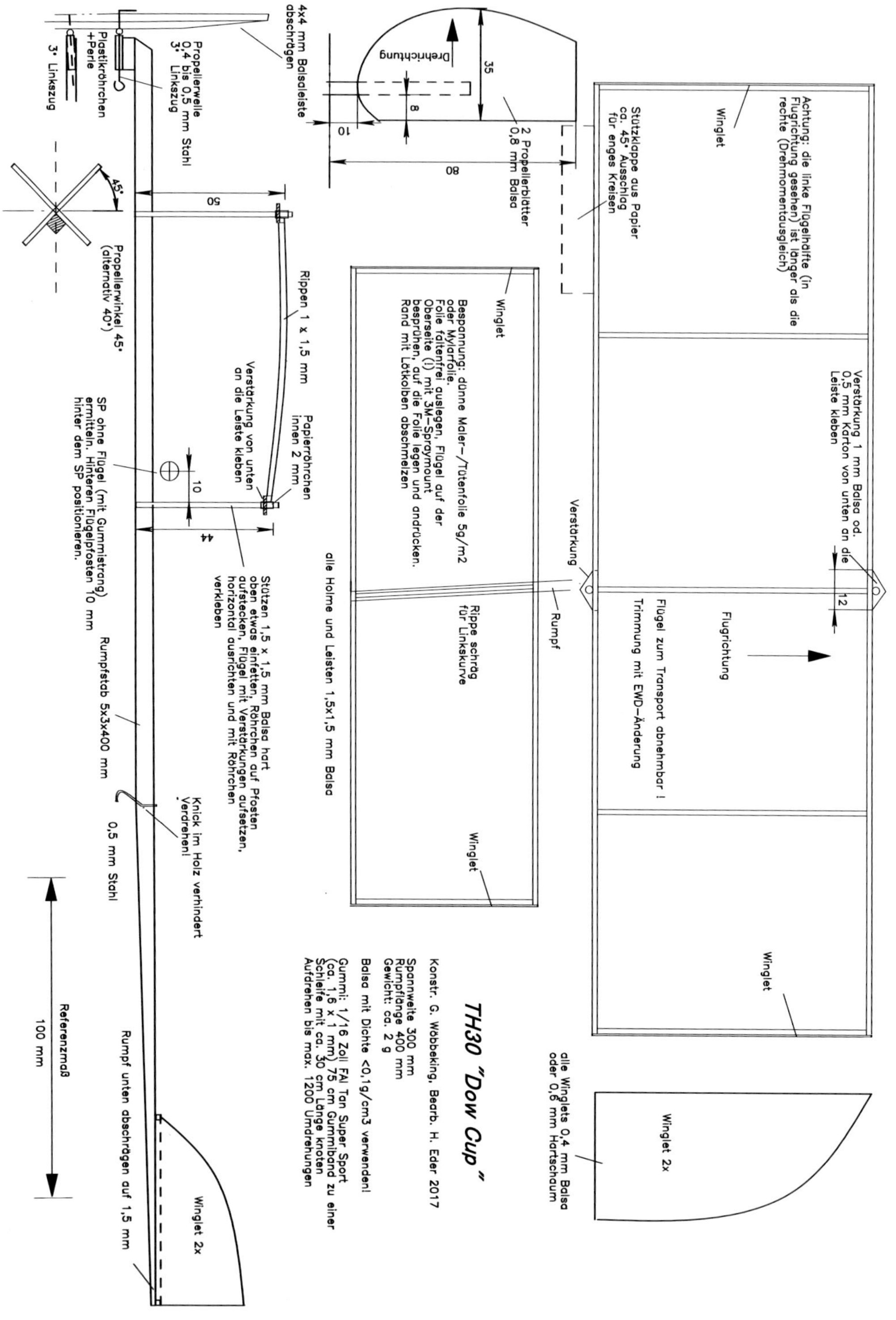
TH30 "Dow Cup"
Konstr. G. Wöbbeking, Bearb. H. Eder 2017
Spannweite 300 mm
Rumpflänge 400 mm
Gewicht: ca. 2 g
Balsa mit Dichte <0,1g/cm3 verwenden!
Gummi: 1/16 Zoll FAI Tan Super Sport (ca. 1,6 x 1 mm) 75 cm Gummiband zu einer Schleife mit ca. 30 cm Länge knoten
Aufdrehen bis max. 1200 Umdrehungen
Achtung: die linke Flügelhälfte (in Flugrichtung gesehen) ist länger als die rechte (Drehmomentausgleich)
Winglet
Stützklappe aus Papier ca. 45° Ausschlag für enges Kreisen
Verstärkung 1 mm Balsa od. 0,5 mm Karton von unten an die Leiste kleben
Verstärkung
12
Flugrichtung
Flügel zum Transport abnehmbar ! Trimmung mit EWD-Änderung
Winglet
alle Winglets 0,4 mm Balsa oder 0,6 mm Hartschaum
Winglet 2x
Drehrichtung
35
8
10
80
2 Propellerblätter 0,8 mm Balsa
Winglet
Bespannung: dünne Maler-/Tütenfolie 5g/m2 oder Mylarfolie.
Folie faltenfrei auslegen, Flügel auf der Oberseite (!) mit 3M-Spraymount besprühen, auf die Folie legen und andrücken.
Rand mit Lötkolben abschmelzen
Rumpf
Rippe schräg für Linkskurve
Winglet
alle Holme und Leisten 1,5x1,5 mm Balsa
4x4 mm Balsaleiste abschrägen
Propellerwelle 0,4 bis 0,5 mm Stahl 3° Linkszug
Plastikröhrchen +Perle
3° Linkszug
45°
Propellerwinkel 45° (alternativ 40°)
50
Rippen 1 x 1,5 mm
Papierröhrchen innen 2 mm
Verstärkung von unten an die Leiste kleben
10
44
SP ohne Flügel (mit Gummistrang) ermitteln. Hinteren Flügelpfosten 10 mm hinter dem SP positionieren.
Stützen 1,5 x 1,5 mm Balsa hart oben etwas einfetten, Röhrchen auf Pfosten aufstecken, Flügel mit Verstärkungen aufsetzen, horizontal ausrichten und mit Röhrchen verkleben
Rumpfstab 5x3x400 mm
Knick im Holz verhindert Verdrehen!
0,5 mm Stahl
Referenzmaß
100 mm
Rumpf unten abschrägen auf 1,5 mm
Winglet 2x

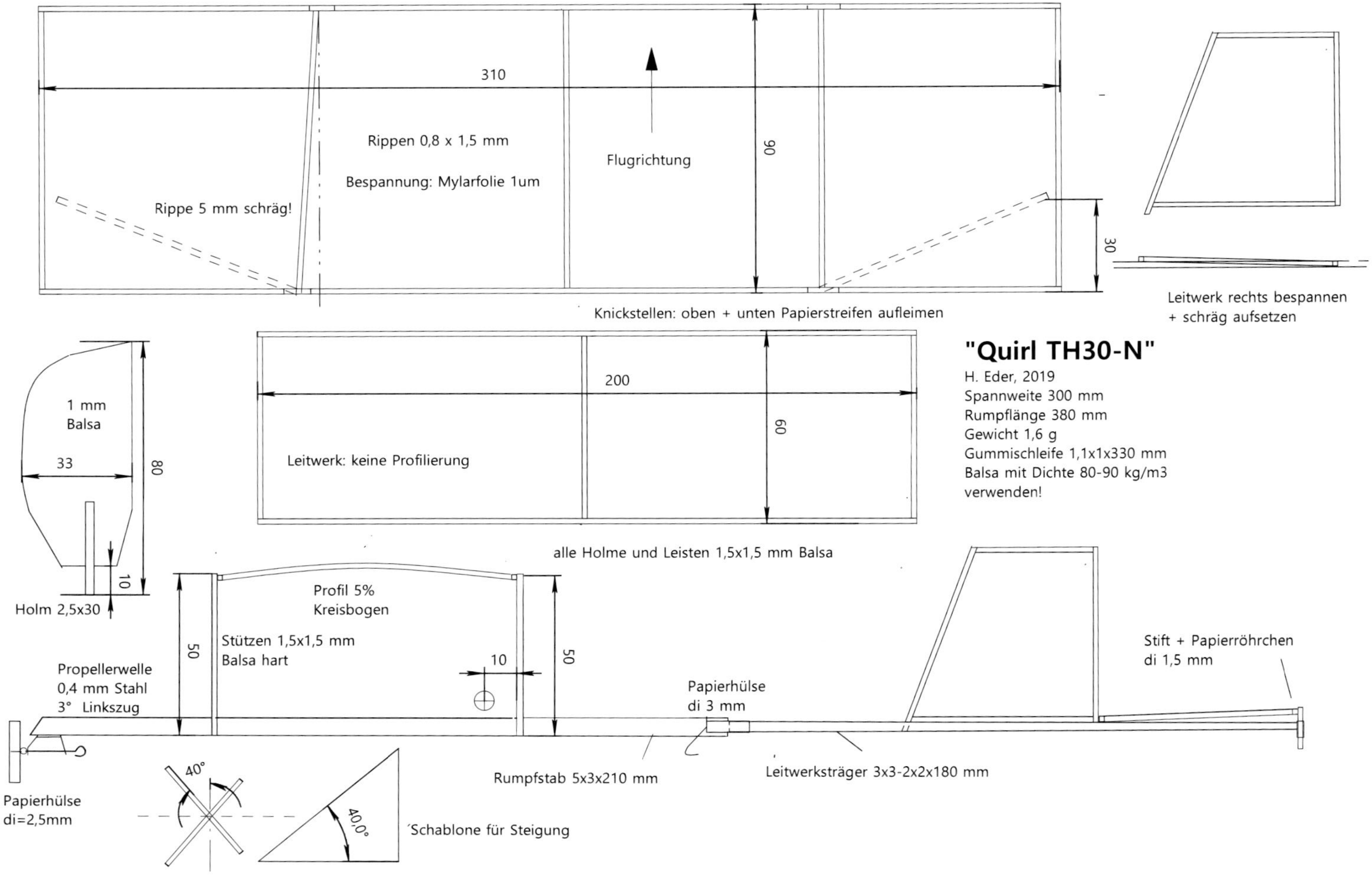
310
Rippen 0,8 x 1,5 mm
Bespannung: Mylarfolie 1um
Flugrichtung
90
Rippe 5 mm schräg!
30
Leitwerk rechts bespannen
+ schräg aufsetzen
Knickstellen: oben + unten Papierstreifen aufleimen
"Quirl TH30-N"
H. Eder, 2019
Spannweite 300 mm
Rumpflänge 380 mm
Gewicht 1,6 g
Gummischleife 1,1x1x330 mm
Balsa mit Dichte 80-90 kg/m3
verwenden!
1 mm
Balsa
33
80
10
Holm 2,5x30
200
60
Leitwerk: keine Profilierung
alle Holme und Leisten 1,5x1,5 mm Balsa
Profil 5%
Kreisbogen
Stützen 1,5x1,5 mm
Balsa hart
50
10
50
Propellerwelle
0,4 mm Stahl
3° Linkszug
Papierhülse
di 3 mm
Stift + Papierröhrchen
di 1,5 mm
Rumpfstab 5x3x210 mm
Leitwerksträger 3x3-2x2x180 mm
Papierhülse
di=2,5mm
40°
40,0°
´Schablone für Steigung

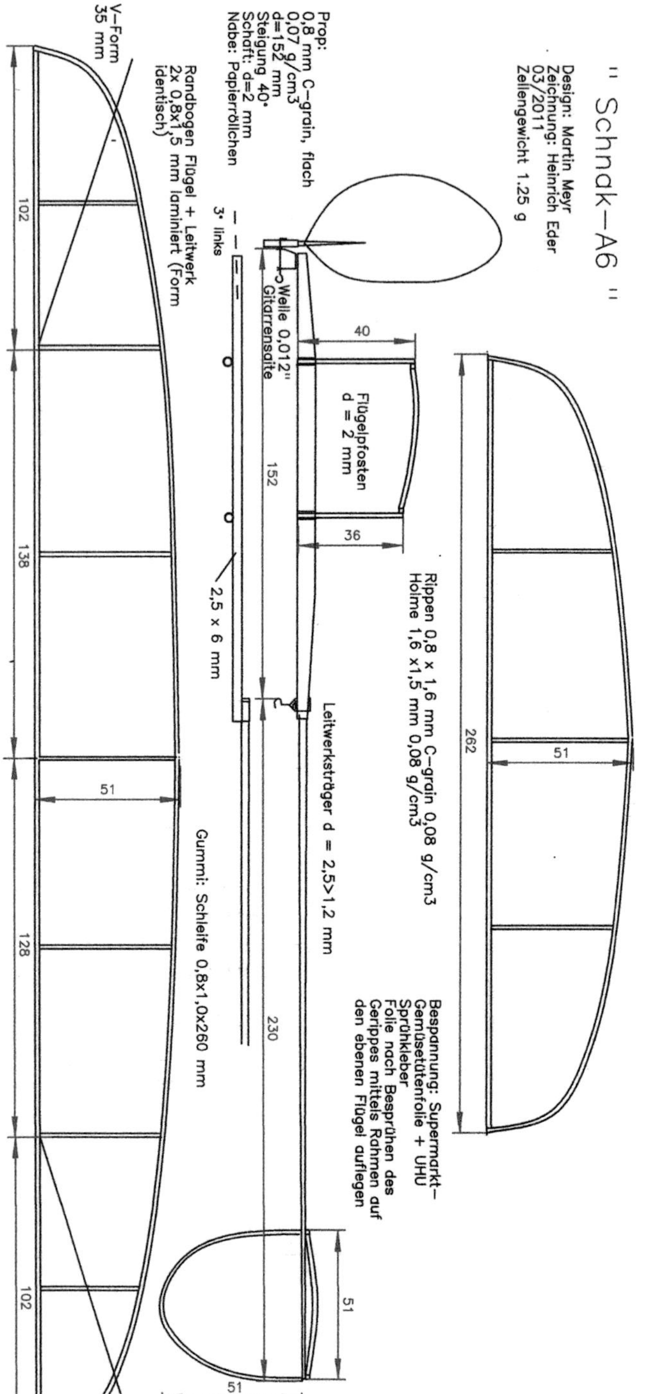
" Schnak-A6 "
Design: Martin Meyr
Zeichnung: Heinrich Eder
03/2011
Zellengewicht 1.25 g
Prop:
0,8 mm C-grain, flach
0,07 g/cm3
d=152 mm
Steigung 40°
Schaft: d=2 mm
Nabe: Papierröllchen
V-Form
35 mm
Randbogen Flügel + Leitwerk
2x 0,8x1,5 mm laminiert (Form
identisch)
3° links
Welle 0,012"
Gitarrensaite
40
Flügelpfosten
d = 2 mm
36
152
2,5 x 6 mm
Rippen 0,8 x 1,6 mm C-grain 0,08 g/cm3
Holme 1,6 x1,5 mm 0,08 g/cm3
262
51
Leitwerksträger d = 2,5>1,2 mm
Gummi: Schleife 0,8x1,0x260 mm
Bespannung: Supermarkt-
Gemüsetütenfolie + UHU
Sprühkleber
Folie nach Besprühen des
Gerippes mittels Rahmen auf
den ebenen Flügel auflegen
230
102
138
51
128
102
51
51

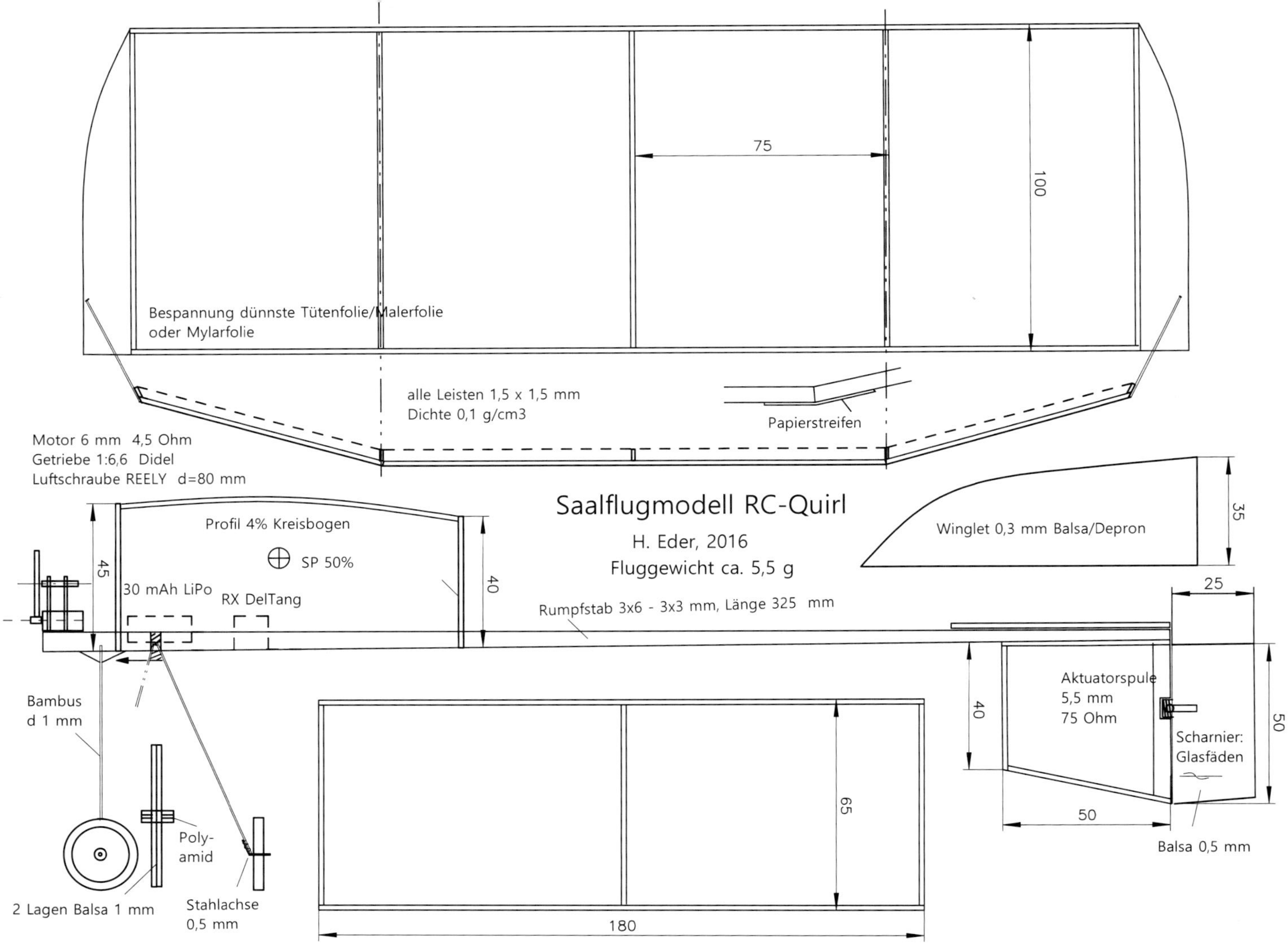
Bespannung dünnste Tütenfolie/Malerfolie
oder Mylarfolie
75
100
alle Leisten 1,5 x 1,5 mm
Dichte 0,1 g/cm3
Papierstreifen
Motor 6 mm 4,5 Ohm
Getriebe 1:6,6 Didel
Luftschraube REELY d=80 mm
Saalflugmodell RC-Quirl
H. Eder, 2016
Fluggewicht ca. 5,5 g
Winglet 0,3 mm Balsa/Depron
35
Profil 4% Kreisbogen
SP 50%
45
30 mAh LiPo
RX DelTang
40
Rumpfstab 3x6 - 3x3 mm, Länge 325 mm
25
Aktuatorspule
5,5 mm
75 Ohm
40
50
Scharnier:
Glasfäden
50
Balsa 0,5 mm
Bambus
d 1 mm
Poly-
amid
2 Lagen Balsa 1 mm
Stahlachse
0,5 mm
65
180

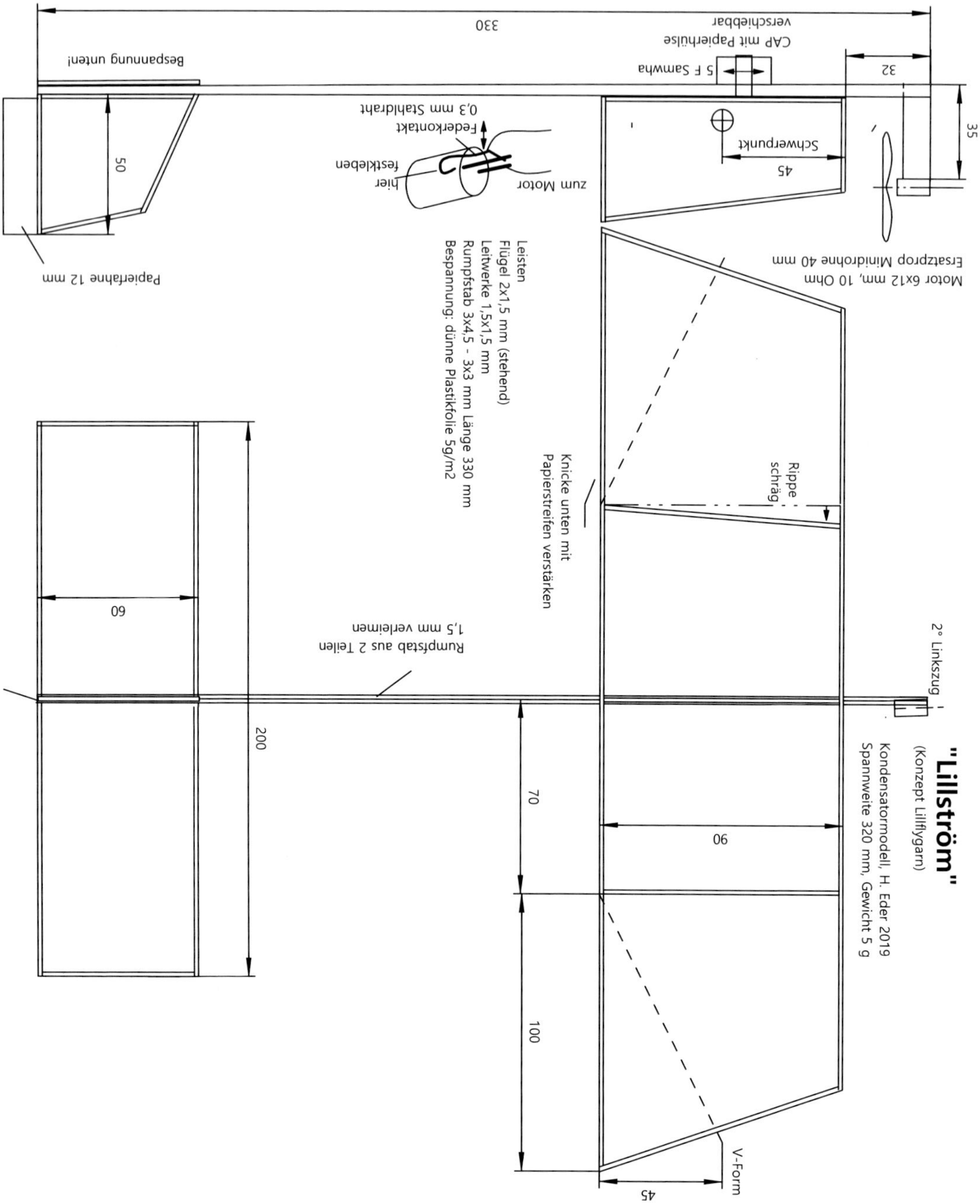
"Lillström"
(Konzept Lillflygarn)
Kondensatormodell, H. Eder 2019
Spannweite 320 mm, Gewicht 5 g
2° Linkszug
Motor 6x12 mm, 10 Ohm
Ersatzprop Minidrohne 40 mm
CAP mit Papierhülse verschiebbar
5 F Samwha
Schwerpunkt
zum Motor
hier festkleben
Federkontakt
0,3 mm Stahldraht
Bespannung unten!
Papierfahne 12 mm
Leisten
Flügel 2x1,5 mm (stehend)
Leitwerke 1,5x1,5 mm
Rumpfstab 3x4,5 - 3x3 mm Länge 330 mm
Bespannung: dünne Plastikfolie 5g/m2
Knicke unten mit Papierstreifen verstärken
Rippe schräg
Rumpfstab aus 2 Teilen 1,5 mm verleimen
V-Form

"Cap Basic"

Saalflugmodell Kondensatorklasse mit Direktantrieb
Spannweite 440 mm, G=5,6 g, H. Eder 2018

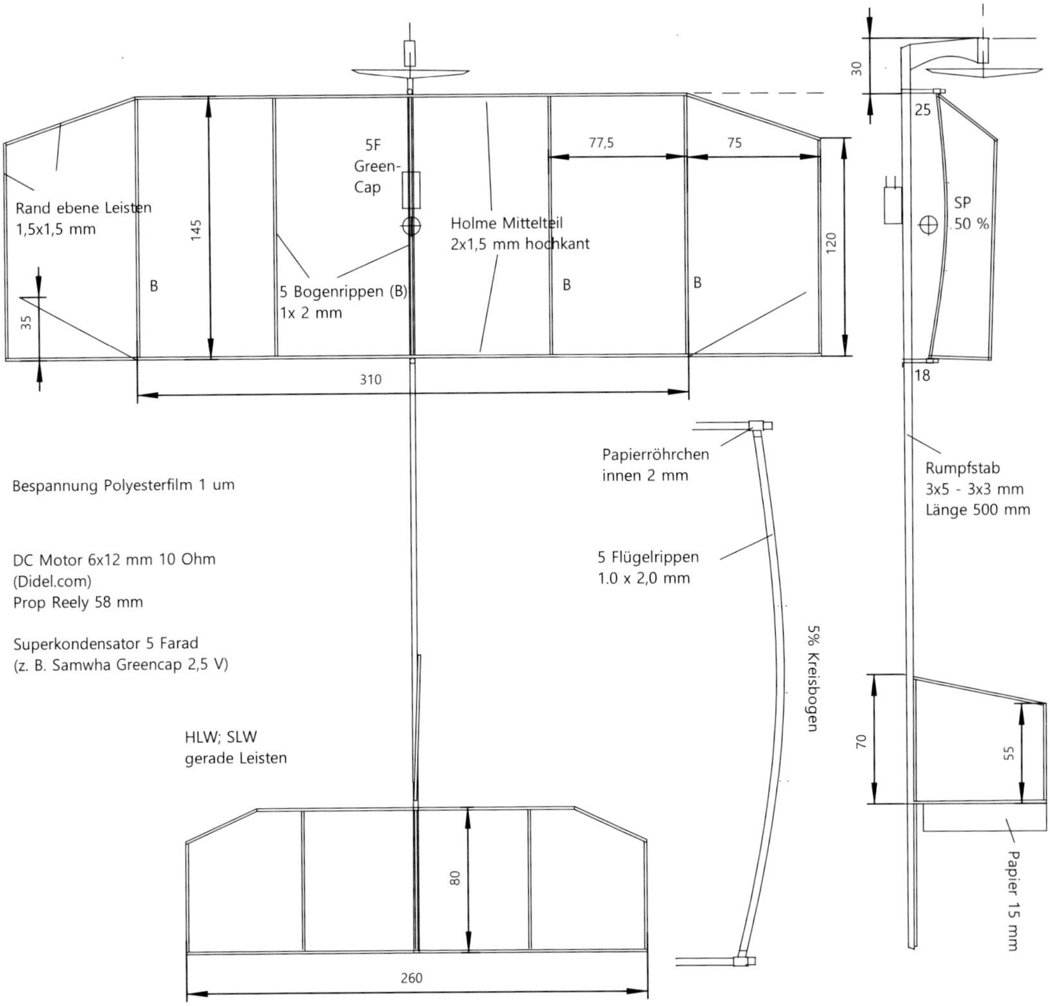

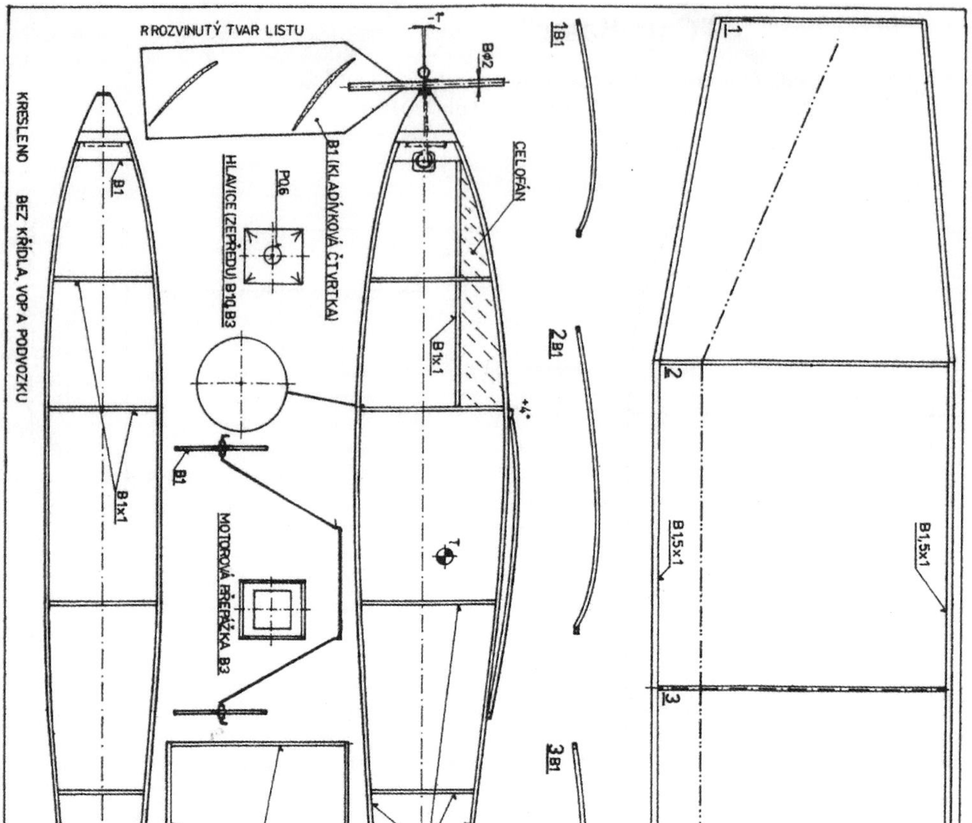
RROZVINUTÝ TVAR LISTU
B1 (KLADÍVKOVÁ ČTVRTKA)
P0,6
HLAVICE (ZEPŘEDU) B10, B3
MOTOROVÁ PŘEPÁŽKA B3
CELOFÁN
BΦ2
B1x1
B1
1B1
2B1
3B1
B1,5x1
VZEPĚTÍ
B0,5
BAM Φ1
KRESLENO BEZ KŘÍDLA, VOP A PODVOZKU
MODEL FORMULE HOLY
MOSKYT M 1:2

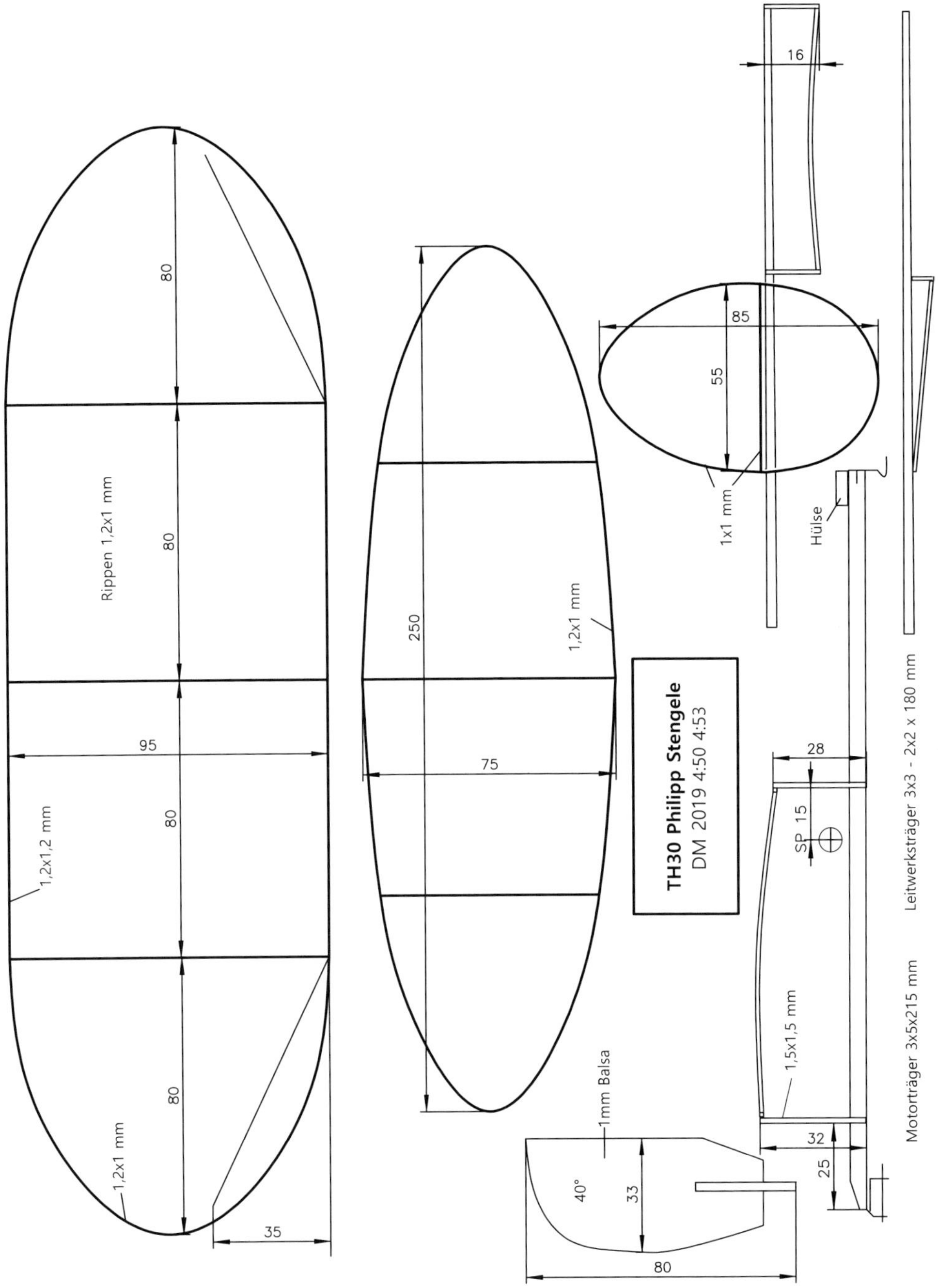
TH30 Philipp Stengele
DM 2019 4:50 4:53
Rippen 1,2x1 mm
80
80
80
80
95
1,2x1,2 mm
1,2x1 mm
35
250
75
1,2x1 mm
85
55
1x1 mm
16
Hülse
28
SP 15
1,5x1,5 mm
32
25
1mm Balsa
40°
33
80
Leitwerksträger 3x3 - 2x2 x 180 mm
Motorträger 3x5x215 mm

CAD – CAM – CNC im Modellbau

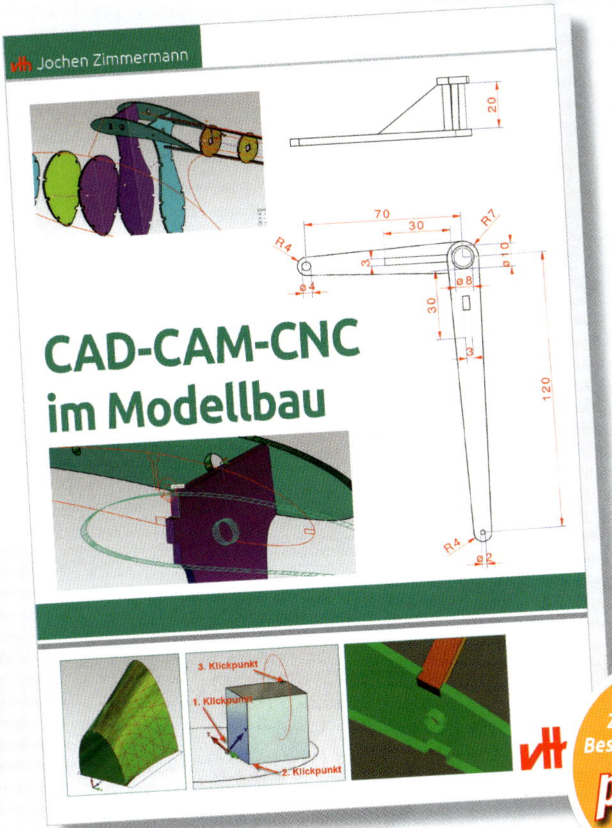

Aus dem Inhalt

- Begriffsbestimmungen: CAD – CAM – CNC
- 2D-Konstruktion – Planerstellung
- Grundlagen des Konstruierens am CAD
- Zeichenwerkzeuge
- Fangmethoden
- Layer und Gruppen
- Dateiverwaltung
- Drucken und Datenaustausch
- Konstruieren in 3D
- CNC-Technik – vom PC auf die Maschine
- Nach CAD kommt CAM
- CAM-Funktionen im 3D

Bücher, Zeitschriften & Bestellungen ab 100 € **portofrei** (innerhalb Deutschland)

Jochen Zimmermann

CAD – CAM – CNC im Modellbau

Jochen Zimmermann führt Sie in diesem Buch in die Welt der computerunterstützten Konstruktion und Fertigung – ganz auf den Modellbau abgestimmt. Anhand eines praktischen Beispiels aus dem Flugmodellbau – aber auch umsetzbar auf Schiffs-, und Truck- und andere Modelle – wird die Konstruktion in 2D und 3D gezeigt. Tipps und Tricks für den Umgang mit der Software und die Punkte, auf die bei einer Konstruktion zu achten ist, sind für jeden, der den Modellbau mit Computerunterstützung bereichern will, eine wahre Fundgrube. Die Umsetzung in entsprechende Bearbeitungsdateien und Hilfen für die 2D- und 3D-Fertigung von Bauteilen runden das Buch ab.

Machen Sie den nächsten Schritt im Modellbau – konstruieren und fertigen Sie mit Computerunterstützung dank CAD, CAM und CNC!

Umfang: 240 Seiten
Abbildungen: über 700
ArtNr: 3102270 / ISBN 978-3-88180-485-1
Preis: 32,90 €

Bestellservice
Tel.: 07221 - 5087-22
Fax: -33, service@vth.de
... weitere Bücher, Baupläne und Modellbau-Zubehör finden Sie auf

Die ganze Welt des Modellbaus **www.vth.de/shop**

Depron-Workshop

Bücher, Zeitschriften & Bestellungen ab 100 €
portofrei
(innerhalb Deutschland)

Aus dem Inhalt

- Materialien
- Klebstoffe
- Werkzeuge
- Bau eines kleinen Retrotrainers aus Depron
- Antriebs- und RC-Komponenten
- Ruderanlenkungen & Ruderscharniere
- Lackierung und Finish
- Einstellen und Auswiegen
- Wasserflug
- Besondere Arten der Depron-Verarbeitung

Michael Rützel

Depron-Workshop

Leichte Schaummodelle selber bauen

Depron ist ein perfektes Material für leichte Flugmodelle. Doch nur vorgefertigte Bausätze zu montieren, wird auf Dauer langweilig. Gerade der individuelle Bau nach Eigenkonstruktion oder Bauplan macht Spaß und ist gar nicht so schwierig, wie man vielleicht meint. Man braucht auch deutlich weniger Werkzeug als etwa beim Bau mit Holz. Unser Autor begleitet Sie vom ersten Schnitt bis zum Erstflug, gibt viele wichtige Tipps und verrät so manchen Trick aus seiner langjährigen Modellbaupraxis. Also ran an den Schaum!

Umfang: 104 Seiten
ArtNr: 3102277 / ISBN 978-3-88180-491-2
Preis: 19,90 €

Die ganze Welt des Modellbaus

Das große Modellakku-Buch

Bücher, Zeitschriften & Bestellungen ab 100 €
portofrei
(innerhalb Deutschland)

Aus dem Inhalt

- Die Vielfalt der Energieriegel
- Begriffe und ihre Bedeutung
- Die Lithium-Familie unter der Lupe
- Für jeden Einsatzzweck den richtigen Akku
- Kabel & Co
- Ladeverfahren für energiehungrige Akkus
- Akkulöten ist nicht schwer
- Tipps für ein langes Akku-Leben
- Die Ladegerätefamilien im Überblick
- Die Versorgung der Ladegeräte
- Hilfreiche Addons zum Thema

Ulrich Passern

Das große Modellakku-Buch

Akkus elektrisieren den RC-Modellsport seit seinen ersten Anfängen – aber heute mehr denn je. Es herrscht Hochspannung in der Branche, eine Entwicklung jagt die Nächste und was vor wenigen Jahren noch für undenkbar gehalten wurde, ist mittlerweile längst Realität.

Der Modellsportler hat zunehmend die Qual der Wahl – welche der sieben zur Verfügung stehenden Akkufamilien (Pb, NiCd, NiMH, LiIon, LiPo, LiFe, LiHV) eignen sich für welchen Einsatzzweck? Auf was muss man achten? Welche Vorteile bieten die neuen Si-Graphene Lithium-Akkus? Wie kann der Einsatz der RFID-Technologie den Umgang mit Akkus auf ein ganz neues Level heben? Was wird die Zukunft bringen?

Ulrich Passern, langjähriger FMT-Fachautor, Buchautor und Konstrukteur von Ladegeräten, liefert in diesem Buch alle Grundlagen und gibt zahlreiche Praxistipps zum richtigen Umgang mit Akkus und Ladegeräten.

Umfang: 128 Seiten
ArtNr: 3102281 / ISBN 978-3-88180-494-3
Preis: 19,90 €

Bestellservice
Tel.: 07221 - 5087-22
Fax: -33, service@vth.de
... weitere Bücher, Baupläne und Modellbau-Zubehör finden Sie auf

Bestellen Sie hier **www.vth.de/shop**